"十二五"职业教育国家规划教材
经全国职业教育教材审定委员会审定

微课版

浙江省普通高校"十三五"新形态教材

单片机应用技术
（C语言版）

第二版

新世纪高职高专教材编审委员会 组编

主　编　李文华

副主编　赵秀芝　杨　文　张才华
　　　　林　烨　吴房胜　陈　嘉

U0244350

大连理工大学出版社

图书在版编目（CIP）数据

单片机应用技术：C语言版/李文华主编. — 2版
. — 大连：大连理工大学出版社，2018.6（2022.1重印）
新世纪高职高专电子信息类课程规划教材
ISBN 978-7-5685-1426-2

Ⅰ.①单… Ⅱ.①李… Ⅲ.①单片微型计算机－高等
职业教育－教材②C语言－程序设计－高等职业教育－教
材 Ⅳ.①TP368.1②TP312.8

中国版本图书馆 CIP 数据核字(2018)第 090669 号

大连理工大学出版社出版
地址：大连市软件园路 80 号　邮政编码：116023
发行：0411-84708842　邮购：0411-84708943　传真：0411-84701466
E-mail：dutp@dutp.cn　URL：http://dutp.dlut.edu.cn
大连雪莲彩印有限公司印刷　　　　大连理工大学出版社发行

幅面尺寸：185mm×260mm	印张：17.5	字数：448 千字
2014 年 7 月第 1 版		2018 年 6 月第 2 版
	2022 年 1 月第 7 次印刷	

责任编辑：马　双　　　　　　　　　　责任校对：李　红
　　　　　　封面设计：张　莹

ISBN 978-7-5685-1426-2　　　　　　　　定　价：49.80 元

本书如有印装质量问题，请与我社发行部联系更换。

第二版前言

随着互联网技术的高速发展,人们的学习方式发生了许多变化,特别是教材的主要读者——95后的学生,他们习惯于互联网和移动设备的使用,习惯于从互联网上零碎地获取知识,读者群的学习习惯的变化客观上要求教材能具备碎片化、共享性的特点,以适应95后学生的个性化、自主学习的需求。在这种背景下,我们对"十二五"职业教育国家规划教材《单片机应用技术(C语言版)》进行了修订,以期既符合企业对单片机应用技术的要求,同时又能适应当代大学生的学习习惯。

本次修订仍按照"项目化教学和任务驱动的一体化教学"原则,以产品制作为载体,在产品制作的过程中讲解单片机知识和应用技能,除了保持第一版的特点外,主要做了以下几方面的修订:

1.用二维码增加讲解视频,方便读者自主学习。本教材提供了大量讲解视频,每个视频10~12分钟,将教材上的知识点碎片化。这些视频主要是对任务中重要知识的讲解或者实践操作过程的演示。例如,在任务1中的实践操作中,我们就提供了新建Keil工程、配置Keil工程、程序的编译连接、程序的下载等视频,读者只需用手机扫描教材中的对应二维码就可以观看,从而方便读者课前预习和课后复习。

2.开设了与教材内容相对应的课程网站,提供了课程的教学平台。课程网站的地址为http://www.zjooc.cn,网站分课程信息、班级管理、课程资料、教学计划、练习考试、统计分析、笔记、讨论区、公告等9个栏目。其中,课程资料栏目中提供了9种教学资源:教材的讲解视频、教学PPT、教材中所有习题的解答、19个任务的目标文件(hex文件);19个任务的源程序文件、单片机应用系统开发中的常用工具软件、实验PPT、实验文档、C51使用经验等。练习考试栏目中按任务的顺序提供了本教材的题库及其参考答案、各任务的作业题,教师可以根据实际需要从题库中快速地组建各任务的练习题、测验题和期末考试题。其中,作业题、测验题和考试题的客观题具备自动评判功能。统计分析栏目提供了按课程、按班级、按学生等类型的统计分析功能,可以让使用者及时了解学习状况,从而极大地方便了教学。读者只需要在网站上进行注册,就可以使用相关资料并进行课程学习。

3.调整了部分内容。本次修订主要做了以下调整：在任务10中，修改了数码管动态扫描显示的内容，并增加了部分习题；在任务11中，修改了在main函数中处理键盘的内容，增加了独立式键盘应用的例题和习题；在任务12中增加了HC595内部结构示意图；将任务13与任务14合并成一个任务，并增加了双机通信电路部分。修订后的教材包括7个项目共19个任务，讲解了单片机应用系统的开发过程、设计方法和基本技能。内容主要有：控制1只发光二极管闪烁显示、显示开关量的输入状态、控制楼梯灯、制作跑马灯、制作流水灯、显示键按下的次数、睡眠CPU、制作简易秒表、制作简易频率计、制作用数码管显示的秒表、控制秒表的启停与清0、串口扩展并口模拟交通灯、用计算机控制秒表、制作数字电压表、制作液晶显示的数字电压表、制作波形发生器、保存设定数据、制作数字温度计、制作电动机控制器。

本教材由浙江工贸职业技术学院李文华任主编，浙江工贸职业技术学院赵秀芝、东莞泰壹机电有限公司杨文、浙江工贸职业技术学院张才华和林烨、安徽工商职业技术学院吴房胜、湖南网络工程职业学院陈嘉任副主编。具体编写分工如下：李文华编写了任务1、任务4，并负责全书的策划、统稿和任务1～任务5、任务10、任务11、任务16的讲解视频的拍摄；赵秀芝编写了任务6～任务9、任务18，并负责对应任务的讲解视频的拍摄；杨文编写了任务5，并负责提供工程案例和项目的筛选、参与教材的规划和内容的制定；张才华编写了任务17、任务19，并负责对应任务的讲解视频的拍摄；林烨编写了任务12～任务15，并负责对应任务的讲解视频的拍摄；吴房胜编写了任务10、任务11和任务16；陈嘉编写了任务2、任务3。

在本教材的修订过程中，广东科技职业技术学院的余爱民教授、浙江工贸职业技术学院的张海南教授、武汉铁道职业技术学院的郑毛祥教授、苏州职业大学的徐丽华副教授等多位老师对本教材的修订提供了许多帮助和支持。感谢大连理工出版社的编辑为本教材出版所做的辛勤工作，没有他们就没有这本教材的再版，谨此表示感谢！

在编写本教材的过程中，编者参考、引用和改编了国内外出版物中的相关资料以及网络资源，在此表示深深的谢意！相关著作权人看到本教材后，请与出版社联系，出版社将按照相关法律的规定支付稿酬。

本教材适用于应用型本科和高职院校的电子专业、机电专业、计算机专业、通信专业、自动化专业及其相关专业作为教材使用，也可以为工程技术人员自学提供参考。

尽管我们在本教材的编写方面做了许多努力，但由于作者的水平有限，加之时间紧迫，错误、不当之处难免，恳请各位读者批评指正，并将意见和建议及时反馈给我们，以便下次修订时改进。

编　者
2018年6月

所有意见和建议请发往：dutpgz@163.com
欢迎访问职教数字化服务平台：http://sve.dutpbook.com
联系电话：0411-84707492　84706671

第一版前言

　　《单片机应用技术(C 语言版)》是"十二五"职业教育国家规划教材,也是新世纪高职高专教材编审委员会组编的电子信息类课程规划教材之一,是省级精品课程《单片机技术应用与系统开发》的建设成果,也是省级教学改革项目"基于工作过程的《单片机技术应用与系统开发》的改革"的研究成果之一。

　　本教材根据企业对单片机应用系统开发的能力要求,结合目前的职业教育改革精神,按照"项目化教学和任务驱动的一体化教学"的原则,以 C 语言为程序设计语言,整合了 C 语言程序设计和单片机原理与接口技术的内容,选用 7 个项目共 20 个典型任务,以产品制作为载体,在产品制作的过程中讲解单片机的知识点。内容主要有:控制 1 只发光二极管闪烁显示、显示开关量的输入状态、控制楼梯灯、制作跑马灯、制作流水灯、显示按键按下的次数、睡眠 CPU、制作简易秒表、制作简易频率计、制作用数码管显示的秒表、控制秒表的启停与清 0、串口扩展并口模拟交通灯、实现单片机与单片机的通信、用 PC 机控制秒表的启停与清 0、制作数字电压表、制作液晶显示的数字电压表、制作波形发生器、保存设定数据、制作数字温度计、制作电动机控制器。本教材以提高单片机应用技能为目标,打破了知识体系的束缚,将 C 语言知识、单片机知识拆分在各个任务中讲解,所有电路和程序设计方法均来自于实际工程,内容贴近电子行业的岗位能力要求,具有以下特点:

1.按项目重构课程内容,用实例组织单元教学

　　本教材分为 7 个项目共 20 个任务,讲解了单片机应用系统的开发过程、设计方法和基本技能。全书按项目编排,每个项目包括了若干个任务。单片机应用系统设计所需要的基本知识和基本技能穿插在各个任务的完成过程中进行讲解,每一个任务只讲解完成本任务所需要的基本知识、基本方法和基本技能,从而将知识化整为零,降低了学习的难度。全书不仅包含了单片机的全部知识及应用系统扩展的常用方法和技术,而且还包括了实际产品设计与制作中的许多实用技术。

2. 融"教、学、做"于一体，突出了教材的实践性

教材中的每一个任务都是按照"任务要求——相关知识——任务实施——应用总结与拓展"的方式组织编排的。其中，任务要求是读者实践时的目标要求，后续部分都是围绕着任务的实现而展开的。相关知识部分主要供读者在完成任务时阅读之用，也是本任务完成后所要掌握的基本知识。任务实施包括硬件电路搭建和软件程序编写两部分，任务实施部分是读者实践时必须亲手做的事情，其中穿插了相关方法、技能和技巧的介绍。应用总结与拓展主要是进行知识和技能的梳理与总结，并适当进行拓展。

3. 校企联合打造，内容反映了企业的需求，突出了教材的实用性和实效性

一方面，浙江温州海融科技有限公司的杨文总工程师直接参与了本教材的规划和内容结构的制定。另一方面，本教材的作者是单片机应用技术课程的任课教师，又在企业从事过十多年的单片机应用系统开发工作。本教材的内容来源于实际产品，无论是器件的选型，还是电路的设计以及程序的编写都反映了工程上的实际需求。

在外围扩展方面，本教材强化了串行扩展的运用。现代的单片机应用系统设计中，扩展的主流方向是，以串行扩展为主，并行扩展为辅。教材中所介绍的外围扩展主要是串行扩展，用实例介绍了 SPI 总线接口、I^2C 总线、One-Wire 总线接口等扩展方法。由于现代的增强型 51 单片机都集成了容量不等的存储器，如 STC15F2K60S2 单片机片内集成有 256 B 的片内 RAM、60 KB 的 Flash Rom、2 KB 的扩展 RAM、2 KB 的 EEPROM，应用系统的设计完全不必扩展外部存储器，教材中删除了对片外存储器扩展的讲解，避免读者学习那些在实际工程中基本不用的知识。

在软件程序编写上，强化了对工程中实用方法的介绍，避免了理想化的设计。例如，在键盘处理的各个实例中，我们把键盘处理程序放在定时中断服务函数中，利用两次定时中断的时差去抖动，介绍了消除按键连击的方法、一键多功能的处理方法。在数据显示处理中，我们介绍了扫描显示时消隐处理方法及多个数码管静态和闪动混合显示处理方法。在系统程序设计过程中，不仅介绍了系统功能的实现问题，还详细介绍了硬件抗干扰和软件抗干扰的方法。所有这些，既是以往课程中很少涉及的问题，又是在工程实践中不可回避的问题。

4. 采用 C 语言编程，贴近职业岗位的需求

单片机的应用程序开发可以选择汇编语言，也可以选择 C 语言。但是，汇编语言编程难度大，程序的可移植性差，学生很难掌握，目前企业上一般不采用汇编语言开发单片机应用系统。与之相反的是，C 语言编程难度相对容易，开发速度快，可移植性好，C 语言是当今单片机应用系统开发的主流语言。本教材选用 C 语言作为编程语言，以单片机的应用为主线，以产品制作为载体，把 C 语言的基本知识穿插在各个工作任务中讲解，让读者在实践训练中体会 C 语言的运用，逐步掌握 C 语言程序的设计方法，避免了以往将 C 语言作为单独一门课程讲解，致使学生难以学以致用。采用 C 语言作为单片机应用技术的编程语言，更贴近职业岗位的需求。

5. 突出了虚拟接口与虚拟器件的思想

虚拟接口与虚拟器件是目前单片机应用系统设计的一大特色，采用这一思想，可以充分利

用单片机的软件资源实现一些接口和器件的功能,给应用系统设计带来了极大的灵活性。本教材在编写中充分反映了这一特点。例如,在串行扩展中,我们给出 SPI、I²C、One-Wire 等多种串行通信的模拟软件包,应用这些软件可以灵活地扩展出各种串行接口。

6.提供了配套的实训平台,避免了教材与实训系统相互脱节

单片机应用技术是一门实践性非常强的课程,除了要进行课堂学习之外,还需要强有力的实践性环节与之配合。因此,我们研制并推出了"MFSC-1 实训平台""MFSC-2 实训平台""MFSC-3 实训平台"三种不同类型的实训平台以及相关的实训模块。其中,"MFSC-2 实训平台"是 MFSC-3 的简化版,适合于读者课外训练,实训模块可用于课程设计、毕业设计、实习和产品设计等多种实践环节。实训系统和本教材配套,避免了以往出现的教材与实训系统相互脱节的情况,真正做到课堂内外相互统一。如果使用本教材的院校在准备电路板与器件时有困难,可以与作者联系(E-mail:lizhuqing_123@163.com),也可以到淘宝店(https://shop359792577.taobao.com/)购买。

7.提供了丰富的教学资源,方便教师备课和读者学习

本教材提供了六种教学资源:20 个任务的目标文件(hex 文件);20 个任务的源程序文件;教材中所有芯片的 PDF 文档;教材中所有习题的解答;教学课件;单片机应用系统开发中的常用工具软件。其中,各任务的目标文件供读者学习前观察任务的实现效果之用,源程序供读者学习借鉴之用,各芯片的 PDF 文档供读者学习查阅之用,常用的工具软件可以节省读者收集开发工具的时间。所有资源可直接从大连理工大学出版社教材服务网站下载,也可以与作者联系。

在使用本教材时,建议采用"教、学、做"一体化的方式组织教学,最好是在具有实物投影的单片机实训室内组织教学。教学时,建议先按教材中所给的电路图搭建好硬件电路,将教材提供的目标文件(也可以由源程序文件编译连接生成)下载至单片机中,让学生观看实际效果并体会任务要求的真实含义,激发学生的学习兴趣。然后引导学生边学边做,直至任务的完成,让学生在做中体会和总结单片机的应用。本教材的项目 1 至项目 6 是单片机基本应用项目,项目 7 是单片机应用系统扩展项目。如果学时不多,建议选取项目 1 至项目 6 进行学习,这一部分包括了开发工具的使用方法、单片机基本功能的应用和 C 语言程序设计的基本技能。

在本教材成稿的过程中,得到许多同仁和朋友的帮助和支持。浙江温州海融科技有限公司的杨文总工程师参与了本教材的规划和内容结构的制定,浙江工贸职业技术学院的姚健老师校对了本书的全稿,长江大学的徐爱钧教授、湖北第二师范学院的焦启民教授、深圳职业技术学院的王晓春教授、武汉铁道职业技术学院的郑毛祥教授、浙江工贸职业技术学院的余威明副教授、上海理工大学的李凯、长江职业技术学院的邓柳、苏州职业大学的徐丽华、河北衡水职业技术学院的曹月珍、湖北黄岗职业技术学院的郭福州等多位老师对本教材的编写提出了许多积极宝贵的意见,并给予极大的关心和支持。感谢大连理工大学出版社的编辑为本教材出版所做的辛勤工作,没有他们就没有这本教材的出版,谨此表示感谢!

本教材适用于应用型本科和高职院校的电子专业、机电专业、计算机专业、通信专业、自动化专业及其相关专业作为教材使用，也可以为工程技术人员自学提供参考。

尽管我们在本教材的编写方面做了许多努力，但由于作者的水平有限，加之时间紧迫，错误不当之处难免，恳请各位读者批评指正，并将意见和建议及时反馈给我们，以便下次修订时改进。

编　者

2014 年 7 月

所有意见和建议请发往：dutpgz@163.com

欢迎访问职教数字化服务平台：http://sve.dutpbook.com

联系电话：0411-84707492　84706671

目　录

项目 1　单片机应用系统开发入门实践

任务 1　控制 1 只发光二极管闪烁显示

任务要求

搭建一个单片机控制 1 只发光二极管闪烁显示的电路,在 Keil μVision4 集成开发环境中新建一个 Keil 工程,将给定的控制发光二极管闪烁显示程序添加到 Keil 工程中,编译生成单片机可执行的 hex 文件,然后用 STC-ISP-6.63 工具软件将 hex 文件下载至单片机应用系统中,观察发光二极管的显示效果。

相关知识

本任务涉及的知识主要有单片机的引脚功能、单片机的存储组织结构、C51 程序的特点、Keil4 和 STC-ISP-6.63 等开发工具的使用方法等。其中,Keil4 和 STC-ISP-6.63 等开发工具的使用将在任务实施中介绍。

1. 单片机的引脚功能

MCS-51 单片机有许多产品,不同产品的单片机其内核相同。STC89C51 是 MCS-51 单片机的一个品种,它有 DIP-40、PLCC-44、TQFP-44 等封装形式。其中 DIP-40 封装形式的单片机外形如图 1-1 所示,各引脚的配置如图 1-2 所示,引脚的功能见表 1-1。

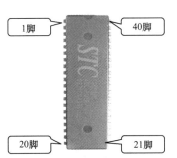

1	P1.0	V_{CC}	40
2	P1.1	P0.0	39
3	P1.2	P0.1	38
4	P1.3	P0.2	37
5	P1.4	P0.3	36
6	P1.5	P0.4	35
7	P1.6	P0.5	34
8	P1.7	P0.6	33
9	RST	P0.7	32
10	RXD/P3.0	$\overline{EA}$	31
11	TXD/P3.1	ALE	30
12	INT0/P3.2	$\overline{PSEN}$	29
13	INT1/P3.3	P2.7	28
14	T0/P3.4	P2.6	27
15	T1/P3.5	P2.5	26
16	WR/P3.6	P2.4	25
17	RD/P3.7	P2.3	24
18	XTAL2	P2.2	23
19	XTAL1	P2.1	22
20	GND	P2.0	21

图 1-1　STC89C51 DIP-40 外形　　　　图 1-2　STC89C51 DIP-40 引脚配置

表 1-1 　　　　　　　　　 STC89C51 DIP-40 单片机的引脚功能

引　脚	功　能
V_{CC}(40 脚)	＋5 V 电源脚
GND(20 脚)	接地引脚
XTAL2(18 脚)	内部振荡电路的输出端
XTAL1(19 脚)	内部振荡电路的输入端
RST(9 脚)	复位信号输入端,用于外接复位电路
$\overline{EA}$(31 脚)	程序存储器选择控制端。该脚接高电平,系统从片内程序存储器中开始执行程序。该脚接地,系统从片外扩展程序存储器中开始执行程序
$\overline{PSEN}$(29 脚)	外部程序存储器读选通信号输出引脚
ALE(30 脚)	地址锁存控制信号输出引脚
P0.0~P0.7 引脚	双向 8 位并行端口 P0
P1.0~P1.7 引脚	双向 8 位并行端口 P1
P2.0~P2.7 引脚	双向 8 位并行端口 P2
P3.0~P3.7 引脚	双向 8 位并行端口 P3

【说明】

• P0、P2、P3 这 3 个并行端口除了可做并行口外,还具有其他功能,这 3 个口的具体功能将在后面的项目中介绍。

• 识别 DIP 封装芯片的引脚方法是,引脚向外,缺口朝上时,左上方第 1 个引脚为 1 脚,依逆时针方向数,依次为 1、2、3……最后一个引脚位于右上角。

2. 单片机的内部结构

单片机是在单一芯片上构成的微型计算机,MCS-51 单片机的内部结构示意图如图 1-3 所示。

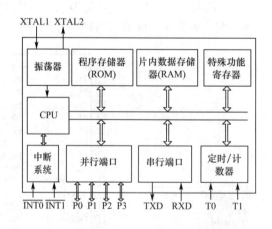

图 1-3 MCS-51 单片机内部结构示意图

(1)振荡器:外接石英晶体振荡器(简称晶振)和微调电容构成单片机的时钟电路,用来产生单片机内部各部件同步工作的时钟信号。

(2)CPU:中央处理器,是单片机的核心,由运算器和控制器组成。控制器主要完成指令的读取、指令的译码和指令的执行等工作,并协调单片机内部各部分工作,运算器主要完成算术运算和逻辑运算。在控制器和运算器内部还包含 SP、PC、A、B、DPTR、PSW 等寄存器。它们的功能如下：

①SP:堆栈指针寄存器。用来记录堆栈的栈顶位置。

堆栈的主要作用是,在程序被打断时存放程序返回的地址和断点的现场,以便程序正确返回并从断点处继续执行原来的程序。

MCS-51 单片机的堆栈有以下特点：

对堆栈的操作包括压入(PUSH)和弹出(POP)2 种,并遵循"先加后压,先弹后减"的操作原则。

堆栈只能定义在片内数据存储器中(idata 区中),由 SP 记录栈顶位置,堆栈区域沿地址增大方向生成。

设 SP 的值为 m,则堆栈位于 idata 区中,堆栈区的首地址为 $m+1$,idata 区中地址 $m+1$、$m+2$、$m+3$……单元为堆栈区,第 1 个压入堆栈中的数据存放在 idata 区 $m+1$ 单元中。

用 C51 开发单片机应用程序时,堆栈操作的代码由 C51 编译器自动生成,用户不必深究,用户只需在初始化程序中通过设置 SP 的值来定义堆栈区的起始地址。例如,将堆栈区定义在片内 RAM 从 0x70 开始的区域中的程序代码如下,有关堆栈区的定义具体原则和方法我们在后续的任务中结合具体的实例介绍。

```
SP= 0x6f;      //将堆栈区定义在片内 RAM 从 0x70 开始的区域中
```

②PC:程序计数器。用来存放 CPU 要执行的下一条指令在程序存储器中的地址。

③A:累加器。在算术运算和逻辑运算中用来存放参加运算的一个操作数和运算结果。

④B:寄存器。在乘除法运算中用来存放参加运算的另一个操作数,同时用来保存部分运算结果。

⑤DPTR:数据指针寄存器。在访问扩展 RAM 或程序存储器时,用来存放 16 位的地址。

⑥PSW:程序状态字,用来记录指令执行后的状态。PSW 的 D3 位、D4 位为 RS0、RS1,用来选择 CPU 的当前工作寄存器组。当前工作寄存器组的设置方法详见片内 RAM 中的介绍。

【说明】

A、B、DPTR、SP、PSW 在特殊功能寄存器中都有对应的映射特殊功能寄存器(详见表 1-2)。

(3)中断系统:MCS-51 单片机有 5 个中断源,2 个来自外部,3 个来自内部,具有 2 级中断优先级。

(4)并行端口:MCS-51 单片机有 4 个 8 位并行输入/输出端口(P0、P1、P2、P3),可以实现数据的并行输入/输出。

(5)串行端口:MCS-51 单片机有一个全双工的串口,可以实现单片机与其他计算机之间的串行数据通信,也可以作为同步移位器使用,用于扩展外部输入/输出端口。

(6)定时/计数器:MCS-51 单片机内部有 2 个 16 位的定时/计数器,用于产生各种时标间隔或者记录外部事件的数量。

(7)程序存储器(ROM):保存用户程序和用户表格数据。

(8)片内数据存储器(RAM):存放运算的中间结果。

(9)特殊功能寄存器:用于设置单片机内部电路的运行方式,记录单片机的运行状态。

3. 单片机的存储组织结构

MCS-51 单片机有 4 个存储空间：①片内数据存储器（片内 RAM）；②特殊功能寄存器（SFR）；③扩展数据存储器（扩展 RAM）；④程序存储器（ROM）。这 4 个存储空间具有不同的功能。

微课

单片机的存储组织结构

（1）片内数据存储器（片内 RAM）

标准的 MCS-51 单片机（如 8051）片内 RAM 只有 128 字节，其地址范围为 0x00～0x7f，增强型的 MCS-51 单片机（如 STC89C52）的片内 RAM 有 256 字节，地址范围为 0x00～0xff，MCS-51 单片机的片内 RAM 的结构如图 1-4 所示。

①地址 0x00～0x1f 的区域为工作寄存器组区。这 32 个字节单元分为 4 组，每组 8 个字节，称为一个工作寄存器组，如图 1-5 所示。任何时刻 CPU 都只能使用其中的某一组工作寄存器。CPU 正在使用的工作寄存器组称为当前工作寄存器组，依次用 R0、R1、…、R7 表示，主要用来传递参数或者临时存放数据。有关工作寄存器组的选用方法，将在项目 3 介绍。

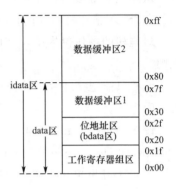

图 1-4　MCS-51 单片机的片内 RAM 结构示意图

字节地址				位地址				
	R7	R6	R5	R4	R3	R2	R1	R0
0x1f				第 3 组工作寄存器组				0x18
0x17				第 2 组工作寄存器组				0x10
0x0f				第 1 组工作寄存器组				0x08
0x07				第 0 组工作寄存器组				0x00

图 1-5　工作寄存器组

②地址 0x20～0x2f 的区域为位地址区，共 16 个字节，在 C51 中称这一区域为 bdata 区，其特点是，每个字节都分配有一个位地址，共 128 位，每 1 位都可以单独访问，从 0x20 单元的最低位到 0x2f 的最高位，各位的位地址依次为 0x00、0x01、…、0x7f，如图 1-6 所示。bdata 区常用作位变量的存储器。

字节地址	位地址							
0x2f	0x7f	0x7e	0x7c	0x7b	0x7b	0x7a	0x79	0x78
0x2e	0x77	0x76	0x75	0x74	0x73	0x72	0x71	0x70
0x2d	0x6f	0x6e	0x6d	0x6c	0x6b	0x6a	0x69	0x68
0x2c	0x67	0x66	0x65	0x64	0x63	0x62	0x61	0x60
…								
0x23	0x1f	0x1e	0x1d	0x1c	0x1b	0x1a	0x19	0x18
0x22	0x17	0x16	0x15	0x14	0x13	0x12	0x11	0x10
0x21	0x0f	0x0e	0x0d	0x0c	0x0b	0x0a	0x09	0x08
0x20	0x07	0x06	0x05	0x04	0x03	0x02	0x01	0x00

图 1-6　bdata 区

③地址 0x30～0x7f 的区域为数据缓冲区 1，用来存放运算过程中的中间值。

④地址 0x80～0xff 的区域为数据缓冲区 2,也是用来存放运算过程中的中间值。

【说明】

• 在 C51 中,idata 区是指整个片内 RAM 区(0x00～0xff 区),data 区是指 0x00～0x7f 区,bdata 区是指 0x20～0x2f 的位地址区。

• 标准的 MCS-51 单片机中只有 0x00～0x7f 区域,其 data 区与 idata 区重合,增强型 MSC-51 单片机片机 RAM 的范围为 0x00～0xff,共 256 字节。

(2)特殊功能寄存器(SFR)

标准的 MCS-51 单片机有 21 个 SFR,不连续地分配在 0x80～0xff 地址区中,用来设置单片机内部电路的运行方式,记录单片机的运行状态,以及实现 I/O 端口的读写操作。21 个 SFR 的地址分配及其功能见表 1-2。

表 1-2　　　　　　MCS-51 单片机的 SFR 的地址分配及其功能

符　号	地　址	功　　能
P0	0x80	P0 口的映射 SFR。对 P0 读/写,可实现对 P0 口的输入/输出操作
SP	0x81	CPU 内部的堆栈指针寄存器的映射特殊功能寄存器
DPL	0x82	数据指针寄存器 DPTR 的低字节映射特殊功能寄存器
DPH	0x83	数据指针寄存器 DPTR 的高字节映射特殊功能寄存器
PCON	0x87	电源控制寄存器
TCON	0x88	定时/计数器的控制寄存器
TMOD	0x89	定时/计数器的模式控制寄存器
TL0	0x8a	定时/计数器 T0 的计数器低字节
TL1	0x8b	定时/计数器 T1 的计数器低字节
TH0	0x8c	定时/计数器 T0 的计数器高字节
TH1	0x8d	定时/计数器 T1 的计数器高字节
P1	0x90	P1 口的映射 SFR。对 P1 读/写,可实现对 P1 口的输入/输出操作
SCON	0x98	串行端口控制寄存器
SBUF	0x99	串行端口数据缓冲器
P2	0xa0	P2 口的映射 SFR。对 P2 读/写,可实现对 P2 口的输入/输出操作
IE	0xa8	中断允许控制寄存器
P3	0xb0	P3 口的映射 SFR。对 P3 读/写,可实现对 P3 口的输入/输出操作
IP	0xb8	中断优先级控制寄存器
PSW	0xd0	程序状态字寄存器映射的特殊功能寄存器
ACC	0xe0	A 累加器的映射特殊功能寄存器
B	0xf0	B 寄存器的映射特殊功能寄存器

【说明】

• 增强型 MCS-51 单片机除了具有表中 21 个 SFR 外,还新增了若干个 SFR,不同单片机的 SFR 数量并不一定相同,SFR 越多,单片机的功能越强大,各单片机新增的 SFR 请查阅其数据手册。

• 字节地址能被 8 整除的 SFR 的每 1 位都分配有位地址,可以单独访问其中的位。

• SFR 的地址与片内 RAM 的高 128 字节单元的地址虽然相同,但它们是不同的存储空间,具有不同的功能,访问方式也不同,SFR 与片内 RAM 的关系如图 1-7 所示。

• 特殊功能寄存器 SP、PSW、ACC、B 分别是 CPU 内部的 SP、PSW、A、B 四个寄存器的映射特殊功能寄存器,DPL、DPH 是数据指针寄存器 DPTR 的映射特殊功能寄存器。用 C51 编写单片机应用程序时,数据运算和存储单元访问操作的代码由 C51 编译器生成,这 6 个寄存器以及 R0～R7 主要是供 C51 编译器使用,除了在定义堆栈时需要直接设置 SP 的值外,C51 程序中一般不直接使用这 6 个寄存器以及 R0～R7,否则程序中将会出现一些预想不到的后果。

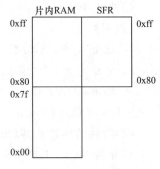

图 1-7　片内 RAM 与 SFR

(3)扩展数据存储器(扩展 RAM)

扩展数据存储器也叫外部数据存储器,用来存放运算过程中的中间值,早期通过在单片机外部扩展 RAM 芯片来实现。MCS-51 单片机具有 16 根地址线,单片机外部最多可以扩展 64 KB 的外部数据存储器,地址范围为 0x0000～0xffff。在 C51 中,扩展数据存储器叫作 xdata 区,其中地址范围为 0x0000～0x00ff 的区域为 pdata 区。

【说明】

有些 MCS-51 单片机的片内也集成有一定容量的扩展 RAM,例如 STC89C51RC 单片机的片内集成有 256 B 的扩展 RAM,STC15F2K60S2 单片机集成有 2 KB 的扩展 RAM,用户完全可以通过适当选择单片机的型号来避免在单片机的外部扩展 RAM 芯片。

(4)程序存储器(ROM)

程序存储器共 64 KB 的空间,地址范围为 0x0000～0xffff,通过外接 ROM 芯片来实现,用来存放用户程序和用户表格数据,C51 中称 ROM 为 code 区。

现在的 MCS-51 单片机内部一般都集成有一定数量的 ROM,片内 ROM 位于从 0x0000 开始的地址低端。例如 STC89C51 单片机内就集成有 4 KB 的 ROM,地址范围为 0x0000～0x0fff,其 ROM 结构如图 1-8 所示,图中阴影部分为 CPU 实际访问的 ROM。

$\overline{EA}=0$($\overline{EA}$引脚接地)时,CPU 只访问片外扩展 ROM,所有的程序和用户表格数据必须固化在片外扩展 ROM 中。

$\overline{EA}=1$($\overline{EA}$引脚接高电平)时,CPU 在访问 0x0000～0x0fff 范围内的 ROM 时,访问片内 ROM 而不访问片外扩展 ROM,地址范围超过 0x0fff 后 CPU 自动访问片外扩展 ROM。

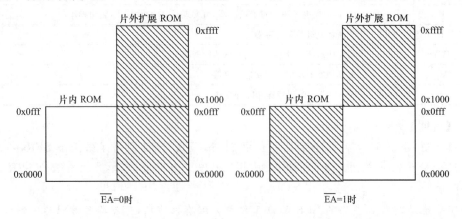

图 1-8　ROM 结构示意图

【说明】

• 不同单片机片内 ROM 的大小不同,例如,STC89C58 片内有 32 KB 的 ROM, STC15F2K60S2 片内有 61 KB 的 ROM,用户可以根据程序的大小适当选择单片机来避免片外扩展 ROM。此时,用户程序和表格数据固化在片内 ROM 中,而将单片机的 $\overline{EA}$ 引脚接高电平。

• 扩展 RAM 与 ROM 的地址范围均为 0x0000～0xffff,但它们属于不同的存储空间,单片机通过 $\overline{WR}$、$\overline{RD}$ 引脚选择扩展 RAM,通过 $\overline{PSEN}$ 引脚选择 ROM。

4. 单片机的最小系统

单片机的最小系统是指保证单片机能独立工作所必需的外部电路,包括时钟电路、复位电路、存储器电路和电源电路。

(1)时钟电路

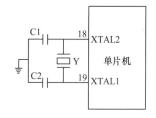

图 1-9 时钟电路

时钟电路用来产生时钟脉冲信号,单片机缺少了时钟信号就无法工作。MCS-51 单片机常用的时钟电路如图 1-9 所示。单片机的内部有一个高增益的放大电路,XTAL1 是放大电路的输入端,XTAL2 是放大器的输出端,在 XTAL1、XTAL2 引脚间接上晶振 Y 后就构成了自激振荡电路,它所产生的脉冲信号的频率就是晶振的固有频率。

单片机的最小系统

图 1-9 中,晶振 Y 起反馈选频作用,它的频率决定了单片机运行的速度。单片机系统中通常选用 6 MHz 或者 12 MHz 的晶振,如果系统中使用了串行通信,一般选择 11.0592 MHz 的晶振。

电容 C1、C2 为振荡微调电容,可以加快起振,同时起到稳定频率和微调振荡频率的作用。实际应用中,C1、C2 的容量相等,一般取 5～30 pF。

在装配电路时,为了减少寄生电容,保证电路可靠工作,要求晶振 Y 和电容 C1、C2 要尽可能地安装在 XTAL1、XTAL2 引脚的附近。

在单片机应用中常涉及与时钟有关的概念,包括时钟周期和机器周期,它们是单片机内部计算其他时间的基本单位。

①时钟周期(T_{osc}):又称为振荡周期,即时钟信号的周期。若晶振的频率为 f_{osc},则 $T_{osc} = 1/f_{osc}$。

②机器周期(MC):CPU 完成一个基本操作所需要的时间。标准的 MCS-51 单片机的一个机器周期包括 12 个振荡周期,即 $MC = 12T_{osc} = 12/f_{osc}$。

(2)复位电路

复位电路的作用是,为单片机产生复位信号,保证单片机上电后从一个确定的状态开始工作。MCS-51 单片机的复位条件是,时钟信号建立后,RST 引脚上加上至少 2 个机器周期的高电平。常用的复位电路如图 1-10 所示。

图 1-10(a)是上电复位电路,由 RC 充电电路构成。上电时,电源通过电阻 R1 对电容 C1 充电,由于电容两端电压不能突变,RST 端为高电平。过一段时间后,电容两端电荷充满,电容等效为开路,RST 端为低电平。由此可见,RST 端的高电平持续时间取决于 RC 电路的充电时间常数,合理选择 C1 和 R1 就可以实现上电复位。

上电后,振荡电路起振要经历一个振荡建立时间,不同频率的振荡器,振荡建立时间不同,因此系统中所使用的晶振的频率不同,上电复位电路的参数也就不同。通常要求上电时 RST 复位高电平能持续 10 ms 以上,R1、C1 的取值一般为:C1=10～30 μF,R1=1～10 kΩ。

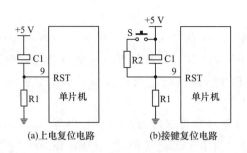

(a)上电复位电路　　　(b)接键复位电路

图 1-10　复位电路

晶振频率为 6 MHz 时,可取 C1＝22 μF,R1＝1 kΩ

晶振频率为 12 MHz 时,可取 C1＝10 μF,R1＝8.2 kΩ

图 1-10(b)是常用的按键复位电路,图中 C1、R1 为上电复位电路,S、R2 构成开关复位电路。单片机正常工作时,按下键 S,C1 两端电荷经 R2 迅速放电,S 断开后,由 C1、R1 及电源将完成对单片机的复位操作。在上述电路中,R2 的取值一般为 0～200 Ω,C1、R1 按上电复位电路的设计而取值。

复位电路的作用非常重要,能否成功复位关系到单片机系统能否正常运行。如果振荡电路正常而单片机系统不能正常运行,其主要原因是单片机没有完成复位操作。这时可以适当地调整上电复位电路的阻容值,增加其充电时间常数来解决问题。

单片机复位后,21 个特殊功能寄存器将恢复到初始状态,复位不改变片内 RAM 的内容。复位后特殊功能寄存器的初始状态见表 1-3。

表 1-3　　　　MCS-51 单片机复位后特殊功能寄存器的初始状态

特殊功能寄存器	初始状态	特殊功能寄存器	初始状态
A	0x00	TMOD	0x00
B	0x00	TCON	0x00
PSW	0x00	TH0	0x00
SP	0x07	TL0	0x00
DPL	0x00	TH1	0x00
DPH	0x00	TL1	0x00
P0～P3	0xff	SBUF	不定
IP	xxx00000B	SCON	0x00
IE	0xx00000B	PCON	0x00

【说明】

表中 x 表示该位为随机状态。

PSW＝0x00,表明复位后单片机使用第 0 组工作寄存器组。

SP＝0x07,表明堆栈指针指向片内 RAM 0x07 单元,0x07 以后的单元为堆栈区,第一个压入堆栈的数据存放在片内 RAM 0x08 单元中。

(3)最小系统电路

现在的 MCS-51 单片机片内除了有片内 RAM 外,一般还集成有一定容量的程序存储器,有些单片机片内还集成有一定容量的扩展 RAM(例如 STC89C51),在这类单片机的外部接上时钟电路、复位电路,将其 V_{CC} 和 GND 引脚分别接上＋5 V 电源和地,然后将$\overline{EA}$引脚接高电平就构成了单片机的最小系统,以 STC89C51 单片机为例,STC89C51 单片机最小系统电路如图 1-11 所示。

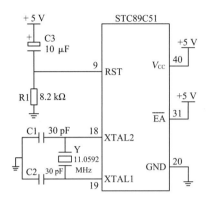

图 1-11　STC89C51 单片机最小系统电路

5. C51 程序的特点

任务 1 中,用 P1.0 口线控制 1 只发光二极管闪烁显示的程序如下:

```
//任务 1  控制 1 只发光二极管闪烁显示
# include < reg51.h>              //包含 51 寄存器头文件(reg51.h)
sbit led= P1∧0;                   //led 引脚定义
void delay();                     //函数说明
void main(void)                   //主函数
{   while(1)                      //while 循环(永远为真,死循环)
    {                             //循环体开始
        led= ~led;                //发光二极管的显示状态取反
        delay();                  //延时 500 ms
    }                             //循环体结束
}                                 //主函数结束
void delay(void)                  //delay 子函数,返回值为空
{   unsigned int i;               //定义整型变量 i
    for(i= 0;i< 12500;i++);       //for 循环,循环体为空,耗时
}                                 //delay 函数结束
```

从上述程序可以看出,C51 程序有如下特点:

①C51 程序由一个 main 函数和若干个其他函数组成。函数是 C51 程序的基本单位。

②C51 程序中有且只有一个 main 函数,main 函数可以放在程序中任意位置,无论 main 函数放在何处,C51 程序总是从 main 函数开始执行的。

③其他函数根据程序的需要可以为 0 个也可以是多个,其他函数可以放在程序中的任意位置。

④C51 程序中,语句由分号(;)结尾,分号是语句的组成部分。函数是由若干条语句组成的。

⑤一条语句可以分多行书写,一行内也可以书写多条语句。

⑥C51程序中的注释有"//注释"和"/﹡注释﹡/"2种形式。其中"//注释"为单行注释，"//"表示注释开始,在本行内,"//"后面的内容为注释的内容。"/﹡注释﹡/"可以对多行注释,"/﹡"为注释的开始,"﹡/"为注释的结束,"/﹡"和"﹡/"之间的内容为注释内容。

⑦C51程序中大小写字母有别,标点符号要用半角方式输入。

任务实施

1.搭建硬件电路

(1)电路图

根据任务要求,我们选用P1.0口线(单片机的1脚线)作为发光二极管的控制口,则实现本任务要求的硬件电路如图1-12所示。

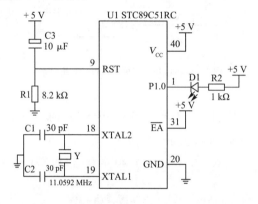

图1-12 控制1只发光二极管闪烁显示电路图

由图1-12可看出,任务1的硬件电路是在单片机最小系统的基础上再加上发光二极管控制电路而构成的。在MFSC-2实验平台上,用单芯扁平线将J3的P1.0脚与J9的D0脚相接,就构成了上述电路。

(2)元器件清单

完成本任务所需的元件见表1-4。

表1-4　　　　　　　　　　　　　　任务1元件清单

元件	规格	元件	规格	元件	规格
C1	30 pF 瓷片电容	R1	8.2 kΩ 普通电阻	D1	φ 红色发光二极管
C2	30 pF 瓷片电容	R2	1 kΩ 普通电阻	U1	STC89C51RC 单片机
C3	10 μF/16 V 电解电容	Y	11.0592 MHz 晶振		

2.安装 USB 转串口的驱动程序

安装 USB 驱动的操作步骤如下:

(1)从本书附件资料中找到 USB 转串口驱动程序 CH341SER.exe,双击驱动程序文件图标"![CH341SER图标]",打开如图 1-13 所示的"驱动安装"窗口。

(2)在"驱动安装"窗口的"选择 INF 文件"下拉列表框中选择"CH341SER. INF",然后单击"安装"按钮,系统就开始执行安装程序,驱动程序安装结束后会自动弹出如图 1-14 所示的驱动安装成功提示框。

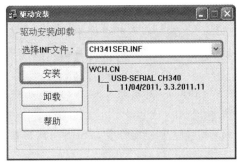
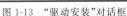

图 1-13 "驱动安装"对话框   图 1-14 提示框

【说明】

①USB 转串口的驱动程序仅需安装一次,如果系统中已经安装,可跳过此步。

②本例中所用的驱动程序为 CH340,如果用户使用的 USB 转串口通信线是其他芯片构成的,请参照上述方法安装其对应的驱动程序。

3. 查看 USB 口映射的串口号

查看串口号的操作方法如下:

(1)将含有 CH340 芯片的 USB 转串口通信线插入计算机的 USB 口中。

(2)在桌面上右击"我的电脑"图标,在弹出的快捷菜单中单击"属性"菜单命令,打开如图 1-15 所示的"系统属性"对话框。

(3)在"系统属性"对话框中单击"硬件"选项卡,然后单击"设备管理器"按钮,打开如图 1-16 所示的"设备管理器"窗口。

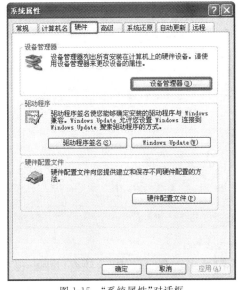

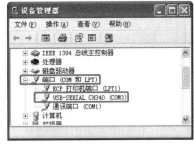

图 1-15 "系统属性"对话框   图 1-16 "设备管理器"窗口

(4)在"设备管理器"窗口中单击"端口"左边的"+"号,展开"端口"项,"端口"项下面会出"USB-SERIAL CH340(COM3)"项(参考图 1-16)。该项右边的 COMx 就是当前 USB 口所映射的串口号,例如图中所表示的是当前的 USB 口所映射的串口号为 COM3,后续计算机通过该 USB 口向单片机下载程序或者调试单片机应用程序时,选择串口编号时就应该选择 COM3。

【说明】

①本书配套的实验平台上板载了 CH340 芯片,如果用户选用的是本书配套的实验平台,则只需用普通的 USB 线将实验平台与计算机相连即可,如果用户的实验平台是自己搭建的,则需按本书任务 13 中所介绍的方法制作 USB 转串口通信线。

②上述观察映射串口号的方法是在 Windows XP 环境中进行的,如果用户计算机使用的是其他操作系统,请参照上述方法进行操作。

③不同的 USB 所映射的串口号不同,在实验中若更换了 USB 口,则需按上述方法查看其所映射的串口。

4. 在 Keil 中添加 STC 单片机

STC 单片机是宏晶公司生产的新型 51 单片机,不在 Keil 所罗列的 51 单片机之列,用 Keil 集成开发环境开发 STC 单片机应用程序时需要在 Keil 中添加 STC 单片机。在 Keil 中添加 STC 单片机的操作方法如下:

①安装好 Keil μVision4,并记下安装目录。

②从宏晶公司网站上下载 STC 单片机的 ISP 下载编程烧录软件 STC_ISP_6.63。宏晶公司的网址为 http://www.STCMCU.com。

③双击 STC_ISP 软件图标"🐜",打开如图 1-17 所示的"STC-ISP"窗口。

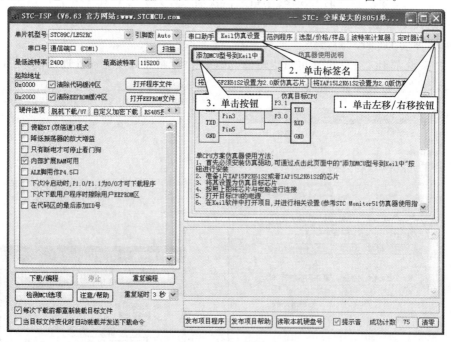

图 1-17 "STC-ISP"窗口

④在"STC-ISP"窗口中单击右上角的左移"◀"或者右移"▶"按钮,使窗口中出现"Keil 仿真设置"标签(参考图 1-17),然后单击"Keil 仿真设置"标签名,使"Keil 仿真设置"标签成为当前标签。

⑤在"Keil 仿真设置"标签中单击"添加 MCU 型号到 Keil 中"按钮,打开如图 1-18 所示的"浏览文件夹"对话框。

⑥在"浏览文件夹"对话框中选择 Keil 的安装目录,然后单击"确定"按钮,系统会弹出如图 1-19 所示的"STC MCU 型号添加成功!"提示框。在提示框中单击"确定"按钮,STC-ISP 将 STC 单片机的所有型号添加至 Keil 集成开发环境中。

图 1-18 "浏览文件夹"对话框　　图 1-19 添加成功提示

【说明】

在 Keil 中添加 STC 单片机的实质是在 Keil 安装目录中添加"stc. cdb"文件以及"STC89C5xRC. h""STC12C5410AD. h""STC12C5A60S2. h""STC15F104E. h""STC15F2K60S2. h"等定义特殊功能寄存器的头文件。安装好 Keil 集成开发软件后,仅需向 Keil 中添加一次 STC 单片机,以后使用 Keil 集成开发软件时就不必再添加 STC 单片机了。

5. 建立 Keil 工程

用 C51 开发单片机应用程序一般是在 Keil μVision4 集成开发环境中进行的,需要先建立一个 Keil 工程,然后配置 Keil 工程,利用 Keil 的调试工具调试好应用程序,最后将调试好的程序编译并生成单片机可直接运行的十六进制文件(hex 文件)。以 Keil μVision4 为例,建立 Keil 工程的操作步骤如下:

keil 工程的建立

(1)建立工程文件

①在 D 盘新建一个名为 EX01 的文件夹,用来保存工程中相关文件。

②双击桌面上的"Keil μVision4"快捷图标"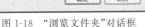",打开如图 1-20 所示的 Keil μVision4 窗口。

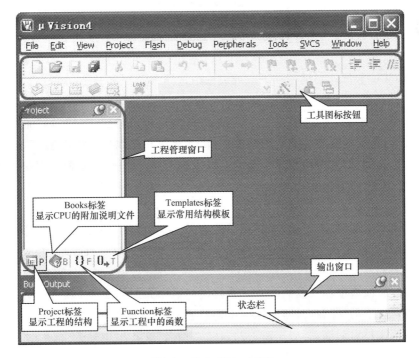

图 1-20 Keil μVision4 窗口

③在菜单栏中单击"Project"→"New project"菜单,系统会弹出如图1-21所示的新建工程对话框。

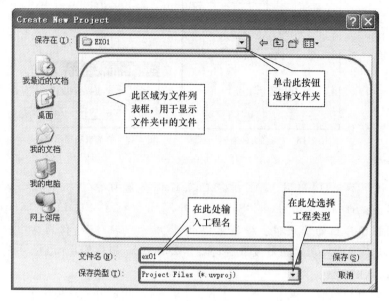

图1-21 新建工程对话框

④在新建工程对话框中单击"保存在"下拉按钮,从中选择保存工程文件的文件夹"D:\EX01"[第(1)步中新建的文件夹],在"文件名"文本框中输入工程文件名"ex01"(无扩展名),在"保存类型"下拉列表框中选择"Project Files(*.uvproj)"列表项,然后单击"保存"按钮,系统会出现如图1-22所示的选择CPU数据库对话框。

图1-22 选择CPU数据库对话框

⑤在选择CPU数据库对话框的下拉列表框中选择"STC MCU Database"列表项,然后单击"OK"按钮,打开如图1-23所示的选择单片机对话框。

⑥在选择单片机对话框中单击"STC"前面的"＋"号,将"STC"单片机展开,然后单击"STC89C52RC",选择本例实践中所用的单片机,然后再单击"OK"按钮,打开如图1-24所示的添加启动代码询问框,此时可根据个人的爱好进行选择。本例中,我们不用系统提供的启动程序代码,需要单击"否"按钮。

(2)新建C51程序文件

①单击菜单栏上的"File"→"New"菜单或者单击工具栏上的"新建文件"图标按钮"📄",这时Keil μVision4集成开发环境的右边会出现文本编辑窗口,窗口标签上会显示当前新建文件的文件名"Text1*",如图1-25所示。

②在文本编辑窗口中输入我们在C51程序的特点中介绍的任务1程序代码。

③单击工具栏上的"保存文件"图标按钮"💾"或者单击菜单栏上的"File"→"Save"菜单,系统会弹出保存文件对话框,类似于图1-21,在"文件名"文本框中输入文件名"ex01.c",然后单击"保存"按钮。这里的"ex01.c"是本例的程序文件,其扩展名为.c,表示是C51程序文件。

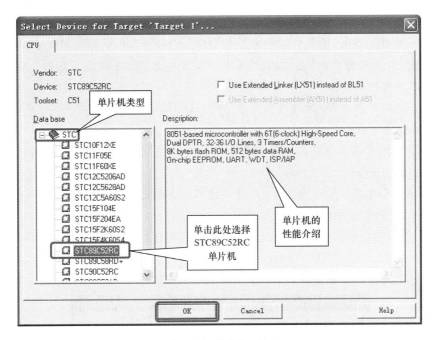

图 1-23　选择单片机

图 1-24　添加启动代码询问框

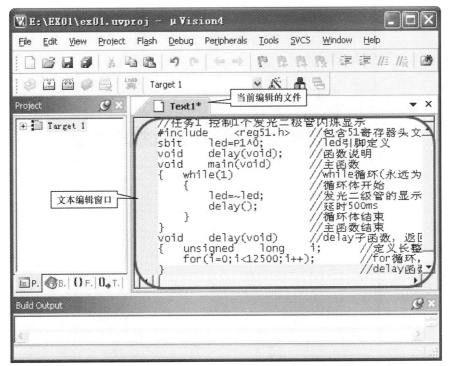

图 1-25　文本编辑窗口

【说明】

• 用 Keil 新建文件时,Keil 默认的文件名为 Texti^* ($i=1,2,\cdots$),此时文本编辑窗口上的标签显示的是默认的文件名,保存文件后,文本编辑窗口上的标签显示的是保存后的文件名。

• C51 程序文件实际上是一个文本文件,可以用任何文本编辑器新建和编辑。

• 在程序代码中,"//"后面的内容为语句的注释部分。本例中,这一部分可以暂不输入。"//"是 C 语言程序的注释符。

• 程序中的标点符号必须在半角状态输入。例如";"(半角状态下的分号)不能输入成";"(全角状态下的分号)。

• 如果事先已建立了 C51 程序文件,则跳过此步直接进入第(3)步。

(3)在 Keil 工程中添加程序文件

①在项目管理窗口中单击"Target 1"前面的"+"号,用鼠标右键单击"Source Group 1",在弹出的快捷菜单中单击"Add Files to Group 'Source Group 1'...",如图 1-26 所示。这时系统会弹出如图 1-27 所示的添加文件对话框。

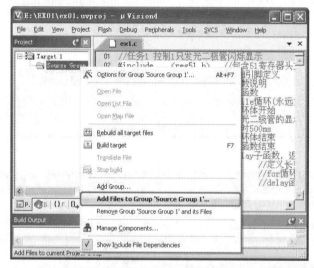

图 1-26　添加文件快捷菜单

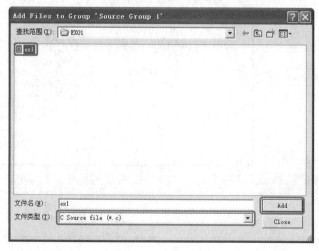

图 1-27　添加文件对话框

②在图 1-27 所示的添加文件对话框中,"查找范围"下拉列表框内显示的是工程文件所在目录"EX01","查找范围"下面是文件列表框,显示的是指定目录中指定类型的所有文件。单击"文件类型"下拉列表框,从中选择"C Source file(＊.c)"(C 语言源程序文件),此时文件列表框中显示 EX01 目录中所有 C 语言源程序文件,单击刚才所建立的程序文件 ex1.c,再单击"Add"按钮。此时,源程序文件就添加至 Keil 工程中了。

【说明】

程序文件添加后,在 Keil μVision4 集成开发环境的工程管理窗口中,"Source Group 1"前面将出现一个"+"号,单击"+"号可看到"Source Group 1"下面会出现所添加的文件"ex1.c",表示程序文件已经添加成功。但图 1-27 所示的对话框仍保持不变,此时应单击"Close"按钮关闭对话框。如果在对话框中再次单击"Add"按钮,则会出现如图 1-28 所示的警告提示。

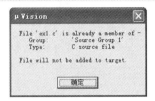

图 1-28　重复添加文件提示

6. 配置工程

配置工程包括设置工程中所使用晶振的频率、输出文件的种类及其形式、变量分配的空间等。配置工程的方法如下:

用鼠标右键单击工程管理窗口中的"Target 1",在弹出的快捷菜单中单击"Options for Target 'Target 1'..."菜单项,如图 1-29 所示。这时系统会出现如图 1-30 所示的"Options for Target 'Target 1'"对话框。

Keil 工程的配置

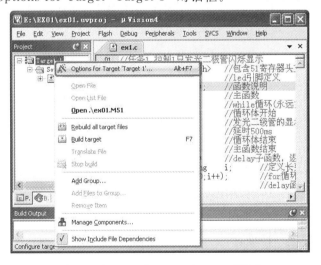

图 1-29　"Options for Target 'Target 1'"菜单

"Options for Target 'Target 1'"对话框非常复杂,共有 11 个页面,包括对工程各方面的设置,在大多数情况下,用户只需对其中的少数项进行设置。

(1)Target 页面

单击 Target 标签,如图 1-30 所示。Target 页面用来设置单片机的晶振频率、变量分配的存储空间等,各项的含义如下:

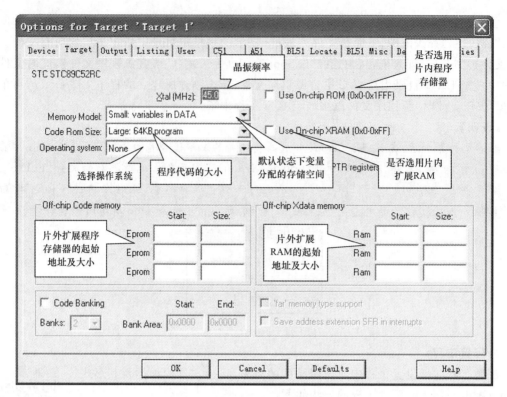

图 1-30 "Options for Target 'Target 1'"对话框

①"Xtal"文本框:设置单片机所用的晶振频率,用于模拟调试时确定程序执行的时间,一般设置成实际硬件所使用的晶振频率。默认值为所选单片机可用的最高振荡频率。

②"Memory Model"下拉列表框:设置默认状态下变量分配的存储空间。它有 3 个选项,各选项的含义见表 1-5。

表 1-5   Memory Model 的选项

选 项	注 释	含 义
Small	小型模式	所有变量都定义在 data 区内(片内 RAM 0x00～0x7f 区域)
Compact	紧凑模式	变量可以使用一页扩展 RAM 区域(pdata 区)
Large	大型模式	变量可使用 64 KB 的扩展 RAM(xdata 区)

③"Code Rom Size"下拉列表框:设置程序代码的大小。共有 3 个选项,其含义见表 1-6。

表 1-6   Code Rom Size 的选项

选 项	注 释	含 义
Small	小型模式	所有程序使用低于 2 KB 程序存储器空间
Compact	紧凑模式	单个函数的代码量不能超过 2 KB,整个程序可以使用 64 KB 空间
Large	大型模式	可以使用全部 64 KB 程序存储器空间

④"Operating system"下拉列表框:选择操作系统。它有 3 个选项,通常情况下选择"None"(无操作系统)。

⑤"Use On-chip ROM"复选框:是否选用片内 ROM。此选项与代码生成无关。

⑥"Use On-chip XRAM"复选框:是否选用片内扩展 RAM。STC89C51 单片机片内集成

有 256 B 的扩展 RAM,此选项与代码生成无关。

⑦"Off-chip Code memory"框架:设置片外扩展程序存储器的起始地址及大小。

⑧"Off-chip Xdata memory"框架:设置片外扩展 RAM 的起始地址及大小。

(2)Output 页面

单击 Output 标签,如图 1-31 所示。Output 页面用来设置输出文件的形式,除了"Create HEX File"复选框外,其他各项一般采用默认值。

勾选"Create HEX File"复选框后,则对源程序编译、连接后创建一个 HEX 文件,即生成单片机可执行的十六进制文件。默认该项未选中,如果要将程序下载至单片机中做硬件实验,则必须勾选此项。

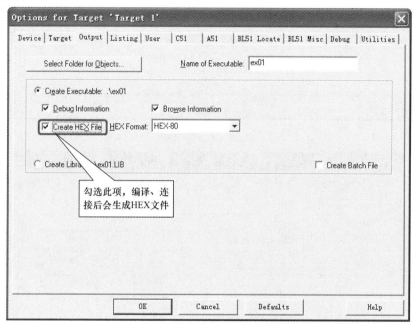

图 1-31　Output 页面

(3)Listing 页面

单击 Listing 标签,如图 1-32 所示。Listing 页面用来对列表文件进行详细设置。其中常用的是"C Compiler Listing"选项组中"Assembly Code"选项,选中此项,则可以在列表文件中生成 C 语言源程序所对应的汇编程序代码,其他选项一般选用系统的默认值。

(4)C51 页面

单击 C51 标签,如图 1-33 所示。C51 页面设置用于控制 Keil 的 C51 编译器的编译过程。其中常用的设置项是"Code Optimization"框架中的几项,其他选项一般采用默认设置。

①"Level"下拉列表框:编译时的优化等级。共有 9 个优化等级,一般选默认的第 8 级,如果编译中出现一些问题,可以降低优化级别试一试。

②"Emphasis"下拉列表框:编译的优先方式。

共有 3 个选项:

• Favor size:代码量优先,即生成的代码量最少。

• Favor speed:速度优先,即生成的代码运行速度最快。

• default:系统缺省项。通常情况下就选默认项 Favor speed。

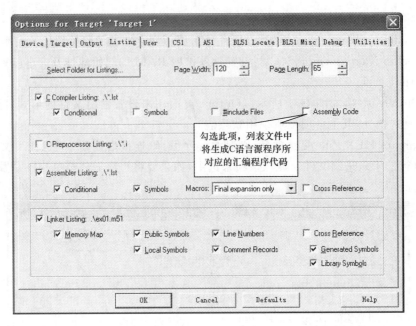

图 1-32　Listing 页面

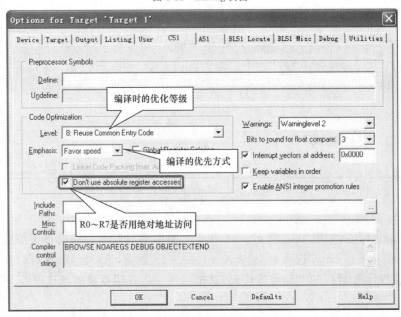

图 1-33　C51 页面

　　③"Don't use absolute register accesses"复选框:R0～R7 是否用绝对地址访问。用 C51 开发单片机应用程序时,R0～R7 一般不采用绝对地址访问,需要勾选此项。

　　(5)Debug 页面

　　单击 Debug 标签,如图 1-34 所示。Debug 页面用于设置程序的调试方式,如果选用软件模拟调试,该页一般采用默认设置。如果选用的是硬件仿真调试,需要进行如下设置:

　　先选择"Use"单选按钮,选择硬件仿真,然后单击"Use"右边的下拉列表框,从中选择"STC Monitor-51 Driver"列表项(参考图 1-34),然后单击右上角的"Settings"按钮,系统会弹出如图 1-35 所示的设置仿真器对话框。

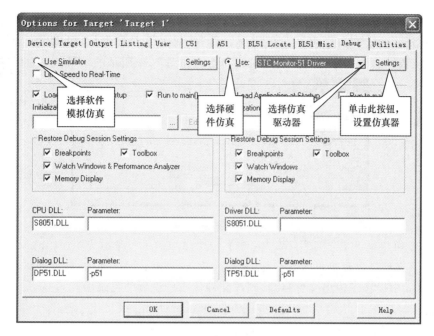

图 1-34　Debug 页面

图 1-35　设置仿真器对话框

在图 1-35 所示对话框中,单击"COM Port"下拉列表框,从中选择单片机与计算机相连的串口,其中,串口号的查阅方法参考前面介绍的"查看 USB 口映射的串口号"。单击"Baudrate"下拉列表框,从中选择单片机与计算机通信的波特率。单击"OK"按钮就完成了仿真器设置。

【说明】

> 在 STC 单片机中,以字符"IAP"开头的单片机除了具备与其型号相对应单片机的全部功能外,还具备硬件仿真功能,例如 IAP15F2K60S2 单片机与 STC15F2K60S2 相对应,IAP15F2K60S2 单片机除了具备 STC15F2K60S2 的全部功能外,还具备硬件仿真功能,可以做硬件仿真器使用,STC Monitor-51 Driver 是这类单片机做硬件仿真器使用时的仿真驱动程序。如果用户使用的是其他仿真器,可以参考上述操作选择对应的仿真驱动程序。

7. 编译、连接

配置好工程后就可以进行编译、连接了,以便生成的单片机可以直接执行十六进制文件(HEX 文件)。编译、连接的方法是,单击菜单栏上的"Project"→"Build target"菜单。这时,

Keil 集成开发环境下面的输出窗口中就会显示连接的结果。如果源程序中存在语法上的错误,输出窗口中将会出现错误数报告,双击错误报告行,可以定位到出错的位置。对源程序反复修改后最终会得到如图 1-36 所示的结果。

微 课

程序的编译连接

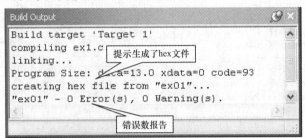

图 1-36　连接的结果

从图 1-36 可以看出,连接后 Keil 生成了一个 hex 文件(提示为 Creating hex file from "ex01"...),该文件是单片机可直接执行的文件,位于 Keil 工程目录中,如果在如图 1-31 所示的 Output 页面中设置了输出文件目录,则该文件位于所设置的目录中。

【说明】

- Project 菜单中有 3 个与编译、连接有关的子菜单,它们的含义如下:

"Build target":对当前工程进行连接,如果文件已修改,则先进行编译再进行连接,并产生目标代码。

"Rebuild all target files":对当前工程中所有文件重新编译后再连接,并产生目标代码。

"Translate":只对源程序进行编译,不进行连接,不产生目标代码。

- 除了菜单外,Keil 的工具栏中还提供了编译、连接工具图标,如图 1-37 所示。这些图标按钮与对应的菜单命令的功能一致。

- 当输出窗口中显示错误数为 0 时,只表明源程序无语法上的错误,并不能代表源程序无逻辑上的错误。

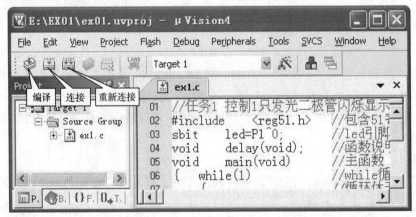

图 1-37　编译、连接工具图标

8. 调试程序

调试程序的目的是查找程序中的逻辑错误。在 Keil μVision4 中调试程序的方法是:跟踪程序的运行,查看程序运行的结果。如果结果与理论值不符,表明程序存在逻辑错误,再逐条运行程序中的相关语句,找出产生错误的语句,并修改程序,直至程序运行的结果正确。在调试的过程中需要在程序中设置断点,采取全速运行、单步运行、过程单步等多种运行方式反复

运行程序,在程序运行的过程中观察相关变量的值。用 Keil μVision4 调试程序的步骤如下:

(1)进入调试状态。编译连接程序后,单击菜单栏上的"Debug"→"Start/Stop Debug Session"子菜单项或者单击工具栏上的"开始/停止调试"图标按钮"",这时 Keil μVision4 会进入调试状态,如图 1-38 所示。

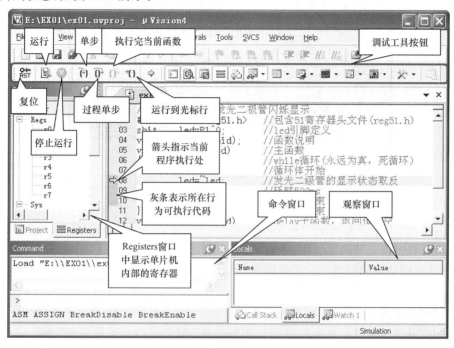

图 1-38　调试状态下的 Keil μVision4 窗口

在调试状态下,Keil μVision4 的窗口将会发生一系列的变化。其中,"Debug"菜单中的"Go""Step""Step Over"等灰色不可执行的子菜单项将变成黑色可执行状态。Keil μVision4 的工具栏中会出现许多调试工具图标按钮,这些调试工具图标按钮的功能与 Debug 菜单中的子菜单项相对应。

【说明】

"开始/停止调试"命令具有开关特性,在调试状态下单击"开始/停止调试"图标按钮"",Keil μVision4 将退出调试状态而进入编辑状态。

(2)显示"Registers"窗口。"Registers"窗口的功能是显示单片机内部的主要寄存器以及这些寄存器的当前值。显示"Registers"窗口的操作方法是,单击菜单栏上的"View"→"Registers Window"菜单命令或者单击调试工具栏上的显示寄存器窗口图标按钮"▤"。

【说明】

"Registers Window"命令也具有开关特性,如果 Keil 左边窗口的标签中显示了"Registers"标签名,则单击"Registers Window"命令会关闭寄存器窗口,再次单击"Registers Window"命令则会显示寄存器窗口。

(3)显示观察窗口。观察窗口包括 Locals、Watch 1 和 Watch 2 三个观察窗口。其中 Locals 窗口用来显示当前执行函数中的变量值,Watch1 窗口和 Watch2 的功能相同,用来显示指定变量的当前值。

显示 Locals 窗口的方法是,单击菜单栏上的"View"→"Watch Window"→"Locals"菜单命令或者在调试工具栏上单击观察窗口图标按钮"▦▾"右边的下拉箭头"▾",在弹出的快捷菜单中单击"Locals"菜单命令。Locals 窗口如图 1-39 所示。

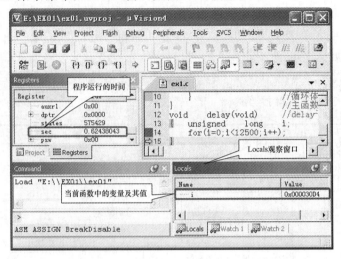

图 1-39　观察窗口

在图 1-39 中,当前执行的函数是 delay,Locals 窗口中显示的是单片机在执行到箭头所指行时,delay 函数中各变量的值。Registers 窗口中显示的是当前单片机中各寄存器的值,其中 sec 显示的是程序执行到当前行时所用的时间,此时间与用户在图 1-30 中所设置的晶振频率有关。

显示 Watch 1 窗口的方法是,单击菜单栏上的"View"→"Watch Window"→"Watch1"菜单命令或者在调试工具栏上单击观察窗口图标按钮"🖼️"右边的下拉箭头"▼",在弹出的快捷菜单中单击"Watch 1"菜单命令。Watch 1 窗口如图 1-40 所示。

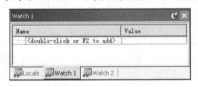

图 1-40　Watch 1 窗口

在 Watch 1 窗口中被显示的变量必须由用户指定,可以是本地变量,也可是全局变量。指定观察变量的方法是,在 Watch 1 窗口中双击"double-click or F2 to add"使窗口中的字符呈蓝底白字的反相显示,再输入所要观察的变量名,然后单击窗口中的空白处。

显示 Watch 2 窗口的方法与显示 Watch 1 窗口的方法相同,它们的用法也相同,在此不再赘述了。

【说明】

• 在调试程序的过程中,可以修改 Locals、Watch 1、Watch 2 窗口中所观察的变量值。修改变量值的方法是:单击 Value 列中待修改变量的值,然后按 F2 键使显示值显蓝底白字的反相显示,再输入数值。

• Locals、Watch 1、Watch 2 窗口中值的显示形式可以设置成十六进制(Hex)、十进制(Decimal)2 种形式,其设置方法是:用鼠标右键单击变量值,在弹出的快捷菜单中单击"Number Base/Hex"或者"Number Base/Decimal"菜单项。单击"Number Base/Hex"后变量值以十六进制形式显示,单击"Number Base/Decimal"后变量值以十进制形式显示。

(4)显示 Call Stack 窗口。Call Stack 窗口的功能是显示当前执行函数的调用层次关系。

显示 Call Stack 窗口的方法是,单击菜单栏上的"View"→"Call Stack Window"菜单命令或者单击调试工具栏上的调用栈窗口图标按钮""。Call Stack 窗口如图 1-41 所示。

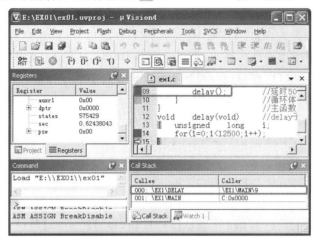

图 1-41　Call Stack 窗口

Call Stack 窗口有 Callee 和 Caller 两列,左边列(Callee 列)显示的是被调用函数,右边列(Caller 列)显示的是主调函数,000 行显示的是当前被调函数的调用关系,001 行显示的是调用 000 行函数的主调函数的调用关系,依此类推。

在图 1-41 中,Call Stack 窗口显示的是单片机执行 delay 函数时的函数调用情况。第 000 行显示的是 delay 函数的调用情况,左边列显示的含义是被调函数为 ex01.c 文件中的 delay 函数,右边显示的含义是当前调用 delay 函数的主调函数是 ex01.c 文件中的 main 函数,并且调用函数的程序行是第 9 行。第 001 行显示的是 main 函数的调用情况,左边显示的含义是,被调函数是 ex01.c 文件中的 main 函数,右边显示的含义是,main 函数是在 code 区的 0x0000 地址处被调用的。

【说明】

• 除了前面介绍的几个常用的显示窗口外,Keil μVision4 中还有 Memory Window、Function Window、Serial Window 等许多窗口,在 View 菜单中单击对应的菜单命令就可以打开相关的窗口,受篇幅的限制,在此不再逐一介绍,感兴趣的读者请查阅 Keil μVision4 的帮助文档。

• Keil μVision4 的窗口显示命令具有开关特性,在窗口打开时单击显示窗口命令,则关闭窗口,在窗口关闭时单击窗口显示命令则会显示窗口。

(5)设置断点。设置断点的目的是,让程序运行至指定行后暂停运行,以便用户观察程序运行的结果。断点的设置方法是:在源程序窗口中单击需要程序停止运行的行,再单击菜单栏上的"Debug"→"Insert/Remove Breakpoint"子菜单项或者单击工具栏上的"断点设置"图标按钮"",这时光标所在行的右边会出现一个红色小矩形框,用来指示断点行。

【说明】

• 在某行语句的尾部(分号之后)双击鼠标左键可以快速地将该行设置成断点行。

• 断点设置命令具有开关特性。若某行为断点行,再次对该行设置断点时,则取消该行断点。

(6)观察外围设备的运行状态。程序运行时,Keil μVision4 中可以观察单片机的外部中断、并行口、定时/计数器、串口等外围设备的运行状态。观察外围设备的命令位于 Keil μVision4 的"Peripherals"菜单中,它有"Interrupt"、"I/O-Port"、"Serial"和"Timer"4 个子菜单项,分别用来观察和设置单片机的外部中断、并行 I/O 端口、串口和定时/计数器。在应用程序设计中,如果程序中使用了这些资源,可以通过单击"Peripherals"菜单中的对应子菜单来显示这些外围设备的显示窗口,在窗口中观察和修改这些资源的运行值。

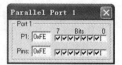

在本例的程序中,我们使用了并行端口 P1(用 P1.0 口线控制发光二极管闪烁显示),在调试程序时需要观察 P1 口的运行状态。单击菜单栏上的"Peripherals"→"I/O-Port"→"Port 1",就可以显示并行 P1 口的观察窗口,如图 1-42 所示。

图 1-42　P1 口的观察窗口

(7)选择程序的运行方式并运行程序。在 Keil μVision4 中调试程序时需要控制程序的运行方式,以便在程序的运行过程中观察运行的结果。控制程序运行的菜单命令有 6 个,位于 Debug 菜单中,在调试工具栏中有 6 个调试图标按钮(参考图 1-38)与这 6 个控制程序运行的菜单命令相对应,这 6 个控制菜单命令的功能见表 1-7。

表 1-7　　　　　　　　　　程序运行的控制命令

图　标	Debug 中的子菜单项	快捷键	功　能	说　明
	Go	F5	全速运行	程序不间断运行,遇到断点后停止运行,用于模拟调试中观察断点处程序运行结果或者在仿真调试中观察单片机系统的运行结果
	Step	F11	单步运行	只执行箭头所指行中的语句,若箭头所指行为函数调用语句,则进入被调函数中。用于逐条查看被调函数中各语句的执行结果
	Step Over	F10	过程单步	只执行箭头所指行中的语句,若箭头所指行为函数调用语句,则把调用函数看作一条语句来执行,而不进入被调函数中。用于逐条查看函数中各语句的执行结果
	Run to cursor	Ctrl+F10	运行至光标行	从箭头所指行执行至光标所在行。用于快速执行一段程序
	Step out of current function	Ctrl+F11	执行完当前函数	执行完整个函数体后暂停运行。用于查看函数运行的结果
	Stop Running	Esc	停止运行	

单击菜单栏上的"Debug"→"Go"菜单项或者单击工具栏中的图标按钮" ",可以看到 P1 口的观察窗口中 P1.0 位不停地闪动显示,表明源程序编制正确。

单击图标按钮" "或者按 Esc 键,停止程序运行,单击" "按钮,系统会退出调试状态,返回编辑状态。

如果需要观察程序运行至第 9 行时的状态,可以按以下方法进行操作:

①在第 9 行代码处设置断点。

②在编辑窗口中单击工具栏上的"开始/停止调试"图标按钮" ",进入调试状态。

③在调试状态下打开 Registers、Parallel Port 1 和 Locals 等窗口。

④单击调试工具栏中的全速运行图标按钮""，程序运行至第 9 行就会停下来，各窗口中会显示单片机执行了第 8 行代码后的状态，包括运行的时间、各寄存器的值、P1 口的状态、有关变量的值等。

⑤用鼠标左键单击 Parallel Port 1 窗口中的某个复选钮，修改 P1 口的状态，再单击调试工具栏上的全速运行图标按钮""，可以看到程序以修改后的状态为基础来设置 P1 口的状态，并在显示 Parallel Port 1 窗口显示当前 P1 口的状态。如果程序有误，则返回编辑窗口中修改程序，然后再调试，直至程序正确。

⑥双击第 9 行代码的行尾，取消断点，再单击停止调试"⚫"图标按钮，返回至程序编辑窗口。

⑦单击工具栏上的 Rebuild 图标按钮"▦"，对源程序重新编译连接，并生成单片机可执行的 ex1.hex 文件。

⑧单击窗口上的关闭按钮，关闭 Keil μVision4，结束程序调试。

9.下载 hex 文件至单片机中

将 hex 文件下载至 STC 单片机中需要使用的宏晶公司开发的 STC-ISP 工具软件中，以 STC-ISP-6.63 为例，将 hex 文件下载至 STC89C52 单片机中的操作步骤如下：

下载程序

(1)用 USB 线将实验平台上的 USB 口与计算机的某个 USB 相接。

(2)双击 STC_ISP 软件图标"▧"，打开 STC-ISP 窗口，如图 1-43 所示。

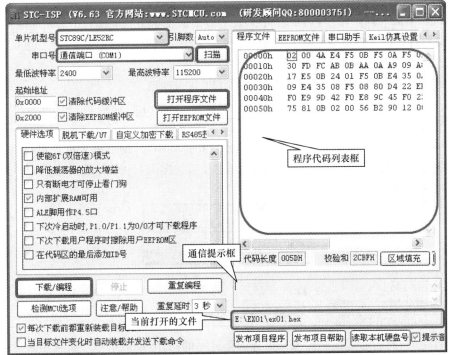

图 1-43　STC-ISP 窗口

(3)单击"单片机型号"下拉列表框，从中选择实验中所用单片机的型号 STC89C52RC。

(4)选择串口：单击"扫描"按钮，STC-ISP 就会自动扫描计算机中的串口，并在"串口号"下拉列表框中显示计算机中的所有串口的编号。然后单击"串口号"下拉列表框，从中选择与实验平台相接的串口编号。其中,串口号的查阅方法参考前面介绍的"查看 USB 口映射的串口号"。

(5)打开 hex 文件:单击"打开程序文件"按钮,打开如图 1-44 所示的"打开程序代码文件"对话框。在"打开程序代码文件"对话框中选择所需下载的文件"ex01.hex"后单击"打开"按钮。在 STC-ISP 窗口右边的"程序文件"标签中,程序代码列表框中将会显示所打开文件的内容,右下部的文件名框中会显示所打开的文件名(参考图 1-43)。

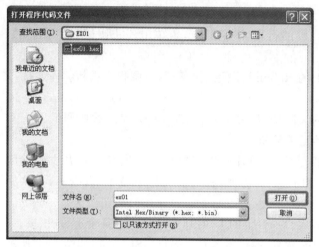

图 1-44 "打开程序代码文件"对话框

(6)单击"下载/编程"按钮,然后打开实验平台上的电源开关,给单片机接通电源。STC-ISP 就会将所打开的文件下载到单片机中去。

在上述操作中要注意以下几方面的问题:

①下载程序时,必须先单击"下载"按钮,再给单片机加电。

②第 4 步中,如果 STC-ISP 扫描不到串口编号,一般是由于 USB 线与计算机或者实验平台没有可靠连接所致。

③第 4 步中,如果选择的串口不是与实验平台相接的串口,则给单片机加电后,图 1-43 所示的通信提示框中会显示"正在检测目标单片机...",如图 1-45 所示,此时应认真核对与实验平台相接的串口号。

图 1-45 通信提示

❀ 应用总结与拓展

在项目 1 中,我们通过控制发光二极管闪烁显示的制作,经历了单片机应用系统的开发过程。单片机应用系统的开发过程是:根据开发要求,设计并搭建好硬件电路,然后编写软件程序,利用开发工具(如 Keil μVision4)调试软件程序并编译生成目标文件,最后将目标文件下载至单片机应用系统中。要进行单片机应用系统开发设计,必须掌握单片机的基本知识、单片机应用程序设计方法以及开发工具的使用方法等基本知识和基本技能。

　　学习单片机主要是学习单片机的硬件电路和单片机的编程结构。任务 1 中学习的硬件电路主要有单片机的引脚功能、时钟电路、复位电路、最小系统电路等,它们是在进行单片机应用系统开发时,进行硬件电路设计的基础,这部分知识在每个应用系统设计中都会用到,我们应该牢牢掌握。

　　单片机的编程结构是指单片机内部的存储组织结构,它们是单片机应用程序设计的基础。在研究单片机的编程结构时要弄清单片机有哪些存储器,各存储器的功能是什么,如何访问等。尤其是要弄清楚单片机的特殊功能寄存器。MCS-51 单片机有片内 RAM、扩展 RAM、程序存储器和特殊功能寄存器 4 个存储空间,片内 RAM 和扩展 RAM 用于存放数据,程序存储器主要是存放程序和表格数据,特殊功能寄存器设置单片机内部电路的运行方式,记录单片机的运行状态。学习单片机在很大程度上是学习单片机内部的特殊功能寄存器。

　　单片机应用程序可以用汇编语言编写,也可以用 C51 语言编写。用 C51 语言开发单片机应用程序具有编程容易、开发速度快等特点。学习 C51 语言时除了要注意 C51 语言的语法规则外,还要注意典型程序的设计方法。掌握 C51 程序设计方法是单片机应用系统设计的基本技能之一。

　　Keil μVision4 是单片机应用系统开发中的常用工具软件之一。Keil μVision4 具有源程序编辑、程序调试、系统仿真等多种功能,可以将源程序编译生成目标文件。熟练地使用 Keil μVision4 也是单片机应用系统开发的基本技能之一,在应用系统开发中要充分利用 Keil μVision4 的强大功能。

习　题

　　1.$\overline{EA}$ 脚的功能是 _____,单片机使用片内程序存储器时,该引脚应该 _____。

　　2.单片机的 RST 引脚是_____,外接_____电路。

　　3.MCS-51 单片机有_____、_____、_____和_____ 4 个存储空间。

　　4.对于标准的 MCS-51 单片机而言,idata 区是指_____区域,共_____字节,对于增强型 MCS-51 单片机(52 单片机)而言,idata 区的地址范围为_____,共_____字节。

　　5.MCS-51 单片机的 data 区位于单片机的_____存储器中,地址范围为_____,共_____字节。

　　6.MCS-51 单片机有_____组工作寄存器组,工作寄存器组区的地址范围是_____,当前工作寄存器组用_____ 8 个寄存器表示。

　　7.MCS-51 单片机的 bdata 区的地址范围是_____,共_____字节,_____位。bdata 区的特点是_____。

　　8.位地址 0x08 是片内 RAM 字节地址为_____单元的第_____位,属于_____区。

　　9.pdata 区是_____区的一部分。

　　10.单片机通过_____引脚选择扩展 RAM,通过_____引脚选择程序存储器。

　　11.code 区是指单片机的_____存储区,code 区的作用是存放_____。

　　12.至少要配备_____电路、_____电路、_____电路和_____电路,单片机才能独立工作。

13. 时钟电路的作用是_____,装配晶振时应该将晶振_____。

14. 若单片机的 f_{osc} =12 MHz,单片机的机器周期为_____。

15. 请画出单片机的时钟电路图。

16. 复位电路的作用是_____。

17. 请画出上电复位电路和按键复位电路的电路图,并给出电路中各元件的值。

18. 复位后,单片机使用第_____组工作寄存器组作当前工作寄存器组。

19. 复位后,SP 的值为_____,堆栈区为_____,若不重新定义堆栈区,则第 1 个压入堆栈的数据存放的地址为_____。

20. 请画出 STC89C51 单片机的最小系统电路图。

21. _____是 C51 程序的基本单位。

22. C51 程序中至少有一个_____函数。

23. C51 程序中,语句由_____结尾。

24. C51 书写比较自由,一条语句可以_____书写,也可以在一行中书写_____语句。

25. C51 程序中,注释有单行注释和多行注释 2 种形式,单行注释的形式是_____,多行注释的形式是_____。

26. C51 程序中,标点符号要在_____状态输入。

27. Keil μVision4 中变量分配的存储空间有 Small、Compact、Large 三种模式,Small 存储模式的特点是_____,Compact 存储模式的特点是_____,Large 存储模式的特点是_____。

28. Keil μVision4 中,程序代码的大小有 Small、Compact、Large 三种模式,Small 模式的特点是_____,Compact 模式的特点是_____,Large 模式的特点是_____。

29. 简述用 Keil μVision4 创建 hex 文件的设置方法。

30. 用 C51 开发单片机应用程序时,R0~R7 一般不用绝对地址访问,简述在 Keil μVision4 中选择 R0~R7 不采用绝对地址访问的设置方法。

31. 在 Keil μVision4 集成开发环境中调试任务 1 的程序,并记录调试操作的步骤。

项目2　单片机的并行I/O端口应用实践

任务2　显示开关量的输入状态

任务要求

单片机的 P0 口做输入端口,外接一个 8 位的拨码开关。P1 口做输出端口,控制 8 个发光二极管的显示输出,用发光二极管指示拨码开关的状态。当拨码开关的某一位拨到 ON 位置时,与该位对应的发光二极管就亮,否则就熄灭。

相关知识

任务 2 涉及的知识主要有 C51 中的常量与变量、特殊功能寄存器的定义、赋值语句,单片机的并行端口 P0 与 P1 的应用特性等。

1. C51 中的数据类型

C51 中的数据类型分为基本类型和构造类型 2 种,其中构造类型是由基本类型构造而成的。C51 支持的基本类型数据见表 2-1。

表 2-1　　　　　　　　　　　C51 支持的基本类型数据

数据类型	名　称	长　度	值　域
unsigned char	无符号字符型	1 字节	0～255
signed char	有符号字符型	1 字节	−128～+127
unsigned int	无符号整型	2 字节	0～65 535
signed int	有符号整型	2 字节	−32 768～+32 767
unsigned long	无符号长整型	4 字节	0～4 294 967 295
signed long	有符号长整型	4 字节	−2 147 483 648～+2 147 483 647
float	浮点型	4 字节	±1.175494e−38～±3.402823e+38
*	指针型	1～3 字节	对象的地址
bit	位型	1 位	0 或 1
sfr	特殊功能寄存器	1 字节	0～255
sfr16	16 位特殊功能寄存器	2 字节	0～65 535
sbit	可寻址位	1 位	0 或 1

【说明】

- C51 中,char 型、int 型、long 型默认为 signed char、signed int 和 signed long。
- MCS-51 单片机是 8 位的单片机,它可以直接支持的数据类型是无符号字符型、位型(包括可寻址位)以及特殊功能寄存器,在应用程序设计时应尽量使用无符号字符型、位型数据,以便提高程序运行的速度。

2. 常量与变量

(1)常量

在程序运行的过程中其值始终保持不变的量叫作常量。C51 常见的常量有整型、长整型、浮点型、位型、字符型、字符串型等。C51 中常见常量的表示方法见表 2-2。

表 2-2　　　　　　　　　　C51 中常见常量的表示方法

类　型	表示方法	示　例
整型	十进制数:与日常书写一致	0、−27、123、−227
	十六进制数:以 0x 开头的数字	0x3、−0x1c、0x123
	八进制数:以 0 开头的数字	012、−034、067
长整型	数字后面加字母 l 或 L	121、−451、0x341、−078l
浮点型	十进制数:带有小数点的数字	0.8、−7.8、5.0
	指数形式:e 表示底数 10,e 后为指数,e 前为系数	1.2e3、2.3e−5、−4.5e2
位型	0 或者 1	
字符型	用单撇号括起来的单个字符	'3'、'a'、'W'、'+'
字符串型	用双撇号括起来的若干个字符	"abc"、"中国"、"123"、"1"

在 C51 程序设计中,除了使用上述字面常量外,还常用符号常量。符号常量的定义方法如下:

　　#define 标志符 常量值

例如,"#define CONST 20"就定义了一个符号常量 CONST,其值为 20,在后面的程序中,凡是出现 CONST 的地方都代表常量 20。

【说明】

- 符号常量的定义实际上是一个宏定义,语句后面无分号。
- 程序中使用符号常量可以提高程序的可读性,方便程序的修改。例如,如果要将程序中的常量改为 30,则只需将符号常量定义部分改为"#define CONST 30"。
- 习惯上,符号常量的标志符用大写字母表示,以便阅读程序时与变量相区别。

(2)变量

变量是一种在程序的运行过程中其值可以变化的量。C51 程序中的每一个变量都必须用一个标志符作为它的变量名。变量名代表的是该变量在存储器内的地址,变量的值是指地址单元内存放的数据。C51 中变量的定义方法如下:

　　数据类型 变量名表;

其中,"数据类型"是表 2-1 中所介绍的基本类型和后面要学习的构造类型,"变量名表"是由逗号间隔的若干个变量名。例如:

```
unsigned char i,j;      //定义 2 个无符号字符型变量 i,j
bit mybit;              //定义位变量 mybit
```

C51 规定,变量名只能由字母、数字和下划线 3 种字符组成,并且首字符不能是数字。首字符为下划线的名字一般是供 C51 编译器使用的,用户在给变量命名时一般是以字母开头。在 C51 中,字母区分大小写,变量名的最大长度为 255 个字符,但 C51 只识别前 32 个字符。对于前 32 个字符相同的变量,C51 认为是同一个变量。因此,在给变量命名时,不同变量的前 32 个字符中至少要有一个字符不同。

3. 赋值运算

"="是 C51 的赋值运算符,其作用是给变量赋值。用赋值运算符"="将一个变量与一个表达式连起来的式子称为赋值表达式。例如,"i＝3"就是一个赋值表达式,它所执行的操作是把常数 3 赋给变量 i。在赋值表达式后面加上分号(;)就构成了赋值语句。赋值语句的格式如下:

```
变量名＝表达式;
```

例如:

```
i=a+b;            //将表达式 a+b 的值赋给变量 i
j=0x12;           //将常数 0x12 赋给变量 j。语句执行后 j=0x12
i=(j=3)+(k=4);    //将表达式(j=3)+(k=4)的值赋给 i。语句执行后 i=7,j=3,k=4
i=j=k=3;          //将表达式 j=k=3 的值赋给 i。语句执行后 i=3,j=3,k=3
```

赋值表达式的求解过程是,先计算"="右边表达式的值,再将此值赋给"="左边的变量。赋值表达式是有值的,其值就是被赋值变量的值。

表达式"i＝(j＝3)＋(k＝4);"的含义是,求 2 个赋值表达式"j＝3"与"k＝4"的和,并将和值赋给变量 i,这 2 个赋值表达式的值分别为 3 与 4。因此,语句"i＝(j＝3)＋(k＝4);"执行后,i＝7,j＝3,k＝4。语句"i＝j＝k＝3;"相当于"i＝(j＝(k＝3));",该语句执行后的结果是,i＝3,j＝3,k＝3。

在 C51 中,当赋值运算符两边的数据类型不一致时,系统会自动进行数据类型转换。转换的法则是,把"="右边的类型转换成左边的类型,具体的规定见表 2-3。

表 2-3　　　　　　　　　赋值数据转换规则

赋值方式	转换规则
float 型赋给 int 型	舍去小数
int 型赋给 float 型	值不变,加上小数,小数为 0
unsigned char 型赋给 int 型	值赋给整型的低字节,整型的高字节为 0x00
char 型赋给 int 型	值赋给整型的低字节,字符型的最高位为 1 时,整型的高字节为 0xff,字符型的最高位为 0 时,整型的高字节为 0x00
int 型赋给 char 型	舍去高字节,低字节赋给字符型

例如,下列程序段执行后,a＝0xff80,b＝0x0040。

```
unsigned int a,b;
char i,j;
i=0x80;j=0x40;
a=i;b=j;
```

在 C51 中,可以在定义变量时给变量赋值。例如:

```
unsigned char i=3,j=4;    //定义无符号字符型变量 i、j,并给 i 赋值 3,给 j 赋值 4
```

4. 特殊功能寄存器的定义

(1)8 位的特殊功能寄存器的定义

在 C51 中,8 位的特殊功能寄存器是用关键字 sfr 定义的,其定义格式如下:

特殊功能寄存器的定义

sfr 特殊功能寄存器名＝特殊功能寄存器的地址;

例如:

```
sfr P0=0x80;        //定义特殊功能寄存器 P0,其地址为 0x80
sfr P1=0x90;        //定义特殊功能寄存器 P1,其地址为 0x90
sfr TMOD=0x89;      //定义特殊功能寄存器 TMOD,其地址为 0x89
```

【说明】

• 关键字 sfr 后面的特殊功能寄存器名实际上是一个标志符,可以任意选取,但一般用大写字母表示。

• 赋值符"＝"后面的地址必须是位于 0x80～0xff 的常数,不能是带有运算符的表达式。

• MCS-51 单片机的特殊功能寄存器的地址分配详见表 1-2。

(2)16 位的特殊功能寄存器的定义

C51 用关键字 sfr16 可将 2 个 8 位的特殊功能寄存器定义成 16 位的特殊功能寄存器,16 位的特殊功能寄存器的定义格式如下:

sfr16 寄存器名＝寄存器低字节的地址值;

例如:

```
sfr16 DPTR=0x82;    /*定义 16 位的寄存器 DPTR,其低字节 DPL 的地址为 0x82,高字节 DPH 的地
                      址为 0x83*/
```

【说明】

用 sfr16 将 2 个 8 位的特殊功能寄存器定义成一个 16 位的特殊功能寄存器,需要这 2 个 8 位的特殊功能寄存器满足下列条件:

①需要组合成 16 位来访问。

②2 个 8 位的特殊功能寄存器的地址连续,且高字节位于高地址处,低字节位于低地址处。

数据指针寄存器 DPTR 的低字节为 DPL,高字节为 DPH,DPL 的地址为 0x82,DPH 的地址为 0x83,因此它们可以用 sfr16 定义成一个 16 位的特殊功能寄存器。但是 T0 的计数器 TL0 与 TH0 的地址不连续,它们不能组合成一个 16 位的特殊功能寄存器,T1 的计数器 TL1、TH1 也不能组合成 16 位的特殊功能寄存器。

(3)可寻址位的定义

特殊功能寄存器中,字节地址能被 8 整除的特殊功能寄存器的每 1 位都分配有位地址,这些特殊位就是可寻址位。另外,片内 RAM 0x20～0x2f 这 16 个字节的每 1 位也都分配有位地址,也是可寻址位(详见图 1-6)。C51 中,可寻址位是用关键字 sbit 定义的,定义的格式有 3 种。

格式一:

sbit 可寻址位名＝特殊功能寄存器名∧位置编号;

【说明】

• 特殊功能寄存器名必须是已经定义了的特殊功能寄存器的名称,并且该特殊功能寄存器的字节地址能被 8 整除。

• 位置编号为可寻址位在特殊功能寄存器中的位置编号,其值为 0～7。

例如：

```
sfr P0= 0x80;        //定义特殊功能寄存器 P0,其地址为 0x80
sbit P0_0= P0∧0;     //定义可寻址位 P0_0,它是 P0 的第 0 位
```

注意：上述定义中，P0_0 不能写成 P0.0，也不能写成 P0-0 或者 P0∧0 等，因为 C51 中标志符只能是字母、数字或者下划线。

格式二：

```
sbit 可寻址位名＝字节地址∧位置编号;
```

【说明】

- 定义特殊功能寄存器中的可寻址位时，字节地址必须位于 0x80～0xff，并且能被 8 整除。
- 定义片内 RAM 0x20～0x2f 中的可寻址位时，字节地址必须位于 0x20～0x2f。
- 位置编号与格式一中相同。

例如：

```
sbit P1_1= 0x90∧1;      //定义可寻址位 P1_1,其位地址为 0x91
sbit TR0= 0x88∧4;       //定义可寻址位 TR0,其位地址为 0x8c
sbit mybit= 0x20∧1;     //定义可寻址位 mybit,它是片内 RAM 0x20 单元的第 1 位
```

格式三：

```
sbit 可寻址位名＝位地址值;
```

例如：

```
sbit P1_1= 0x91;        //定义可寻址位 P1_1,其位地址为 0x91
sbit OV= 0xd7;          //定义可寻址位 OV,其位地址为 0xd7
```

5. 并行端口 P1 的应用特性

MCS-51 单片机片内集成有 P0 口、P1 口、P2 口和 P3 口 4 个并行 I/O 端口，每一个端口都有 8 根 I/O 端口线，内部都有一个 8 位的特殊功能寄存器作为端口的锁存器，每个 I/O 端口都可以以整字节方式进行输入/输出，每条 I/O 端口线都可以单独地用作 1 位输入/输出线。

P1 口是通用 I/O 端口，它是一个准双向静态端口。每 1 位都可以单独定义为输入口或输出口。P1 口的输入/输出口线为 P1.0～P1.7，位结构如图 2-1 所示，其中，"P1.i 锁存器"是特殊功能寄存器 P1 的第 i 位，Q0 是输出驱动级场效应管。

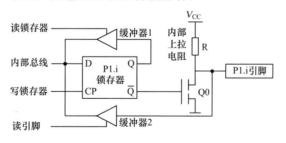

并行端口 P1

图 2-1　P1 口的位结构

由图 2-1 可以看出，P1 口的应用特性如下：

(1)输出特性

①输出驱动级内接有上拉电阻。P1 口的每个端口的输出级都是由一个场效应管构成的输出驱动电路(参考图 2-1)，场效应管的漏极通过 1 只电阻 R 接至内部电源 V_{CC}，该电阻也就是通常所说的上拉电阻，其特点是，电阻 R 的一端接引脚(漏极)，另一端接正电源 V_{CC}。P1 口作为输出端口使用时，其外部引脚上可以不接上拉电阻。

②输出具有锁存功能。特殊功能寄存器 P1 是 P1 口的输出锁存器。向特殊功能寄存器 P1 写入一个数据,该数据就会从 P1 口的端口引脚输出,而且 P1 口的输出状态将被一直保持下来,直至改写了特殊功能寄存器 P1 的内容为止。

③输出数据操作。向特殊功能寄存器 P1 写数,数据就从 P1 口并行输出;向特殊功能寄存器 P1 的某 1 位 P1.i 写 1 位数,该数就从 P1.i 引脚输出。例如:

```
sfr  P1= 0x90;           //定义特殊功能寄存器 P1
sbit  P1_1=P1∧1;        //定义 P1 的第 1 位
sbit  P1_5=P1∧5 ;       //定义 P1 的第 5 位
P1=0x5a;                 //P1 口并行输出数据 0x5a,P1.7～P1.0 依次输出 01011010
P1_1=1;                  //P1.1 口线输出高电平 1
P1_5=0;                  //P1.5 口线输出低电平 0
```

(2)输入特性

①输入具有缓冲功能。

②读取引脚信号的方法比较特殊。读引脚输入的方法是,先向特殊功能寄存器 P1 的对应位写 1,也就是向引脚对应的锁存器写 1,再读端口。例如,读 P1.5 引脚上的数据就要用如下程序段:

```
P1_5=1;                  //向锁存器 P1.5 写 1,切断驱动级对引脚输入信号的影响
mybit= P1_5;             //读引脚 P1.5 上的输入数据至 mybit 位中
```

再如,要将 P1 口 8 个引脚上的输入信号读至无符号字符型变量 m 中,可用以下程序段:

```
P1=0xff;                 //向 P1 口 8 位锁存器写 1
m= P1;                   //读 P1 口引脚输入信号至 m 中
```

【说明】

读引脚所读的数据实际上是输出级与引脚输入信号相与的结果,读引脚输入时一定要先向端口特殊功能寄存器的特殊位写 1。向特殊功能寄存器写 1 可使锁存器的 $\overline{Q}$ 端输出为 0,截止场效应管 Q0(参考图 2-1),使输出级输出为 1,输出级与引脚输入相与的结果为引脚输入,即切断了驱动级对引脚输入信号的影响。读 P1.5 引脚时,如果不先向特殊位 P1.5 写 1,而直接读特殊位 P1.5,所读数据就可能是错误的。例如,当前 P1.5=0,而 P1.5 引脚为高电平,此时 Q0 输出为低电平,Q0 的输出与 P1.5 引脚的输入相与的结果为 0,所读得的结果为 0,结果就是错误的。

③对 P1 进行"读-修改-写"操作时,所读入的数据为特殊功能寄存器 P1 中的数据。

所谓"读-修改-写"操作,是指先将端口原来的数据读入,经过运算变换后再把操作结果写入端口锁存器中,这类操作称为"读-修改-写"操作。例如

```
P1=P1&0x23;              //P1 口的内容与数 0x23 按位与后再写入 P1 口
```
就属于"读-修改-写"操作,另外下列操作都是"读-修改-写"操作:

```
P1= P1|0x5a;             //P1 口的内容与数 0x5a 按位或后再写入 P1 口
P1- - ;                  //P1 口的内容自减 1
P1+ + ;                  //P1 口的内容自加 1
～P1;                    //P1 口的内容按位取反
```

(3)输出驱动能力

P1 口的驱动能力有限,只能驱动 4 个 LSTTL 负载。如果负载过大,则需要在端口上外接驱动电路后方可接负载。

（4）复位后的状态

单片机复位后，特殊功能寄存器 P1 的值为 0xff，P1 口输出全为高电平 1，即输出 0xff。

【说明】

现代增强型 MCS-51 单片机中（例如 STC89C52 单片机），片内新增了定时/计数器 T2，在 P1.0、P1.1 这 2 个引脚上分配了第二功能，P1.0 用作定时/计数器 2 的外部事件计数输入引脚，P1.1 引脚用作定时/计数器 2 的外部控制端。某位引脚上的第二功能没使用时，该端口可作为普通的 I/O 端口使用。复位时，P1.0 和 P1.1 口线的第二功能自动关闭，这些端口自动处于 I/O 端口状态。

6. 并行端口 P0 的应用特性

P0 口是总线 I/O 端口。P0 口的输入/输出口线为 P0.0～P0.7，位结构如图 2-2 所示，其中，Q1、Q0 为输出驱动场效应管，P0.i 锁存器是特殊功能寄存器 P0 的第 i 位。

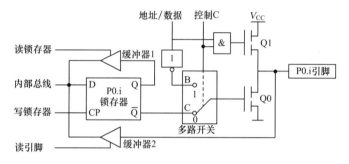

图 2-2　P0 口的位结构

由图 2-2 可以看出，P0 口既可以做普通的 I/O 端口使用，又可以做数据/地址总线口使用。当控制 C＝1 时，多路开关选择 B 点，Q0 与地址/数据的反信号相接，另一方面，与门开启，Q1 与地址/数据信号相接，P0 口做地址/数据总线使用，由 Q1、Q0 组成推挽输出电路对地址/数据信号输出。

当控制 C＝0 时，多路开关选择 C 点，输出管 Q0 与锁存器 P0.i 的 $\overline{Q}$ 端相接，另一方面，与门输出为 0，封锁了地址/数据的输出，同时使 Q1 截止，Q0 处于漏极开路输出状态。此时 P0 口做普通 I/O 端口使用，其结构如图 2-3 所示。

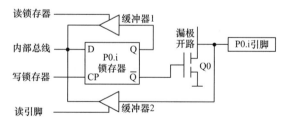

图 2-3　P0 口做普通 I/O 端口使用时的位结构

P0 口做普通 I/O 端口使用时，其位结构与 P1 口的位结构非常相似，两者特性基本相同，具体如下：

（1）输出特性

每根端口线内部的输出驱动级都是一个漏极开路的输出电路。P0 口做输出口使用时，如果电流是从端口流向负载（即负载为拉电流负载），则需要在输出引脚与正电源之间接上一个

10 kΩ 左右的电阻，此电阻就是通常所说的上拉电阻。如果电流是从负载流向端口（负载为灌电流负载），则可以不加上拉电阻，也可以外接上拉电阻。以 P0.0 口线为例，P0 口负载电路如图 2-4 所示。

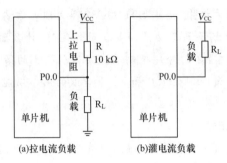

图 2-4　P0 口负载电路

输出具有锁存功能。特殊功能寄存器 P0 就是 P0 口的内部锁存器，向特殊功能寄存器 P0 写入一个数据，数据就会从 P0 口的 8 根端口线输出，其输出操作方法与 P1 口相同。

（2）输入特性

P0 口做 I/O 输入口使用时，与 P1 口做输入口使用一样，也存在着读引脚与读锁存器的区别。若 CPU 执行的是对 P0 口进行"读-修改-写"指令时，所读数据是锁存器（即特殊功能寄存器 P1）的内容。同样地，要正确读取 P0 口引脚上的输入信号，必须先向特殊功能寄存器 P0 的对应位写 1，然后再读 P0 口。

（3）P0 口的输出驱动能力

P0 口的每 1 位都可以驱动 8 个 LSTTL 负载。如果负载过大，则需要在端口上外接驱动电路后方可接负载。

（4）复位后 P0 口的状态

单片机复位后，特殊功能寄存器 P0 的值为 0xff，也就是 P0 已自动地被写入 1 了，可以做普通的 I/O 端口直接进行输入或者输出操作。

（5）P0 口做普通 I/O 端口使用的条件

当单片机片外不扩展程序存储器、不扩展并行 RAM 并且也不扩展并行 I/O 芯片时，P0 口可做普通的 I/O 端口使用。

任务实施

1. 搭建硬件电路

（1）电路图

实现本任务要求的显示开关量输入状态的硬件电路如图 2-5 所示。

S0 为拨码开关，其实质是 8 位一体的开关，如图 2-6 所示。

在 MFSC-2 实验平台上，用 8 芯扁平线将 J3 与 J9 相接、J5 与 J13 相接，就构成了上述电路。

（2）元件清单

完成本任务所需元件见表 2-4。

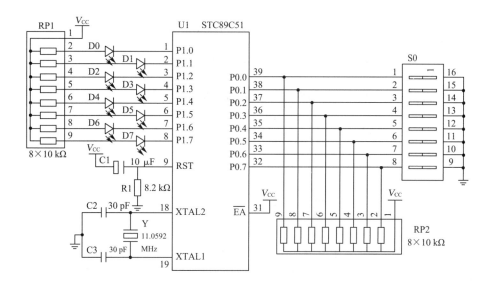

图 2-5　任务 2 硬件电路

图 2-6　拨码开关实物图

表 2-4　　　　　　　　　　　　　任务 2 元件清单

元 件	规　格	元 件	规　格	元 件	规　格
C1	10 μF/16 V 电解电容	R1	8.2 kΩ 普通电阻	S0	8 位拨码开关
C2	30 pF 瓷片电容	RP1,RP2	8×10 kΩ 排阻	U1	STC89C51 RC 单片机
C3	30 pF 瓷片电容	D0~D7	φ3 发光二极管	Y	11.0592 MHz 晶振

2. 编写软件程序

根据功能要求,本例的系统软件程序就是要使单片机实现以下要求:①从 P0 口读取拨码开关的状态;②对输入状态数据进行适当变换;③从 P1 口输出变换后的状态数据,控制发光二极管显示输出,将拨码开关拨到 ON 位置时,对应的发光二极管亮;④重复①~③,如此反复循环。把这一过程用流程框表示出来,就得到了本例程序的流程图,将流程图用程序设计语言表示出来,就是本例的软件程序,这一过程也是应用程序编写的一般方法。

(1)流程图

流程图是程序结构的图解表示方法。画流程图的过程就是进行程序逻辑设计的过程,真正的程序设计实际上是流程图的设计,代码的编写只不过是将流程图转换成程序设计语言的语句而已。流程图符号如图 2-7 所示。

本例的流程图如图 2-8 所示。从图 2-5 的硬件电路可以看出:拨码开关的某位拨至 ON 位置时,对应输入引脚的输入为低电平 0;在发光二极管的控制电路中,我们采用的是低电平

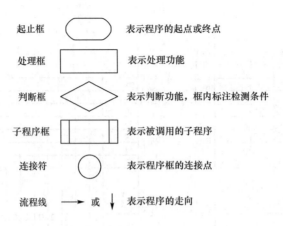

起止框		表示程序的起点或终点
处理框		表示处理功能
判断框		表示判断功能,框内标注检测条件
子程序框		表示被调用的子程序
连接符		表示程序框的连接点
流程线	→或↓	表示程序的走向

图 2-7　流程图符号

有效控制,输出为 0 时,发光二极管就亮。因此,可以直接用拨码开关的输入状态数据来控制发光二极管的显示输出。"变换输入状态数据"这个框就可以省去,实际的流程图如图 2-9 所示。

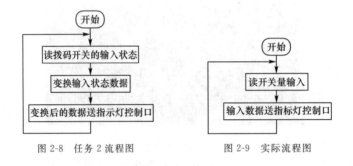

图 2-8　任务 2 流程图　　　　图 2-9　实际流程图

(2)程序代码

将图 2-9 的流程图转换成 C51 语句就可以得到本例的软件程序。完整的程序代码如下:

```
//任务 2　显示开关量的输入状态
sfr P0 = 0x80;        //1 定义特殊功能寄存器 P0
sfr P1 = 0x90;        //2 定义特殊功能寄存器 P1
void main(void)       //3 主函数 main
{   while(1)          //4 while 循环(详见任务 4):永不停息地执行其后大括号中的内容(语句 6、7)
    {                 //5 while 的循环体开始
        P0 = 0xff;    //6 P0 口(输入口)的各位写 1
        P1 = P0;      //7 读 P0 口的引脚输入,并写入 P1 口输出
    }                 //8 while 的循环体结束
}                     //9 main 函数结束
```

应用总结与拓展

宏定义

宏定义是一种编译预处理命令,其作用是方便程序调试、移植,提高程序的可读性。宏定义以"#"号开头,结尾处不用分号(;),一般放在程序开头处。C51 中的宏定义有不带参数的宏定义和带参数的宏定义 2 种形式。

（1）不带参数的宏定义

不带参数的宏定义格式如下：

#define 标志符 字符串

这种定义的作用是，用标志符代表字符串，在编译预处理时，编译器会将源程序中的所有标志符替换成字符串。例如：

#define PI 3.14   //用 PI 代表常数 3.14

#define uchar unsigned char //uchar 代表字符 unsigned char

在程序中使用宏定义的好处是，修改元素值时，只需要修改宏定义，不必修改程序中所有出现元素的地方，另外可以做到"见名知意"，提高程序的可读性。

【注意】

在编译预处理时，宏名与字符串进行替换时，不做语法检查，只是简单的字符串替换。

宏名的有效范围是，从宏定义位置起到文件的结束。如果要终止宏定义的作用域，可用 #undef 命令。例如：

#undef PI

宏定义时可以引用已经定义的宏名。例如：

#define R 3

#define PI 3.14

#define S PI* R* R

（2）带参数的宏定义

带参数的宏定义格式如下：

#define 标志符(参数表) 字符串

这种定义的作用是，编译预处理时，将源程序中所有标志符替换成字符串，并将字符串中的参数用实际使用的参数替换。例如：

#define S(a,b) (a+b)/2

如果程序中使用了 S(2,3)，则编译预处理时将 S(2,3)替换成(2+3)/2。

习 题

1. unsigned char 型变量占 _____ 个字节，值域是 _____，data 区中最多只能定义 _____ 个 unsigned char 型变量。

2. C51 中，十六进制数的表示方法是 _____，与 0x12 等值的十进制数是 _____，0x34L 是 _____ 数。

3. 用 C51 设计单片机程序时，应尽量使用 _____ 型和 _____ 型数据，以便提高程序的运行速度。

4. 写出下列常量和变量的定义式：

（1）值为 20 的符号常量 KTIM。

（2）无符号字符型变量 i、j。

（3）带符号整型变量 k。

（4）浮点型变量 f。

（5）有符号的长整型变量 sl。

(6)位变量 mybit。

(7)定义无符号字符型变量 i,j,并给 i 赋值 3,j 赋值 4。

5.语句"i=(j=3)+(k=4);"的含义是_____,语句执行后 i=_____,j=_____,k=_____。

6.若有下列定义：

```
int i= 0x1234;
unsigned char j;
```

语句"j=i;"执行后,i=_____,j=_____。

7.若有下列定义：

```
int i;
unsigned char j= 0x82;
```

语句"i=j;"执行后,i=_____。

8.若有下列定义：

```
unsigned int i;
char j= 0x82;
```

语句"i=j;"执行后,i=_____,j=_____。

9.定义下列特殊功能寄存器和特殊位：

(1)特殊功能寄存器 P0、P1、P2、P3。

(2)16 位特殊功能寄存器 DPTR,DPTR 的低字节地址为 0x82,高字节地址为 0x83。

(3)特殊功能寄存器 P0 的第 0 位 P0.0。

(4)片内 RAM0x24 单元的第 4 位 down。

10.P1 口输出具有_____功能,能驱动_____个 LSTTL 负载,输入具有_____功能,复位后,特殊功寄存器 P1=_____。

11.P1 口输出驱动级内部接有_____,接拉电流负载时,可以_____。

12.设 m 为 unsigned char 型变量,mybit 为 bit 型变量,请按下列要求编写程序段：

(1)将 m 中的数据从 P1 口输出。

(2)将 mybit 中的数据从 P1.2 口线输出。

(3)将 P1.5 口线置 1。

(4)将 P1.0 口线清 0。

(5)读 P1 口的输入状态,并保存至 m 中。

(6)读 P1.7 口线输入状态,并保存到 mybit 中。

13.单片机复位后,P0=_____。

14.P0 口既可以作为_____口使用,又可以作为普通 I/O 端口使用。

15.在_____条件下,P0 口作为普通 I/O 端口使用。

16.P0 口作为输出端口时,P0 的输出驱动级_____电阻,接拉电流负载时,需要_____,接灌电流负载时,可以_____。

17.P0 口输出具有_____功能,输入具有_____功能。

18.设 m 为 unsigned char 型变量,mybit 为 bit 型变量,请按下列要求编写程序段：

(1)将 m 中的数据从 P0 口输出。

(2)将 mybit 中的数据从 P0.0 口线输出。

（3）将 P0.3 口线置 1。

（4）将 P0.5 口线清 0。

（5）读 P0 口的输入状态，并保存至 m 中。

（6）读 P0.0 口线的输入状态，并保存到 mybit 中。

19. P0 口的每 1 位可以驱动 _____ 个 LSTTL 负载，若负载过大，则需在端口外加上 _____ 电路后才可以接负载。

20. 若用 P0.0 口线控制 1 只发光二极，请画出发光二极管做拉电流负载和做灌电流负载时的电路图。

21. 若 P1 口外接有 8 位拨码开关，请画出拨码开关与单片机的连接电路图。

22. 宏定义是一种编译预处理命令，宏定义以 _____ 开头，结尾处 _____，一般放在程序的 _____ 处。用字符 uchar 代表字符 unsigned char 的宏定义是 _____。

任务 3　控制楼梯灯

✿ 任务要求

为了方便控制，楼梯灯常用 2 个开关，以便实现楼上、楼下任意一处都可控制楼梯灯的点亮和熄灭。任务 3 中，我们将用 2 个开关模拟楼上和楼下的 2 个开关，用 1 只发光二极管模拟楼梯灯，用单片机实现楼梯灯的控制。其具体要求如下：

单片机的 P2.0 和 P2.1 口线上分别接有 2 只开关 S0 和 S1，P3.5 口线上接有发光二极管控制电路。开关 S0、S1 同时闭合或者同时断开时，发光二极管熄灭，开关 S0、S1 中一个断开另一个闭合时，发光二极管点亮。

✿ 相关知识

任务 3 涉及的新知识主要有 C51 中的关系运算与逻辑运算、表达式语句与复合语句、if 分支结构、单片机的并行端口 P2 与 P3 口的应用特性等。

1. 关系运算

C51 提供了 6 种关系运算符，用来测试 2 个数据之间的大小关系。C51 中的关系运算符见表 2-5。

表 2-5　　　C51 中的关系运算符

运算符	含义	优先级	结合方向
<	小　于	优先级相同（第 6 级）	从左向右
>	大　于		
<=	小于或者等于		
>=	大于或者等于		
==	测试等于	优先级相同（第 7 级）	
!=	测试不等于		

前 4 种关系运算符（<、>、<=、>=）的运算优先级相同，后 2 种关系运算符（==、!=）的优先级相同，但前 4 种的优先级高于后 2 种。关系运算符的优先级高于赋值运算符"="。

在 C51 中,如果一个表达式中含有多个运算符,则先进行优先级高的运算,同级别的运算由结合方向确定运算的先后顺序,若结合方向是从左向右,则按从左至右的顺序进行运算,若结合方向是从右向左,则按从右至左的顺序进行运算。C51 中各运算符的优先级及结合方向请参阅附录 1。例如:

```
a> b!=c        //> 的优先级高于!=,此式等价于(a> b)!=c
a==b<=c        //== 的优先级低于<=,此式等价于 a== (b<=c)
a> b<=c        //> 、<= 的优先级相同,结合方向是从左向右,此式等价于(a> b)<=c
```

关系运算常用来判断某个条件是否成立,用关系运算符将 2 个表达式连起来的式子叫作关系表达式。关系表达式的值是一个逻辑值,给定条件成立时,关系表达式的值为 1(真),否则为 0(假)。

例如,若 a=3,b=2,c=1,则:

在 a>b!=c 中,a>b 成立,值为 1,1!=c 不成立,值为 0,故表达式的值为 0。

在 f=a>b>c 中,关系运算符的优先级高于赋值运算符"=",表达式为赋值表达式,等价于 f=((a>b)>c),a>b 的值为 1,1>c 为假,值为 0,"="右边的关系表达式的值为 0,故 f=0。

2. 逻辑运算

C51 提供了 3 种逻辑运算符,见表 2-6。

表 2-6   C51 中的逻辑运算符

运算符	含　义	优先级	结合方向
!	逻辑非(NOT)	第 2 级	从右向左
&&	逻辑与(AND)	第 11 级	从左向右
||	逻辑或(OR)	第 12 级	

"&&"和"||"是双目运算符,要求有 2 个运算对象,它们的结合方向都是从左向右,"!"是单目运算符,只要求一个运算对象,其结合方向是从右向左,运算对象位于"!"的右边。

逻辑运算符与其他运算符比较,优先级顺序如图 2-10 所示。例如:

```
a=b<c||d&&e        //等价于 a=((b<c)||(d&&e))
```

用逻辑运算符将表达式连起来的式子叫作逻辑表达式,逻辑表达式的值是一个逻辑值。C51 中的逻辑运算法则见表 2-7。

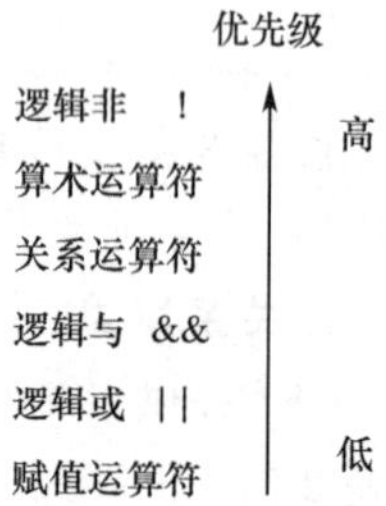

优先级	
逻辑非 !	高
算术运算符	
关系运算符	
逻辑与 &&	
逻辑或 ||	
赋值运算符	低

图 2-10　优先级次序

表 2-7   C51 中的逻辑运算法则

运算符	表达式	运算法则
&&	a&&b	a、b 均为真时,表达式的值为真,其他情况下表达式的值为假
||	a||b	a、b 均为假时,表达式的值为假,其他情况下表达式的值为真
!	!a	a 为真时,表达式的值为假,a 为假时,表达式的值为真

【说明】

• 在 C51 中,若参加逻辑运算的表达式的值不为 0,C51 将该表达式的值视为真,仅当参加运算的表达式的值为 0 时,才将该表达式的值视为假。

• 在逻辑表达式的结果中,真用 1 表示,假用 0 表示。

• C51 在求解逻辑表达式时,会对参与运算的操作数和逻辑运算符扫描,如果前面的操作数可以确定表达式的值,则逻辑运算符后面的式子将不被求解。具体而言,有以下特点:

在 a&&b 中,若 a=0,则不求解 b,仅当 a≠0 时,才求解 b。

在 a||b 中,若 a≠0,则不求解 b,仅当 a=0 时,才求解 b。

例如,下列程序段执行后,a=4,b=3,c=1。

```
unsigned char a=2,b=3,c;
c=(a=4)||(b=5);
```

其原因是,逻辑或运算"||"的优先级高于赋值运算"=",C51 先进行(a=4)||(b=5)运算,然后将运算结果赋给变量 c。在求解逻辑表达式(a=4)||(b=5)时,C51 先求解表达式 a=4,a 被赋值 4,表达式的值为 4,C51 视作逻辑真,无论运算符||之后的表达式的值是什么,逻辑表达式的值均为真,C51 不再求解表达式 b=5,故 b 值不变(b=3)。在逻辑运算结果中,C51 用 1 表示逻辑真,0 表示逻辑假,所以,c 被赋值 1。

3. 表达式语句与复合语句

(1)表达式语句

在一个表达式后面加上分号(;)就构成了表达式语句。表达式语句的一般形式如下:

表达式;

表达式语句的作用是求解表达式。例如:

```
i=j+k;          //j 与 k 相加,结果赋给 i
i++;            //i 自加 1
```

C51 中,单独的一个分号(;)是一条空语句,执行语句时,单片机什么也不做,但要花费一定的时间,常用作延时。

(2)复合语句

在 C51 中用大括号{}将多条语句括起来就构成了具有一定功能的语句块,这种语句块就是复合语句。复合语句虽然是由多个语句构成的,但在程序中应该当成单条语句看待。例如:

```
if(i<5)          //1
{                //2 语句块开始
    j=6;          //3
    k=i+4;        //4
}                //5 语句块结束
```

上述程序中,大括号内的两条语句应当作单条语句看待。其含义是,若 i<5,则执行第 3 行、第 4 行的语句块"j=6;k=i+4;",若 i≥5,则不执行这个语句块。如果去掉了大括号,程序的含义是,若 i<5,则执行第 3 行的语句"j=6;",然后再执行第 4 行的语句"k=i+4;",若 i≥5,则只执行第 4 行的"k=i+4;",而不执行第 3 行的语句"j=6;"。由此可见,有无大括号,程序的含义是不同的。

【说明】

大括号中的语句块可以是多条语句,也可以是单条语句。

4. if 分支结构

if 分支结构有 3 种形式,见表 2-8。

表 2-8　　　　　　　　　　　　**if 分支结构**

if 语句的形式	对应的流程图	示　例

if(表达式)
{
　语句块 1;
}
	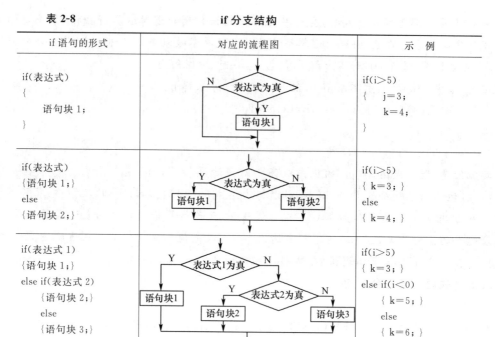	if(i>5)
		{　　j=3;
		　　　k=4;
		}

if(表达式)
{语句块 1;}
else
{语句块 2;}
		if(i>5)
		{ k=3; }
		else
		{ k=4; }

if(表达式 1)
{语句块 1;}
else if(表达式 2)
　{语句块 2;}
　else
　{语句块 3;}
		if(i>5)
		{ k=3; }
		else if(i<0)
		　{ k=5; }
		　else
		　{ k=6; }

【说明】

　　if 语句中的表达式可以是条件表达式、逻辑表达式,还可以是算术表达式、赋值表达式以及其他运算表达式,也可以是一个变量。当表达式的值不为 0 时,C51 认为表达式为真,仅当表达式的值为 0 时,C51 才认为表达式为假。例如:

`if(i) k=3;`

　　if 语句中的表达式为一个变量。当 i≠0 时,表达式为真,程序要执行语句"k=3;",只有当 i=0 时,表达式为假,程序才不执行语句"k=3;"。

`if(i==1) k=3;`

　　if 语句中的表达式为关系表达式,当且仅当 i=1 时,表达式为真,即只有 i=1 时,程序才执行语句"k=3;",其他情况下,都不执行语句"k=3;"。

5. 并行端口 P2 的应用特性

　　P2 口的输入/输出口线为 P2.0~P2.7,位结构如图 2-11 所示。其中,P2.i 锁存器是特殊功能寄存器 P2 的第 i 位,Q0 是输出驱动级场效应管。

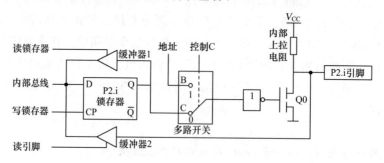

图 2-11　P2 口的位结构

　　由图 2-11 可以看出,P2 口既可以做普通的 I/O 端口使用,又可以做地址总线口使用。当控制 C=1 时,多路开关选择 B 点,Q0 与地址的反信号相接,P2 口做地址总线口使用。当控制 C＝0 时,多路开关选择 C 点,Q0 与锁存器的输出(Q 端的输出)反信号相接,其位结构与 P1 口的位结构非常相似,P2 口做普通 I/O 端口使用。

(1)P2 口作为普通的 I/O 端口使用

单片机片外不扩展程序存储器、片外不扩展并行 RAM 也不扩展并行 I/O 芯片时,P2 口可作为普通的 I/O 端口使用。

P2 口的应用特性如下:

①P2 口的输出驱动电路内接有上拉电阻,其外部引脚上可以不接上拉电阻。

②P2 口输出具有锁存功能,特殊功能寄存器 P2 是 P2 口的输出锁存器,向特殊功能寄存器 P2 写入一个数据,该数据就从 P2 口引脚输出。

③P2 口输入具有缓冲功能,读 P2 口的操作方法与 P1 口完全相同,在此不再赘述了。

(2)P2 口作为地址总线口使用

单片机的片外扩展了程序存储器、片外扩展并行 RAM 或者扩展并行 I/O 芯片时,P2 口只能作为地址总线口使用。此时,P2 口用来输出高 8 位地址 A15～A8。

P2 口的每 1 位端口可驱动 4 个 LSTTL 负载。单片机复位后,特殊功能寄存器 P2＝0xff。P2 口处于普通 I/O 状态。

6. 并行端口 P3 的应用特性

P3 口是一个双功能 I/O 端口,每个引脚都具有 2 种功能选择,第一功能是作为通用的 I/O 端口,如果 P3 口的某个引脚上的第二功能没有启用,则该引脚自动地处于第一功能状态,可以单独作为普通的 I/O 端口使用,P3 口的位结构如图 2-12 所示。

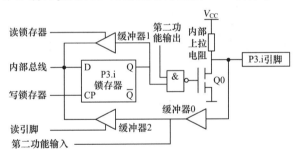

图 2-12　P3 口的位结构

在第一功能下,P3 口与 P1 口的作用相同,输出具有锁存功能,输入具有缓冲功能,而且输入也存在读引脚与读锁存器的区别,为了正确地读入引脚上的输入信号,仍必须先向该引脚对应的锁存器写 1,再读端口。

P3 口的第二功能及各引脚工作于第二功能状态的条件见表 2-9。

表 2-9　　　　　　　　P3 口工作于第二功能状态的条件

条　件	涉及的引脚	第二功能
串口工作,接收数据	P3.0	RXD
串口工作,发送数据	P3.1	TXD
打开外部中断 0	P3.2	INT0
打开外部中断 1	P3.3	INT1
定时/计数器 0 处于外部计数状态	P3.4	T0 计数
定时/计数器 1 处于外部计数状态	P3.5	T1 计数

（续表）

条 件	涉及的引脚	第二功能
写片外扩展 RAM/扩展并行 I/O 芯片	P3.6	$\overline{\text{WR}}$
读片外扩展 RAM/扩展并行 I/O 芯片	P3.7	$\overline{\text{RD}}$

P3 口用于第二功能作为输入时，不存在读引脚与读锁存器的区别，CPU 所读的数据恒为引脚上的信号，而不是锁存器的内容。

P3 口的每 1 位端口可驱动 4 个 LSTTL 负载。

单片机复位后，特殊功能寄存器 P3＝0xff，P3 口自动处于第一功能状态，即作为普通的 I/O 端口状态。

❀ 任务实施

1. 搭建硬件电路

任务 3 的硬件电路如图 2-13 所示。

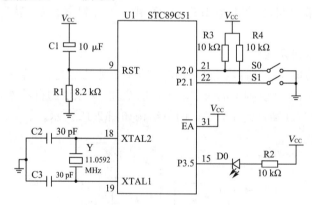

图 2-13 任务 3 硬件电路

在 MFSC-2 实验平台上用扁平线将 J13 与 J6 的 P2.0、P2.1 相接，将 J4 的 P3.5 与 J9 的 D0 相接就构成了上述电路。

2. 编写软件程序

（1）程序流程图

按照任务要求，S0、S1 同时闭合或者同时断开，发光二极管熄灭，否则发光二极管点亮。因此，在程序中我们只需读出 S0、S1 的状态，然后判断其状态是否相同，若相同，则让 P3.5 输出高电平，熄灭发光二极管，否则就让 P3.5 输出低电平，点亮发光二极管。任务 3 的程序流程图如图 2-14 所示。

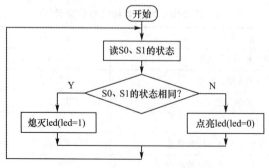

图 2-14 任务 3 程序流程图

（2）程序代码

根据硬件电路和流程图,实现本任务要求的程序代码如下:

```
/* * * * * * * * * * * * * * * * * * * * * * * * * * * * * * * * * * *

任务 3    控制楼梯灯

* * * * * * * * * * * * * * * * * * * * * * * * * * * * * * * * * * * /
#include <reg51.h>          //1 将特殊功能寄存器定义文件 reg51.h 包含至当前文件中
sbit s0=P2∧0;              //2 开关 S0 接口定义:接 P2.0 口线
sbit s1=P2∧1;              //3 开关 S1 接口定义:接 P2.1 口线
sbit led=P3∧5;             //4 发光二极管接口定义:接 P3.5 口线
void main(void)            //5 main 函数
{   bit sw0,sw1;           //6 定义位变量 sw0/sw1,用来保存 S0/S1 的状态
    while(1)               //7 while 循环:永远为真,死循环(循环体为语句 7~语句 18)
    {                      //8 while 的循环体开始
        s0=1;              //9 S0(P2.0)口线置高电平,准备读引脚输入
        sw0=s0;            //10 读 S0 的输入至位变量 sw0 中
        s1=1;              //11 S1(P2.1)口线置高电平,准备读引脚输入
        sw1=s1;            //12 读 S1 的输入至位变量 sw1 中
        if(sw0==sw1)       //13 若 S0、S1 的状态相同
        {   led=1;         //14 相同,熄灭 led(led=1)
        }                  //15
        else               //16 不同
        {   led=0;         //17 则点亮 led(led=0)
        }                  //18
    }                      //19 while 的循环体结束
}                          //20 main 函数结束
```

应用总结与拓展

文件包含

文件包含也是一种编译预处理命令。其作用是在源程序中包含另一文件,一般放在源程序的开头处,其格式有 2 种形式。

格式一:

#include <文件名>

采用这种格式时,系统将到 C51 库函数的头文件所在的目录(Keil 目录中的 inc 子目录)中查找被包含的文件。例如本例程序中的第 1 句就是采用这种格式。

格式二:

#include "文件名"

采用这种格式时,系统在指定的 include 目录(默认为当前目录)中寻找文件。这就要求事先将被包含的文件拷贝至指定的目录,并在 μVision4 集成开发环境中设置好 include 目录。

习　题

1.C51 中,测试等于运算符是＿＿＿＿＿＿,测试不等于运算符是＿＿＿＿＿＿。

2.C51 中,当一个表达式中有多个运算符时,先进行＿＿＿＿优先级运算,同级运算的先后顺序由＿＿＿＿＿＿确定,若＿＿＿＿＿＿,则按从左至右的顺序进行运算。

3.下列程序中,表达式"d＝a!＝b＜c"的求解顺序是＿＿＿＿＿＿,程序运行后,a＝＿＿＿＿,b＝＿＿＿＿,c＝＿＿＿＿,d＝＿＿＿＿。

```
void main(void)
{   unsigned char a=4,b=3,c=2,d;
    d=a!=b<c;
}
```

4.下列程序运行后,a＝＿＿＿＿,b＝＿＿＿＿,c＝＿＿＿＿。

```
void main(void)
{   unsigned char a=0,b=1,c=2;
    c=!(a=1)&&(b=3);
}
```

5.设有下列程序段:

```
a=1;b=2;c=3;            //1
if(k<5)                 //2
    a=4;b=5;            //3
c=6;                    //4
```

(1)若 k＝4,则执行上述程序段后,a＝＿＿＿＿,b＝＿＿＿＿,c＝＿＿＿＿。

(2)若 k＝5,则执行上述程序段后,a＝＿＿＿＿,b＝＿＿＿＿,c＝＿＿＿＿。

(3)如果将第 3 句改为{a＝4;b＝5;},当 k＝4 时,上述程序段执行后,a＝＿＿＿＿,b＝＿＿＿＿,c＝＿＿＿＿。当 k＝5 时,上述程序段执行后,a＝＿＿＿＿,b＝＿＿＿＿,c＝＿＿＿＿。

6.请画出下列语句对应的流程图:

(1)if(表达式){语句块 1;}{语句块 2;}

(2)if(表达式){语句块 1;}
　　else{语句块 2;}
　　{语句块 3;}

(3)if(表达式 1){语句块 1;}
　　else if(表达式 2)
　　　　{语句块 2;}
　　　　else{语句块 3;}
　　{语句块 4;}

7.单片机在＿＿＿＿＿＿情况下,P2 口可作为普通的 I/O 端口使用。

8.P2 口作为普通 I/O 端口使用时,输出具有＿＿＿＿＿＿＿＿＿＿功能,输入具有＿＿＿＿＿＿＿＿＿＿功能。

9.P2 口的输出锁存器是＿＿＿＿＿＿,输出驱动级内部＿＿＿＿＿＿上拉电阻,P2 口的每 1 位端口可以驱动_____个 LSTTL 负载,复位时,特殊功能寄存器 P2=_____。

10.设 m 为 unsigned char 型变量,mybit 为 bit 型变量,请按下列要求编写程序段:

(1)从 P2 口输出数据 0x5a。

(2)将 mybit 中的数据从 P2.6 口线输出。

(3)将 P2.2 口线置 1。

(4)将 P2.4 口线清 0。

(5)读 P2 口的输入状态,并保存至 m 中。

(6)读 P2.7 口线输入状态,并保存到 mybit 中。

11.单片机片外扩展并行 I/O 芯片时,P2 口只能作为_____口使用,不能作为_____口使用,此时,P2 口输出的是_____。

12.P3 口是双功能 I/O 端口,在_____情况下,P3 口的端口线才能作为普通的 I/O 端口使用。

13.打开了外部中断 0 后,P3.2 口线_____作为普通 I/O 端口,定时/计数器 T0 处于定时状态时,P3.4 口线_____作为普通 I/O 端口。

14.P3 口作为普通 I/O 端口时,输出具有_____功能,输入具有_____功能。

15.P3 口作为普通 I/O 端口时,输出驱动级内部_____上拉电阻,P3 口的每 1 位端口可以驱动_____个 LSTTL 负载。

16.单片机复位后,特殊功能寄存器 P3=_____,P3 口处于_____状态。

17.按下列要求编写程序段:

(1)读 P3 口输入至变量 keyinput 中。

(2)读 P3.4 引脚输入至位变量 setport 中。

(3)将 P3.5 置 1。

18.请画出在 P3.0 端口接 1 只开关的输入电路。

19.在图 2-13 中,能否省去电阻 R3、R4?为什么?能否省去电阻 R2?为什么?

20.#include <reg51.h> 的作用是_____,一般放在程序的_____处。

任务 4 制作跑马灯

任务要求

单片机的 P1 口作为输出口使用,控制 8 只发光二极管,使发光二极管呈跑马灯方式显示。所谓跑马灯方式显示,是指设 8 只发光二极管依次为 D0~D7,任何时刻都有且只有 1 只发光二极管被点亮显示,其中 t_0 时间 D0 亮,t_1 时间 D1 亮,t_2 时间 D2 亮,…,t_7 时间 D7 亮,t_8 时间 D0 亮,如此反复,见表 2-10。

表 2-10　　　　跑马灯中发光二极管的显示情况

时间	点亮的发光二极管	时间	点亮的发光二极管
t_0	D7D6D5D4D3D2D1■	t_4	D7D6D5■D3D2D1D0

（续表）

时间	点亮的发光二极管	时间	点亮的发光二极管
t_1	D7D6D5D4D3D2 ■ D0	t_5	D7D6 ■ D4D3D2D1D0
t_2	D7D6D5D4D3 ■ D1D0	t_6	D7 ■ D5D4D3D2D1D0
t_3	D7D6D5D4 ■ D2D1D0	t_7	■ D6D5D4D3D2D1D0

表中"■"表示当前被点亮的发光二极管。

❀ 相关知识

任务 4 涉及的新知识主要有 C51 中的算术运算、位操作运算、循环结构等。

1. 算术运算

C51 提供了 8 种算术运算符,见表 2-11。

表 2-11　　　　　　　　　　**C51 中的算术运算符**

运算符	含　义	优先级	结合方向
—	负号	第 2 级	从右向左
++	自加 1		
——	自减 1		
*	乘	第 3 级	从左向右
/	除		
%	取余数		
+	加	第 4 级	
—	减		

【说明】

· 负号(—)、自加(++)、自减(——)均为单目运算符,只有一个运算对象。其他运算符为双目运算符,要求有 2 个运算对象。

· 取余运算(%)要求 2 个运算对象均为字符型或整型(含长整型,下同)数据,如果不是字符型或者整型数据,则可以采取强制类型转换。例如,7%3 的含义是求 7 除以 3 的余数,结果为 1。

· 自加运算(++)与自减运算(——)的作用是使变量的值自加 1 或自减 1,这 2 个运算符只能用于变量,不能用于常量,它们可以用于变量之前,也可以用于变量之后,但两者的作用结果不同。

i++(或者 i——)的含义是,先使用变量 i 的值,然后使变量 i 加(减)1。例如:

```
unsigned char j,i=5;        //定义无符号的字符型变量 i、j,i 的初值为 5
j=i++;                      //先使用 i 值给 j 赋值,j 的值为 5,再对 i 自加 1,i 值为 6
```

++i(或者——i)的含义是,先对变量 i 加(减)1,然后使用 i 的值。例如:

```
unsigned char j,i=5;        //定义无符号的字符型变量 i、j,i 的初值为 5
j=--i;                      //先对 i 减 1,i 值为 4,再将 i 的值赋给 j,j 的值也为 4
```

2. 位操作运算

C51 中有 6 种位操作运算符,见表 2-12。

表 2-12   **C51 中的位操作运算符**

运算符	含 义	优先级	结合方向
～	对操作数按位取反	第 2 级	从右向左
＞＞	将操作数右移若干位	第 5 级	从左向右
＜＜	将操作数左移若干位		
&	两操作数按位相与	第 8 级	
∧	两操作数按位相异或	第 9 级	
|	两操作数按位相或	第 10 级	

位操作运算符中,取反运算符"～"是单目运算符,其他 5 个运算符均为双目运算符。位操作运算要求参与运算的对象为整型或者字符型,不能是浮点型。

用 X 表示 1 位任意取值的二进制数,位运算的法则见表 2-13。

位操作运算的应用

表 2-13   **位操作运算法则**

位操作运算	说 明
0&X=0	X 和 0 相与,结果为 0
1&X=X	X 和 1 相与,结果不变
0|X=X	X 和 0 相或,结果不变
1|X=1	X 和 1 相或,结果为 1
0∧X=X	X 和 0 相异或,结果不变
1∧X=～X	X 和 1 相异或,结果为 X 的反
～0=1	0 的反是 1
～1=0	1 的反是 0

左移运算符"＜＜"和右移运算符"＞＞"的作用是,将运算符左边的操作数的各位二进制位全部左移或右移若干位。移位后,空白位补 0,舍弃溢出位,所移的位数由运算符右边的表达式给出。

例如,"a=a＞＞3;"的含义就是将 a 中的数右移 3 位,若 a=0x5a(01011010B),则语句执行后,a 的值为 0x0b(00001011B)。"a=a＜＜2;"的含义则是将 a 中的数左移 2 位,若 a=0x5a(01011010B),则语句执行后,a 的值为 0x68(01101000B)。

对一个变量进行位操作运算后,并不改变变量的值,只有将位操作运算的结果再赋给该变量后才改变变量的值。例如:

```
unsigned char a,b=0x5a;
a=b<<2;          //语句执行后,b=0x5a,a= 0x68
```

位操作运算在单片机应用程序设计中应用非常广泛。按位与常用来将一个变量的某些位清 0,而保持其他位不变。其方法是,将变量和一个常数按位与,常数按以下方法设置:保持不变的位取 1,清 0 位取 0。例如:

```
unsigned char a;
a=a&0xfa;        //0xfa=11111010B,将 a 的第 0、2 位清 0
```

按位或常用来将一个变量的某些位置 1,而保持其他位不变。其方法是,将变量和一个常数按位或,常数按以下方法设置:保持不变的位取 0,置 1 位取 1。例如:

```
unsigned char a;
a=a|0x32;          //0x32=00110010B,将 a 的第 1、4、5 位置 1
```

按位异或常用来对一个变量的某些位取反,而保持其他位不变。其方法是,将变量和一个常数按位异或,常数按以下方法设置:保持不变的位取 0,取反的位取 1。例如:

```
unsigned char a;
a=a∧0x0f;          //0x0f=00001111B,对 a 的低 4 位取反
```

移位运算常用于串行数据传输中接收或者发送数据(详见任务 16)。另外,对于一个二进制数来说,左移 n 位相当于该数乘以 2^n,右移 n 位相当于该数除以 2^n,利用这一性质可以用移位来做快速乘除法。

在单片机应用程序设计中常用到循环移位。对于一个字符型变量 a,循环左移 n($0<n<8$)位的含义是,将 a 向左移 n 位,高位溢出位补到低位空白位中,其算法如下:

```
a=(a<<n)|(a>>(8-n));    //a 左移 n 位,a 右移 8-n 位,两次移位的结果相或后再赋给变量 a
```

例如,a 的值为 0x5a(01011010B),将 a 循环左移 3 位时($n=3$),a<<3 的值为 0xd0(11010000B),a>>(8−3)的值为 0x02(00000010B),(a<<3)|(a>>(8−3))的值为 11010000B|00000010B=11010010B=0xd2。

对于一个字符型变量 a,循环右移 n($0<n<8$)位的含义是,将 a 向右移 n 位,低位溢出位补到高位空白位中,其算法是:

```
a=(a>>n)|(a<<(8-n));// a 右移 n 位,a 左移 8-n 位,两移位的结果相或后再赋给变量 a
```

【说明】

上述移位算法是标准 C 中的算法,在 C51 中,循环移位可采用 C51 的内嵌函数来实现,有关内嵌函数的用法可参考应用总结与拓展部分。利用内嵌函数实现循环移位比标准 C 中的循环移位算法的速度要快,但可移植性要差一些。

3. 循环结构

(1)C51 中常用的循环结构形式

程序中如果要反复执行某类操作,一般是将这种需要反复执行的操作设计成一个循环结构。C51 中常用的循环结构有 while 循环、do-while 循环和 for 循环。这 3 种循环的结构见表 2-14。

表 2-14　　　　　　　　　　　　　　C51 中的循环结构

循　环	结构形式	流程图	说　明
while 循环	while(表达式) {语句块;}	表达式为真 / 语句块	先判断条件,根据条件决定是否执行语句块。条件成立时执行语句块,条件不成立时结束循环
do-while 循环	do {语句块;} while(表达式);	语句块 / 表达式为真	先执行语句块,再判断条件。条件成立时,再次执行语句块,条件不成立时结束循环

（续表）

循　环	结构形式	流程图	说　明
for 循环	for(表达式 1;表达式 2;表达式 3) {语句块;}	求解表达式1 → 表达式2为真 (N) → 语句块 → 求解表达式3	各表达式之间用分号间隔。 可以无表达式 n,但分号不可省,如 for(;;) {语句块;}

【注意】

①在 do-while 循环中,表达式后面有分号。

②如果一开始表达式的值为假,则 while 循环中的语句块一次也不执行,而在 do-while 循环中,语句块则要执行一次。

③单片机应用程序常用以下循环结构:

while(1)

{语句块;}

while 循环中的表达式为常量 1,表示条件永远满足,它是一个死循环,语句块将永无休止地被执行。

（2）循环程序的设计方法

循环程序的设计步骤如下:

①进行循环体设计。所谓循环体,是指循环程序要反复执行的操作。进行这部分设计时,需要先对问题进行分析,抽象出程序中要反复执行的操作。

②选择控制循环的条件表达式。如果循环次数已知,一般是选用一个变量做计数器,通过判断计数值是否达到规定值来控制循环体的执行次数。如果循环次数未知,可选用其他条件作为循环体执行的控制条件。

③设置初始条件。也就是要设置未进入循环之前,循环体中各变量的初态值。

④修改循环条件。这一部分所要完成的任务是,循环执行一次后调整计数器、指针变量的值。这一部分是初学者最容易忽视的地方。如果忘记了这一部分,所设计的程序要么是死循环,要么数据读写出错。从循环的结构来说,这一部分也属于循环体中的内容。

（3）应用举例

【例 2.1】　用 while 循环求累加和 $sum=1+2+3+4+\cdots+100$。

设计分析:

循环体:当前的累加和＝前面的累加和＋当前计数值,即 $sum=sum+i$。其中,sum 的值超过了 255,应定义成 unsigned int 型变量。

循环初值:$sum=0,i=1$。

用 i 做循环控制变量,则循环条件为 $i\leqslant100$,每次循环后应将 i 值加 1。

求累加和的流程图如图 2-15 所示。

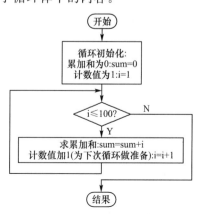

图 2-15　求累加和流程图

程序代码如下：

```
void main(void)
{    unsigned char i=1;            //定义变量 i,并将初值设为 1
     unsigned int sum=0;           //定义变量 sum,并将初值设为 0
     while(i<=100)                 //while 循环,i≤100 时执行下面的语句块
     {    sum=sum+i;               //前次的累加和加上当前的计数值
          i++;                     //修改循环控制变量 i。i 自加 1
     }                             //while 循环结束
}                                  //main 函数结束
```

【例 2.2】　用 do-while 循环求连乘积 product＝1×2×3×…×10。

设计分析：

循环体：当前的积＝前次的积×当前计数值，即 product＝product×i。其中,product 的值超过了 255,应定义成 unsigned int 型变量。

循环初值：product＝1,i＝1。

用 i 做循环控制变量,则循环条件为 i≤10,每次循环后应将 i 值加 1。

求连乘积的流程图如图 2-16 所示。

程序代码如下：

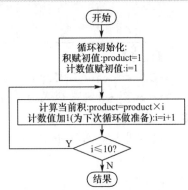

图 2-16　求连乘积流程图

```
void main(void)
{    unsigned char i=1;            //定义变量 i,并赋初值 1
     unsigned int product=1;       //定义变量 product,并赋初值 1
     do                            //do-while 循环
     {    product=product* i;      //求连乘积
          i++;                     //计数值加 1
     }while(i<=10);                //判断 i 值是否≤10。注意有分号(;)
}
```

【例 2.3】　用 for 循环求累加和 sum＝1＋2＋3＋4＋…＋100。

程序代码如下：

```
void main(void)
{    unsigned char i;
     unsigned int sum;
     for(i=1,sum=0;i<=100;i++)        /* 表达式 1 是逗号表达式"i=1,sum=0",其作用是对 2
                                         个变量赋值*/
     { sum=sum+i; }
}
```

(4)goto 语句

goto 语句是一条无条件转向语句,它的一般形式如下：

```
goto 语句标号;
```

其中,语句标号是一个带有冒号(:)的标志符,语句的含义是无条件地转移至标号处。goto 语句与 if 语句一起可以构成循环。由于滥用 goto 语句将会使程序流程无规律、可读性差,所以在 C51 程序设计中一般不用 goto 语句构成循环,如果是为了提高程序执行的效率,可

以用 goto 语句从多层循环的内层循环跳至外层。用 goto 语句构成 do-while 循环的一般形式如下:

> 循环初始化语句块;
> loop:
> 循环体语句块;
> 修改循环条件语句块;
> if(表达式) goto loop;

✿ 任务实施

1. 搭建硬件电路

任务 4 的硬件电路如图 2-17 所示。

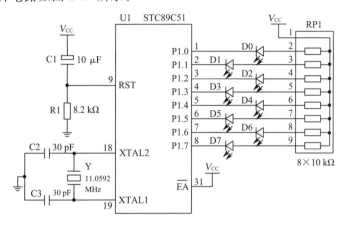

图 2-17 任务 4 硬件电路

在 MFSC-2 实验平台上将 J5 与 J9 相接就构成了上述电路。

2. 编写软件程序

(1)流程图

在硬件电路中,发光二极管采用低电平有效控制,P1.i=0 时,Di 点亮,P1.i=1 时,Di 熄灭。由于 P1 口输出具有锁存功能,故每隔一定时间(例如 1 s)依次向 P1 口输出表 2-15 中的显示控制数据就可以实现跑马灯显示效果。

制作跑马灯实践

表 2-15   跑马灯显示控制数据

时间	控制数据		点亮的发光二极管	时间	控制数据		点亮的发光二极管
	二进制	十六进制			二进制	十六进制	
t_0	11111110	0xfe	D7D6D5D4D3D2D1■	t_4	11101111	0xef	D7D6D5■D3D2D1D0
t_1	11111101	0xfd	D7D6D5D4D3D2■D0	t_5	11011111	0xdf	D7D6■D4D3D2D1D0
t_2	11111011	0xfb	D7D6D5D4D3■D1D0	t_6	10111111	0xbf	D7■D5D4D3D2D1D0
t_3	11110111	0xf7	D7D6D5D4■D2D1D0	t_7	01111111	0x7f	■D6D5D4D3D2D1D0

表中"■"表示当前被点亮的发光二极管。

由表 2-15 可以看出,对 t_0 时间的显示控制数据 0xfe(11111110B)循环左移 n 位就可以得到各时间段的显示控制数据。任务 4 的流程图如图 2-18 所示。

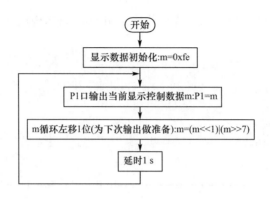

图 2-18 任务 4 流程图

（2）程序代码

实现图 2-18 的程序代码如下：

```
//任务 4  制作跑马灯
# include <reg51.h>                //1 将特殊功能寄存器定义文件 reg51.h 包含至程序中
# define uchar unsigned char       //2 宏定义:uchar 代表 unsigned char
# define ulong unsigned long       //3 宏定义:ulong 代表 unsigned long
void main(void)                    //4 main 函数
{    uchar m= 0xfe;                //5 定义变量 m:m 用来保存显示控制数据,初值为 0xfe
     ulong i;                      //6 定义无符号长整型变量 i
     while(1)                      //7 while 循环,条件表达式为 1,永远为真,死循环
     {                             //8 while 循环体开始
     P1= m;                        //9 P1 口输出当前显示控制数据
     m= (m<<1)|(m>> 7);            //10 显示数据 m 向左循环移 1 位,为下次显示输出做准备
     for(i=0;i< 60000;i++);        //11 for 循环实现 1 s 延时,循环体为空语句
     }                             //12 while 循环体结束
}                                  //13 main 函数结束
```

（3）代码说明

①语句 10 是用位操作运算实现将 m 循环左移 1 位。此句可以用语句"_crol_(m,1);"代替。其中，_crol_()是 C51 的内嵌函数，使用内嵌函数时必须在程序的开头处用文件包含预处理命令"＃include <intrins.h>"将头文件 intrins.h 包含至当前的程序文件中来。C51 的内嵌函数详见应用总结与拓展部分。

②语句 11 实现的是 1 s 延时。修改循环体执行的次数，我们会发现延时时间误差较大，如果保持循环体执行的次数不变，而将变量 i 定义成无符号的整型（语句 6），其延时时间会有很大的变化。其原因是 MCS-51 单片机可直接支持的变量类型是无符号字符型和位型，程序中使用整型变量和长整型变量所对应的汇编指令代码不同，因而执行的时间不同。

③修改延时时间，当延时时间很短时，我们会看到 8 只发光二极管"都被点亮"的现象。其原因是，人眼存在视觉暂留特性，当发光二极管亮灭闪动的频率超过了人眼感觉事物变化的频率时，人眼看到的事物是连续不变的。

应用总结与拓展

C51 中的内嵌函数

C51 中提供了 9 个与汇编指令相对应的内嵌函数，它们的原型说明在头文件 intrins.h 中，使用内嵌函数比其他函数的效率要高。C51 中的内嵌函数见表 2-16。

表 2-16　　　　　　　　　　　C51 中的内嵌函数

函　　数	返回值	功能说明	用法示例
nop()	无	空操作,对应 NOP 指令	_nop_();
cror(uchar m,uchar n)	uchar	将 uchar 型 m 循环右移 n 位	k=_cror_(m,2);
crol(uchar m,uchar n)	uchar	将 uchar 型 m 循环左移 n 位	k=_crol_(m,1);
iror(uint m,uchar n)	uint	将 uint 型 m 循环右移 n 位	k=_iror_(m,1);
irol(uint m,uchar n)	uint	将 uint 型 m 循环左移 n 位	k=_irol_(m,3);
lror(ulong m,uchar n)	ulong	将 ulong 型 m 循环右移 n 位	k=_lror_(m,5);
lrol(ulong m,uchar n)	ulong	将 ulong 型 m 循环左移 n 位	k=_lrol_(m,2);
testbit(bit b)	bit	检查 b 是否为 1,并将 b 清 0	if(_testbit_(RI))
chkfloat(float f)	uchar	检测浮点数的状态	m=_chkfloat_(f1 * f2);

【说明】
- 表中,uchar 代表 unsigned char,uint 代表 unsigned int,ulong 代表 unsigned long。
- 使用内嵌函数时,需要在程序的开头处使用"♯include ＜intrins. h＞"将头文件 intrins. h 包含至当前程序文件中来。

习　题

1. ％是_____运算符,要求运算符两边的数据必须是_____型数据或者是_____型数据。

2. 13％4＝_____,10/3＝_____。

3. 表达式 if(a_____)可以判断变量 a 是否为奇数。

4. 下列程序段运行后,i＝_____,j＝_____,k＝_____,m＝_____。

```
unsigned char i=5,j,k,m;
j=i++;
k=++j;
m=- -k;
```

5. 逻辑与运算符是_____,按位与运算符是_____,逻辑或运算符是_____,按位或运算符是_____,逻辑非运算符是_____,按位反运算符是_____。

6. 设 m 为无符号字符型变量,m＝0x5a,求下列表达式的值:

(1)! m _____　　　　　　　　(2)m&0x40 _____

(3)m&&0x40 _____　　　　　　(4)～m _____

(5)m||0x45 _____　　　　　　(6)m|0x45 _____

(7)m∧0x45 _____　　　　　　(8)m∧m _____

(9)m＞＞2 _____　　　　　　(10)m＜＜3 _____

7. 设 m 为无符号字符型变量,用按位操作运算实现以下要求,请写出程序段:

(1)将 m 的第 3、5 位清 0,其他位不变;

(2)将 m 的第 0、4 位置 1,其他位不变;

(3)将 m 的第 1、3 位取反,其他位不变;

(4)将 m 清 0;

(5)将 m 循环左移 3 位;

(6)将 m 循环右移 2 位;

(7)将 m 的高 4 位和低 4 位分离,高 4 位数存入变量 n 中,低 4 位存入 m 中;

(8)将 m 的低 4 位与 n 的低 4 位合并成一个数存入 m 中,合并数的高 4 位是 n 中的低 4 位数;

(9)m 除以 8;

(10)m<43,求 6×m。

8.下列程序中的书写形式是否存在错误?若有错误,请更正。

(1)while(i<5);

 { sum=sum+i;

 i++;}

(2)do{sum=sum+i;

 i++;}

 while(i<5)

(3)i=1;

 for(,i<5,i++)

 {sum=sum+i;}

9.请按下列要求编写程序:

(1)用 3 种循环结构求 sum=1+3+5+…+19。

(2)用 3 种循环结构求 product=2×4×6×…×20。

(3)用 for 循环求 sum=1!+2!+3!+…+10!。

10.函数 _crol_() 是 ＿＿＿＿＿＿ 函数,若程序中使用了 _crol_() 函数,则需要 ＿＿＿＿＿＿＿＿。函数 _crol_(m,2) 的功能是 ＿＿＿＿＿＿＿＿。

任务 5　制作流水灯

❀ 任务要求

单片机的 P3 口作为输出口,控制 8 只发光二极管,使发光二极管呈流水灯方式显示。流水灯显示时,每个周期内发光二极管在不同时间内的显示情况见表 2-17。

表 2-17　　　　　　　流水灯中发光二极管的显示情况

时间	点亮的发光二极管								时间	点亮的发光二极管						
t_0	D0	D1	D2	D3	D4	D5	D6	D7	t_8							
t_1		D1	D2	D3	D4	D5	D6	D7	t_9	D0						
t_2			D2	D3	D4	D5	D6	D7	t_{10}	D0	D1					
t_3				D3	D4	D5	D6	D7	t_{11}	D0	D1	D2				
t_4					D4	D5	D6	D7	t_{12}	D0	D1	D2	D3			
t_5						D5	D6	D7	t_{13}	D0	D1	D2	D3	D4		
t_6							D6	D7	t_{14}	D0	D1	D2	D3	D4	D5	
t_7								D7	t_{15}	D0	D1	D2	D3	D4	D5	D6

也就是说，t_0 时间内 8 个发光二极管都亮；t_1 时间内 D0 熄灭，其他 7 个都亮，…，t_8 时间内所有的发光二极管都熄灭；t_9 时间内 D0 亮，其他 7 个都不亮，…，t_{15} 时间内 D0～D6 亮，D7 不亮；t_0 时间内 8 个发光二极管都亮。如此周而复始。

❋ 相关知识

任务 5 涉及的新知识主要有 C51 中的函数、变量的存储类型、一维数组、查表程序的设计等。

1. 函数

C51 程序是由若干个函数构成的。C51 程序中的函数分为标准库函数(简称库函数)和用户自定义函数(简称用户函数)2 种。库函数由 C51 编译提供，包括一些常用的数学运算函数、I/O 函数、存储器访问函数等，用户不必定义。用户函数是用户根据自己的需要而编写的函数。本书中所讨论的函数就是这类函数。

(1)函数的定义

函数定义的一般形式如下：

```
函数类型说明 函数名(形式参数表)
形式参数类型说明;
{
    局部变量定义;
    函数体语句;
}
```

其中，"函数类型说明"是函数返回值的类型。若函数无返回值，应将返回值说明成 void 型。

"函数名"是函数的标志符，代表函数在存储器中存放的首地址。函数名的命名规则与变量相同。

"形式参数表"中列出的是函数被调用时，主调函数中应传递的参数。若函数有多个形式参数，则形式参数之间用逗号间隔。若函数无形式参数，则用 void 说明形式参数。

"形式参数类型说明"用来指明各形式参数的类型。在 C51 中，允许将形式参数类型说明放在形式参数表中，在各形式参数的前面对形式参数进行类型说明。

"局部变量定义"用来定义仅供本函数使用的变量。

"函数体语句"是为了完成该函数的特定功能而设置的各种语句。

例如，求 2 个数的最大值函数 max() 的定义如下所示。

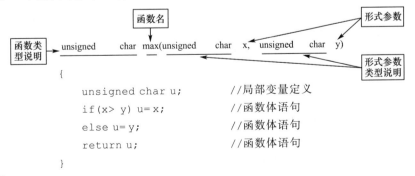

【说明】

• 函数名后的圆括号是函数的标志，无论函数是否有形式参数，函数名后的圆括号都不能省略。

● C51 中,所有函数在定义时都是相互独立的,不允许在一个函数中再定义其他函数,但可以在函数中调用其他函数,包括调用自己。

(2)函数的返回值

在 C51 中,如果函数有返回值,则在函数体中安排一条 return 语句,用 return 语句返回函数的返回值。return 语句的格式如下:

return (表达式);

其中,圆括号可以省略。return 语句的作用是,将其后面的表达式的值返回给主调函数。

【说明】

● return 语句只能返回一个值。

● 当 return 后面的表达式的类型与函数说明类型不同时,返回值的类型为函数说明类型。

● 函数被调用时,即使被调用函数中没有使用 return 语句,函数也会返回一个 int 型的值,但这个值是一个不确定的值。

● 若要得到一个明确的返回值,则要在函数体用 return 语句将返回值返回。

● 若函数无返回值,则要将函数说明成 void 型(无类型),函数体中不必用 return 语句。

(3)函数的调用

①调用的一般形式

所谓函数的调用,就是在一个函数体中引用另外一个已经定义了的函数,前者称为主调函数,后者称为被调函数。主调函数调用被调函数的一般形式如下:

函数名(实际参数表)

其中,"函数名"为被调函数的名字。"实际参数表"用来将主调函数所需要的参数值传递给被调函数中的形式参数。如果调用的是有参数函数,而且实际参数有多个,则各个实际参数之间要用逗号间隔,并且函数调用中的实际参数与函数定义中的形式参数必须在类型、个数以及顺序上保持一致。如果调用的是无参数函数,则可以省略"实际参数表",但函数名后的圆括号不能省略。

②调用的方式

函数的调用有以下 3 种方式:

● 函数调用语句。其特点是,把被调函数名作为主调函数中一条语句。例如:

delay(10);

output();

在这种调用中,一般是要求被调函数完成某种操作,不要求被调函数返回结果值。被调函数可以是有参数函数,也可以是无参数函数。

● 函数表达式调用。其特点是,被调函数作为一个运算对象直接出现在主调函数的某个表达式中。例如:

x=y+max(a,b);

这种调用要求被调函数带有 return 语句,以便返回一个明确的值参与表达式的运算。被调函数可以是有参数函数,也可以是无参数函数。

● 作为函数参数调用。其特点是,在主调函数中将被调函数作为另一个函数的实际参数。例如:

result=func(a,max(b,c));

其中,函数 max(a,b)是一次函数调用,它的返回值作为另一个函数 func()的实际参数。

这种在调用一个函数的过程中又调用另一个函数的方式称为函数的嵌套调用,要求被嵌套调用的函数(上例中的函数 max())带有 return 语句,能返回一个明确的值。

③有关函数调用的说明

C51 规定,函数必须先定义后使用,在函数中调用另外一个函数时需要注意以下问题:

- 被调函数必须是已经定义了的函数。
- 调用库函数时,需要在程序的开头处用下面的预处理命令将被调函数所在的头文件包括到当前程序文件中来。

```
#include <头文件名>      /*预处理时,系统将到 Keil 目录中的 INC 子目录中查找被
                         包含文件*/
```

- 调用本文件中函数时,若被调函数的定义位于主调函数之后,则要在函数被调用之前对被调函数的返回值类型进行说明。通常情况下是在程序的开头处对被调函数的返回值类型进行说明。这种说明的格式如下:

```
函数类型 函数名();
```

- 调用其他文件中定义的函数时,需要做两方面的工作。一是将被调函数所在的程序文件添加到工程中,二是在主调函数所在的程序文件的开头处对被调函数的返回值类型进行说明,并且在说明的开头处加上关键字 extern,用来说明被调函数是外部文件中的某类型的函数。这种说明的格式如下:

```
extern 函数类型 函数名();
```

例如,file1.c 中的程序要调用 file2.c 中的函数 max(x,y),max()函数的返回值为 unsigned char 型,则在 file1.c 的开头处的函数说明如下:

```
extern unsigned char max();
```

2. C51 中变量的存储类型

变量的存储类型用来告诉 C51 编译器在哪一部分存储器区域内为变量分配存储空间,即用来指定变量的存储器区域。C51 中,基于存储类型的变量定义格式如下:

```
变量类型 存储类型 变量名表;
```

C51 中,变量的存储类型见表 2-18。

表 2-18　　　　　　　　　变量的存储类型

存储类型	说　明
data	在片内 RAM 0x00～0x7f 区域内分配变量,变量位于 data 区内
bdata	在片内 RAM 0x20～0x2f 区域内分配变量,变量位于 bdata 区内
idata	在片内 RAM 0x00～0xff 区域内分配变量,变量位于 idata 区内
pdata	在扩展 RAM pdata 区中分配变量,变量位于 pdata 区内
xdata	在扩展 RAM 64 KB 范围内分配变量,变量位于 xdata 区内
code	在程序存储器中分配变量,变量位于 code 区内

例如:

```
unsigned char data i,j;        //在 data 区中定义无符号字符型变量 i,j
unsigned int code k;           //在 code 区中定义无符号整型变量 k,k 位于程序存储器内
```

【说明】

• 上述定义中，存储类型也可以放在变量类型之前。例如：

data unsigned char i;　　　　　　//在 data 区内定义变量 i

• 定义变量时，如果不指定存储类型，则 C51 编译器按默认的存储类型给变量分配存储空间，默认的存储类型取决于用户设置的存储模式。存储模式的设置方法参考图 1-30，存储模式与变量的默认存储类型的关系见表 2-19。

表 2-19　　　　　　　　　存储模式与变量的默认存储类型

存储模式	变量的默认存储类型
Small	data
Compact	pdata
Large	xdata

3. 一维数组

在 C51 中，为了方便数据处理，有时需要将同类型的若干个数据项按一定的顺序组织起来。这种按序排列的同类数据元素的集合就是数组。数组中的各个数据项称为数组的元素。C51 中，数组是一种构造数据类型，数组中各元素是按顺序存放的。常用的数组有一维数组、二维数组。

微课

一维数组的应用

（1）一维数组的定义

一维数组的定义格式如下：

数据类型 [存储类型] 数组名[常量表达式];

其中，“数据类型”用来说明数组中各元素的数据类型。

“数组名”是数组的标志符，它的命名规则与变量的命名规则相同。

“常量表达式”用来说明数组中元素的个数，也称为数组的长度，常量表达式必须用方括号“[]”括起来，并且不能含有变量。

“存储类型”用来告诉编译系统在哪一种存储区内为数组分配存储空间，此项为可选项，缺省时由编译器根据用户选择的存储模式来确定存储类型，其用法与变量定义时的存储类型相同。若带存储类型，书写时不必书写方括号。例如：

unsigned char code led[10];　　//在 code 区定义有 10 个元素的无符号字符型数组 led[]
unsigned int a[3];　　　　　　//定义无符号整型数组 a[]，它有 3 个元素:a[0]、a[1]、a[2]

（2）数组中的元素

数组中元素的表示方法如下：

数组名[下标]

其中，下标是元素在数组中从 0 开始的顺序号，第 i 个元素的下标为 $i-1$。下标必须是整型的常量或者整型表达式，也可以是整型或字符型的变量，其值域为 $0\sim n-1$，这里的 n 为数组中元素的个数。例如 a[3]、led[i++]都是合法的数组元素。

C51 规定，数组必须先定义后使用，使用数组时，不能一次性地引用整个数组，只能逐个使用数组中的元素。

（3）数组的赋值

在 C51 中，对数组中的元素赋值有 2 种方法。

第一种方法是,在程序执行的过程中用赋值语句对数组中的元素进行赋值。这种方法可以对数组中的任意元素进行赋值。例如:

```
unsigned int i,num[10];        //定义无符号整型变量 i 和有 10 个元素的无符号整型数组 num[]
num[0]=3;                      //对数组 num[]的第 1 个元素赋值
for(i=3;i<7;i++)               //用循环程序对数组 num[]的第 3~6 个元素赋值
num[i]=5;
```

第二种方法是,在定义数组时给数组赋值。这种赋值是在编译阶段完成的,可以减少程序的执行时间。其方法是,定义数组时,将数组中各元素的值依次放在一对大括号内,然后赋给数组,其中各值之间用逗号间隔。具体格式如下:

数组类型 [存储类型] 数组名[常量表达式]={值 1,值 2,…,值 n};

例如:

```
unsigned int a[5]={5,6,7,8,9};   //定义数组 a[5],并给数组中的元素赋值
```

经过上述定义和初始化后,a[0]=5,a[1]=6,a[2]=7,a[3]=8,a[4]=9。

如果大括号中各值的个数少于数组中元素的个数,则只对数组中前面的元素赋值,后面元素的初值为 0,例如:

```
unsigned int b[5]={1,2};        //b[0]=1,b[1]=2。而 b[2]、b[3]、b[4]均为 0
```

如果大括号中的值的个数与数组中元素的个数相同,则在定义数组时方括号内的元素个数可以省略。也就是说,如果省略了数组元素的个数,则大括号中值的个数就是数组中元素的个数。例如:

```
unsigned int a[]={1,2,3};        //定义无符号字符型数组 a[],它有 3 个元素,初值分别为 1、2、3
```

【说明】

数组的长度与元素的下标在形式上相似,但两者的含义不同。长度说明必须是常数、符号常量或者常量表达式,不能含有变量。元素的下标指示的是元素在数组中的位置,下标可以是常量表达式,也可是变量表达式。例如:

```
unsigned int a[10];        //方括号内指示的是数组中的元素的个数,必须是常量表达式
a[3]=3;                    //方括号内是元素的顺序号,a[3]是数组中的第 4 个元素
a[i++]=5;                  //下标是变量表达式
```

若 i=2,语句"a[i++]=5;"的含义是,将常数 5 赋给数组元素 a[2],然后再使 i 自加 1。语句执行后,a[2]=5,i=3。

4. 查表程序

查表程序的设计方法是,利用一维数组的下标与元素值的对应关系,将事先计算好的结果值依次存放在 code 区中的数组中,需要结果值时直接查阅数组,并从数组中读取对应元素的值。利用查表程序可以方便地解决数学运算无法解决的数据转换问题。

例如,用查表求 5~10 这 6 个数的平方根的具体方法如下:

```
float code isqrt[]={2.236,2.449,2.646,2.848,3,3.162};   //1 利用一维数组建立平方根表
void main(void)            //2 main 函数
{                          //3
    float x;               //4 定义浮点型变量 x
    unsigned char i=8;     //5 准备求 8 的平方根
    x=isqrt[i-5];          //6 从数组中读取 i 的平方根并赋给 x
}                          //7 main 函数结束
```

语句 1 的作用是，在 code 区中定义一个浮点型数组 isqrt[]，用来存放 5～10 这 6 个数的平方根（浮点数）。其中，isqrt[0] 中存放的是 5 的平方根，isqrt[1] 中存放的是 6 的平方根，…，isqrt[5] 中存放的是 10 的平方根。这样，n 的平方根（$n=5～10$）保存在元素 isqrt[$n-5$] 中。所以，语句 6 的作用是，读取 i 的平方根（即数组中标号为 i−5 的元素值）并赋给变量 x。通过这种方式不仅可以避免复杂的数学运算，而且可以提高程序的运行速度。

从上例可以看出，查表程序实际上实现的是从下标数到结果数据的转换运算，在传感器的非线性补偿、字符的显示等程序中经常使用这种算法。

任务实施

1. 搭建硬件电路

任务 5 的硬件电路如图 2-19 所示。

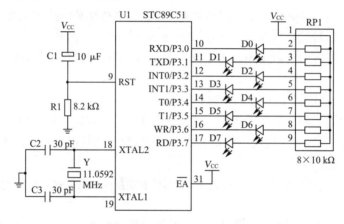

图 2-19　任务 5 硬件电路

在 MFSC-2 实验平台上用 8 芯扁平线将 J4 与 J9 相接就构成了上述电路。

微课

制作流水灯实践

2. 编写软件程序

（1）流程图

在硬件电路中，发光二极管采用低电平有效控制，P3.i=0 时，Di 点亮，P3.i=1 时，Di 熄灭。由于 P3 口输出具有锁存功能，故每隔一定时间（例如 500 ms）依次向 P3 口输出表 2-20 中的显示控制数据就可以实现流水灯显示效果。

表 2-20　　　　　　　　　流水灯显示控制数据

时间	控制数据		点亮的发光二极管	时间	控制数据		点亮的发光二极管
	二进制	十六进制			二进制	十六进制	
t_0	00000000	0x00	D0D1D2D3D4D5D6D7	t_8	11111111	0xff	
t_1	00000001	0x01	D1D2D3D4D5D6D7	t_9	11111110	0xfe	D0
t_2	00000011	0x03	D2D3D4D5D6D7	t_{10}	11111100	0xfc	D0D1
t_3	00000111	0x07	D3D4D5D6D7	t_{11}	11111000	0xf8	D0D1D2
t_4	00001111	0x0f	D4D5D6D7	t_{12}	11110000	0xf0	D0D1D2D3
t_5	00011111	0x1f	D5D6D7	t_{13}	11100000	0xe0	D0D1D2D3D4
t_6	00111111	0x3f	D6D7	t_{14}	11000000	0xc0	D0D1D2D3D4D5
t_7	01111111	0x7f	D7	t_{15}	10000000	0x80	D0D1D2D3D4D5D6

很显然,如果将发光二极管在 16 个时间段的显示控制数据事先存放在 code 区中的数组 disctrl 中,用查表程序就可以获得流水灯在各时间段的显示控制数据,disctrl 数组的定义如下:

```
uchar code disctrl[16]={0x00,0x01,0x03,0x07,0x0f,0x1f,0x3f,0x7f,0xff,0xfe,0xfc,
0xf8,0xf0,0xe0,0xc0,0x80};
```

用变量 discnt 作为时间计数器,则流水灯显示的流程图如图 2-20 所示。

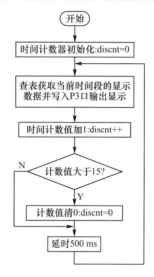

图 2-20　任务 5 流程图

(2)程序代码

```
//任务 5　制作流水灯
#include <reg51.h>              //1 包含特殊功能寄存器头文件 reg51.h
#define ledport P3              //2 宏定义:ledport 代表 P3,提高程序可读性,方便修改
#define uchar unsigned char     //3 宏定义:uchar 代表 unsigned char,减少书写量
uchar code disctrl[16]={0x00,0x01,   /*4 建立数据表格:在 code 区定义无符号字符型
                                        数组 disctrl*/
0x03,0x07,0x0f,0x1f,0x3f,0x7f,0xff,   //5 数组中的元素为各时间段的显示代码。C51 中
0xfe,0xfc,0xf8,0xf0,0xe0,0xc0,0x80};  //6 一条语句可分多行书写
uchar data discnt=0;            /*7 在 data 区中定义全局变量 discnt:显示时间计数器(讲
                                   解见应用总结与拓展)*/
void delay(void);               //8 函数 delay 说明:函数调用位于函数定义之前
void main(void)                 //9 main 函数
{  while(1)                     //10 while 死循环。循环体为第 11~13 句
   {  ledport=disctrl[discnt++];   /*11 查表获取当前时间段的显示数据并写入 P3 口,
                                      然后将时间计数值加 1。在程序中的任一函数
                                      中都可以使用全局变量*/
      if(discnt>15) discnt=0;      //12 若计数值超界(>15),则返回 0
      delay();                     //13 调用延时函数 delay(),延时 500 ms
   }                            //14 while 循环体结束
}                               //15 main 函数结束
void delay(void)                //16 delay 函数:无参数,无返回值
{                               //17 函数体开始
```

```
    uchar i,j;                    //18 定义局部变量 i、j
    for(i=0;i<=200;i++)           //19 外层循环
        for(j=0;j<=200;j++)       //20 内层循环
          ;                       //21 内层循环的循环体:空语句
}                                 //22 函数结束
```

应用总结与拓展

1. 全局变量与局部变量

在程序的开头处或各个功能函数的外部所定义的变量为全局变量。在程序开头处定义的全局变量在整个程序中都有效,程序中的所有函数都可以使用该全局变量。在各功能函数外部定义的全局变量只对定义处以后的各函数有效,定义处以后的函数可以使用该全局变量,定义处之前的函数不能使用该全局变量。

在函数内部或者是以大括号"{}"括住的功能模块中所定义的变量为局部变量。局部变量只在所定义的函数中或者功能模块中有效,其他地方不能使用它。

例如,在本例程序代码中语句 18 中所定义的变量 i、j 就是局部变量。它们只能在 delay 函数中使用,在 main 函数中就不能使用。语句 7 中所定义的变量 discnt 是全局变量,在整个程序中都可以使用 discnt。例如,在第 11 行的语句中就使用了全局变量 discnt。

在 C51 中,允许局部变量与全局变量同名,如果一个程序中存在同名的全局变量和局部变量 val,则在局部变量有效区域内使用变量 val 时,使用的是局部变量 val。在局部变量无效的区域内使用变量 val 时,使用的是全局变量 val。即局部变量的优先级高于全局变量。

例如,某程序的结构如下:

```
unsigned char idata val;       //1
……                            //2
void func(void)                //3
{                              //4
    unsigned char idata val;   //5
    val=7;                     //6
    ……                        //7
}                              //8
void main(void)                //9
{                              //10
    val=5;                     //11
    ……                        //12
}                              //13
```

程序中,第 1 行所定义的变量 val 是全局变量,第 5 行所定义的变量 val 是局部变量。第 6 行的功能是对局部变量 val 赋值 7,并不改变全局变量 val 的值,第 11 行的功能是对全局变量 val 赋值 5。

2. 二维数组

(1)二维数组的定义

二维数组的定义格式如下:

数据类型［存储类型］数组名［常量表达式 1］［常量表达式 2］；

其中，"常量表达式 1"用来说明行的长度，"常量表达式 2"用来说明列的长度。例如：

```
unsigned int a[3][4];
```

表示定义一个 3 行 4 列共 3×4＝12 个元素的无符号整型二维数组 a[3][4]，可以用来存放 3 行×4 列矩阵中的元素。

二维数组 a[][]中，第 i 行 j 列的元素是 a[i][j]。

二维数组中的各元素在内存中的存放方式是按行顺序排列，先存放第 0 行的各列元素，接着存放第 1 行各列的元素，直至最后一行的各列元素。即顺序排列，先变列后变行。例如，数组 a[3][4]中的各元素的存放顺序为：

a[0][0]→a[0][1]→a[0][2]→a[0][3]→

a[1][0]→a[1][1]→a[1][2]→a[1][3]→

a[2][0]→a[2][1]→a[2][2]→a[2][3]

（2）二维数组的初始化

二维数组的初始化赋值有以下 2 种方式。

①按行给数组中的元素赋值。例如：

```
unsigned int a[3][4]={{1,2,3,4},{5,6,7,8},{9,10,11,12}};
```

其中，第 i 个大括号中的各值分别赋给数组中第 i 行各列的元素。即 a[0][0]＝1，a[0][1]＝2，…，a[1][0]＝5，a[1][1]＝6，…，a[2][3]＝12，赋值后的结果如下：

$$\begin{bmatrix} 1 & 2 & 3 & 4 \\ 5 & 6 & 7 & 8 \\ 9 & 10 & 11 & 12 \end{bmatrix}$$

如果第 i 个大括号中值的个数与数组中列数不等，则给第 i 行的前几列赋括号中的值，后面列的初值为 0。例如：

```
unsigned int a[3][4]={{1,2},{3},{4,5,6}};
```

赋值后的结果如下：

$$\begin{bmatrix} 1 & 2 & 0 & 0 \\ 3 & 0 & 0 & 0 \\ 4 & 5 & 6 & 0 \end{bmatrix}$$

②将数组元素的值写在一个大括号内，按元素排列顺序对各元素赋值。例如：

```
unsigned int b[2][3]={1,2,3,4,5,6};
```

赋值后，数组 b[2][3]中各元素的值如下：

$$\begin{bmatrix} 1 & 2 & 3 \\ 4 & 5 & 6 \end{bmatrix}$$

3. 字符数组

数据类型为字符型的数组叫字符数组，字符数组用来存放字符，数组中的每一个元素存放一个字符。字符数组的定义方法与前面介绍的一维数组相同，只是数据类型为字符型。例如：

```
unsigned char a[3];        //定义无符号字符型数组 a[3]
signed char b[3];          //定义带符号字符型数组 b[3]
```

字符数组的初始化赋值方法是,直接将各字符常量赋给数组中的元素。例如:

```
unsigned char a[5]={'c','h','i','n','a'};
```

数组 a[5]初始化后,a[0]='c',a[1]='h',a[2]='i',a[3]='n',a[4]='a'。

在 C51 中,字符常量是用单撇号括起来的一个字符,如'a'、'1'、'A'等,字符在存储器内存放时,并不是存放字符本身,而是存放字符的 ASCII 码。例如,字符'a'的 ASCII 码是 0x61,存放字符'a'时,存储器内存放的是数值 0x61,而不是字符'a'。因此,数组 a[]初始化后,存储器中各值的状态见表 2-21。

表 2-21 数组 a[]初始化后的存储状态

数组中的元素	a[0]	a[1]	a[2]	a[3]	a[4]
存储器中的值(ASCII 码)	0x63	0x68	0x69	0x6e	0x61

在 C51 中,允许用字符串直接给字符数组赋值,其方法有以下 2 种:

```
unsigned char a[10]={"china"};      //字符串放在大括号中
unsigned char b[10]="china";        //字符串直接放在赋值符号的右边
```

字符串是用双撇号括起来的一串字符。例如,"MCU"、"a"等都是字符串。为了测试字符串的长度,C51 规定,字符串以 ASCII 码为 0x0 的字符(空 null)作为结束标志。字符串中除了包含双撇号括起来的字符外,还包含字符串的结束标志符。所以,字符串"a"包含 2 个字符,一个是字符'a',另一个是串的结束标志符(null),它与字符'a'是不同的。例如:

```
unsigned char a[]={'h','a','p','p','y'}; //长度为 5 个元素,存放的是各字母的 ASCII 码
unsigned char b[]={"happy"};        //长度为 6 个元素,存放的是各字母的 ASCII 码和串结束符
```

使用字符数组要注意以下几点:

①字符数组初始化时,所提供的初值个数不能大于数组的长度,否则编译时会报错。

②若数组的长度与所提供的初值个数相同,则定义数组时可以省略数组的长度,但不能省略方括号。

③若数组的长度大于所提供的初值的个数,则后面元素的值为 0(即为空 null)。

④字符数组中存放的是各字符的 ASCII 码,而不是字符本身,其实质是存放二进制数。因此,可以直接对字符数组中的各元素进行各种运算。

⑤MCS-51 单片机为 8 位单片机,在 C51 程序设计中,如果数组中各元素的值均小于 256,一般是将数组定义成字符型数组,而不是定义成整型数组,这样可以提高运算速度。

【例 2.4】 将数组 a[]={"happy"}中的各字母改写成大写字母。

分析:字符在数组中是以字符的 ASCII 码形式存储的,大写字母的 ASCII 码比对应小写字母的 ASCII 码小 0x20。因此,只需用循环语句将数组中各元素的值减去 0x20 就可以将数组中各字母改写成大写字母。

程序如下:

```
void main(void)
{   unsigned char i,a[]="happy";
    for(i=0;i<5;i++)
    { a[i]=a[i]- 0x20; }
}
```

上述程序中,for 语句也可以改为 for(i=0;a[i]!=0x0;i++)。

习　题

1. 定义函数时,若函数无形式参数,则用_____说明形式参数。

2. 函数的标志是_____,因此,无论函数是否有形式参数,它都不能省略。

3. 函数中有多个形式参数时,各形式参数之间要用_____间隔。

4. 函数的返回值是用_____返回的,其格式是_____,它可以返回_____个值。

5. 函数无返回值时,应将函数的返回值说明成_____型,函数体中不必使用_____语句。

6. 调用有参数函数时,各个实际参数之间要用_____间隔,并且要求实际参数在_____、_____和_____上与形式参数保持一致。

7. 调用无参数函数时,可以省略实际参数表,但不能省略_____。

8. C51 规定,函数必须_____,才能使用函数。

9. 主调函数与被调函数处于同一文件中时,若被调函数放在主调函数之后,则需要_____。

10. 设函数 max(unsigned char x,unsigned char y)的返回值类型是 unsigned char,max()函数位于 file2.c 文件中,file1.c 文件中的程序需要调用 max()函数,则需要在_____文件的开头处对 max()函数进行说明,其说明语句为_____,并且还需要_____。

11. 程序中需要调用 math.h 头文件中的 cos(x)函数,则在程序的_____处需要用_____将 math.h 文件包含至程序文件中来。

12. 请按下列要求定义变量:

(1)在片内 RAM 0x20～0x2f 区域内定义无符号字符型变量 i,j。

(2)在片内 RAM 0x00～0x7f 区域内定义无符号整型变量 k,k 的初值为 4。

(3)在扩展 RAM 中定义长整型变量 k。

(4)在程序存储器中定义无符号字符型变量 a,a 的值为字符 L。

13. 在 Keil C51 中所选择的存储模式是 Small,变量 a 的定义形式如下:

```
unsigned char a;
```

变量 a 位于_____区。

14. 定义数组时,数组的长度不能是_____。

15. 若有如下定义:

```
unsigned char idata a[5];
```

数组 a[]位于_____区,有_____个元素,这些元素依次是_____。

16. 若有如下定义:

```
unsigned char a[]={1,2,3,4,5};
unsigned char b[5]={6,7};
```

数组 a[]有_____个元素,元素 a[2]的值为_____。数组 b[]中有_____个元素,元素 b[2]的值为_____。

17. 若 i=2,语句"a[i++]=5;"的功能是_____。

18.查表程序的设计方法是,利用一维数组的_____与_____之间的对应关系,将_____存放在位于_____区中的数组中,需要结果值时,从数组中读取对应元素的值。

19.用查表程序计算一年12个月中各月的天数。设函数名为day,二月按28天计算。

20.全局变量一般是在程序的_____处定义,全局变量在_____中都可以使用,在_____中定义的变量是局部变量,局部变量只能在_____中使用。

21.某程序的结构如下:

```
unsigned char idata val;              //1
……                                   //2
void func(void)                       //3
{    unsigned char idata val;         //4
    val=7;                            //5
    ……                               //6
}                                     //7
void main(void)                       //8
{    val=5;                           //9
    ……                               //10
}                                     //11
```

程序中,第1行定义的变量是_____变量,第4行定义的变量是_____变量。第5行的功能是对_____变量val赋值7,第9行的功能是对_____变量val赋值5。

22.字符常量是用_____括起来的一个字符,字符串是用_____括起来的一串字符,字符串中除了包含字符外,还包含一个_____。

23.字符在内存中存放时,存放的是_____,其实质是_____。

24.C51程序中,若数组中各元素的值均小于256,一般是将数组定义成_____数组。

25.数组 a[]的定义如下,请按下列要求编写程序:

```
unsigned char idata a[10]={5,3,7,12,48,0,7,31,24,10};
```

(1)求数组 a[]中各元素的平均值,并存入变量 average 中。

(2)查找数组中的最大值,并将最大值元素的编号存入变量 num 中,最大值存入变量 max 中。

(3)将数组中各元素倒序排列,即 a[0]中存放最后一个元素的值10,a[1]中存放倒数第二个元素的值24……最后一个元素存放首元素的值5。

(4)将数组中的数按由小到大的顺序排列。

项目3 单片机的中断与低功耗工作方式应用实践

任务6　显示键按下的次数

任务要求

用外部中断 0 对接入 P3.2/$\overline{\text{INT0}}$ 引脚上的键按下的次数进行计数,P2 口做输出口使用,用来控制 8 只发光二极管以二进制数的形式显示脉冲计数值。其中,某位发光二极管点亮,表示该数位为 1;发光二极管熄灭,表示该数位为 0。

相关知识

任务 6 涉及的新知识主要有单片机的中断系统结构、与中断系统有关的特殊功能寄存器、C51 中的中断编程控制等。

1. 中断的基础知识

(1)中断

中断即打断,是指 CPU 在执行当前程序时,由于程序以外的原因,出现了某种更急需处理的情况,CPU 暂停现行程序,转而处理更紧急的事务,处理结束后 CPU 自动返回到原来的程序中继续执行。

认识中断

单片机中的中断概念在我们的日常生活中经常碰到。例如,你在自习室里看书时,突然有同学找你,你就会在当前阅读处做上记号,然后走出自习室与同学交谈,处理完同学找你这件事后,你又返回到自习室,从记号处继续阅读。

(2)中断源

中断源即请求中断的来源,是指能引起中断、发出中断请求的设备或事件。在上述例子中,同学找你就是中断你看书的中断源。

(3)中断服务

CPU 响应中断请求后,为中断源所做的事务就叫作中断服务。在前面的例子中,"同学找你"是引起看书中断的中断源,而你响应"同学找你"所做的"走出自习室""与同学交谈"等事情,就叫作你为"同学找你"这个中断源所做的中断服务。

(4)中断的优先级

当多个中断源同时向 CPU 申请中断时,单片机所规定的对中断源响应的先后次序就叫作中断的优先级。在单片机中,优先级高的中断请求先响应,优先级低的中断请求后响应。

(5)中断嵌套

CPU 响应了某一中断请求,并进行中断服务处理时,若有优先级更高的中断源发出中断申请,则 CPU 暂停当前的中断服务,转而响应高优先级中断源的中断请求,高优先级中断服务结束后,再继续进行低优先级中断服务处理,这种情况就叫作中断嵌套。简而言之,中断嵌套就是打断低级中断服务,进行高级中断服务,高级中断服务结束后,再继续进行低级中断服务处理。中断嵌套示意图如图 3-1 所示。

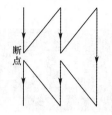

图 3-1 中断嵌套示意图

在单片机中,只有高优先级中断源才能打断低优先级中断源的中断服务,而形成中断嵌套。低级中断源对高级中断服务、同级中断源的中断服务是不能形成中断嵌套的。

(6)中断的分类

中断有多种分类方法。按中断源是否位于单片机的内部,中断可分为外部中断与内部中断。例如,单片机内部的定时/计数器是一个中断源,它位于单片机的内部,因此,定时/计数中断就属于内部中断。再如,单片机的 P3.2/$\overline{INT0}$ 引脚上的电平变化可以引起中断,该中断源位于单片机的外部,因此,$\overline{INT0}$ 中断就属于外部中断。

按照中断源的中断请求是否可被程序屏蔽来分,中断可分为可屏蔽中断与不可屏蔽中断两类。其中,可屏蔽中断的中断请求可以被程序屏蔽掉。

2. 单片机的中断系统结构

MCS-51 单片机有 5 个中断源,由 TCON、SCON、IE、IP 共 4 个特殊功能寄存器管理,每个中断源都有 2 个优先等级,可以形成中断嵌套。MCS-51 单片机的中断系统的结构示意图如图 3-2 所示。

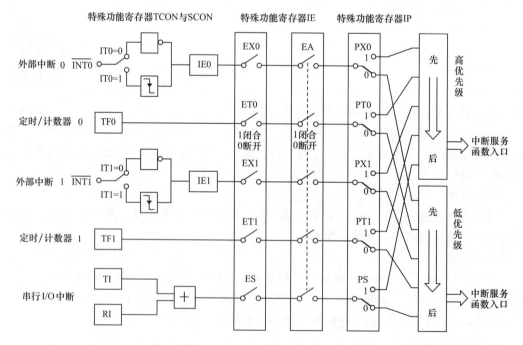

图 3-2 中断系统结构示意图

图 3-2 中,IT0、IE0、TF0、IT1、IE1、TF1 是特殊功能寄存器 TCON 中的位,TI、RI 是特殊功能寄存器 SCON 中的位,EX0、ET0、EX1、ET1、ES、EA 是特殊功能寄存器 IE 中的位,PX0、PT0、PX1、PT1、PS 是特殊功能寄存器 IP 中的位。

中断系统中各中断源的符号、产生中断的条件、中断请求标志等见表 3-1。

表 3-1　　　　　　　　　　　　　　MCS-51 单片机的中断源

中断源	符号	类型	产生中断的条件	中断请求标志
外部中断 0	$\overline{INT0}$	外部	由 P3.2/$\overline{INT0}$引脚输入，低电平或下降沿引起	IE0
定时/计数器 0	T0	内部	T0 的计数器计满模值引起	TF0
外部中断 1	$\overline{INT1}$	外部	由 P3.3/$\overline{INT1}$引脚输入，低电平或下降沿引起	IE1
定时/计数器 1	T1	内部	T1 的计数器计满模值引起	TF1
串行 I/O 中断	TI RI	内部	串口发送完一帧数据后 串口接收完一帧数据后	TI RI

【说明】

中断请求标志是后面即将要介绍的几个特殊功能寄存器中的特殊位。其作用是记录中断事件是否发生过，并向 CPU 提出中断请求。当中断产生条件满足时，硬件电路会自动地将对应的中断请求标志位置 1。例如，当定时/计数器 0 的计数值计满模值时，硬件电路就会自动地将 TF0 位置 1。

3. 中断系统中的特殊功能寄存器

对于标准的 MCS-51 单片机而言，与中断系统有关的特殊功能寄存器有 SCON、TCON、IE、IP，如图 3-2 所示。任务 6 中，我们主要介绍 TCON、IE、IP 这 3 个特殊功能寄存器，有关 SCON 的功能我们将在任务 12 中介绍。

中断系统中的
特殊功能寄存器

（1）中断允许控制寄存器 IE

特殊功能寄存器 IE 的主要功能是控制各中断源的打开与关闭，如图 3-2 所示。其字节地址为 0xa8，各位都分配有位地址，可以进行位访问。IE 的格式见表 3-2。

表 3-2　　　　　　　　　　　　　　　IE 的格式

IE 的位	D7	D6	D5	D4	D3	D2	D1	D0	复位值
字节地址:0xa8	EA	×	×	ES	ET1	EX1	ET0	EX0	0x00
位地址	0xaf	0xae	0xad	0xac	0xab	0xaa	0xa9	0xa8	

各位的含义如下：

EA：全局中断允许位。EA＝0：关闭全局中断；EA＝1：打开全局中断，此时各中断是否打开取决于对应的中断控制位的值。

ES：串行 I/O 中断允许位。ES＝0：关闭串行 I/O 中断；ES＝1：打开串行 I/O 中断。

ET1：定时/计数器 1 中断允许位。ET1＝0：关闭 T1 中断；ET1＝1：打开 T1 中断。

EX1：外部中断 1 允许位。EX1＝0：关闭$\overline{INT1}$中断；EX1＝1：打开$\overline{INT1}$中断。

ET0：定时/计数器 0 中断允许位。ET0＝0：关闭 T0 中断；ET0＝1：打开 T0 中断。

EX0：外部中断 0 允许位。EX0＝0：关闭$\overline{INT0}$中断；EX0＝1：打开$\overline{INT0}$中断。

例如，单片机使用了外部中断 0、定时中断 T0，则应将 EX0 位、ET0 位、EA 位置 1，其他位清 0。IE 的值应设置成 10000011B，即设置成 0x83。其设置程序段如下：

```
IE＝0x83;        //打开全局中断、T0 中断、外部中断 0
```

【说明】

IE寄存器的各位都分配有位地址,单片机复位时IE的各位值为0,开放中断时,一般采用位操作。其方法是,把需要开放中断的控制位置1,然后将EA位置1。这样可以提高程序的可读性。例如,单片机中使用了外部中断0、外部中断1和串行I/O中断,开放中断的设置程序如下:

```
EX0=1;        //打开外部中断0
EX1=1;        //打开外部中断1
ES=1;         //打开串行I/O中断
EA=1;         //打开全局中断
```

(2)定时器控制寄存器TCON

TCON的字节地址为0x88,各位都分配有位地址,可以进行位访问。TCON的格式见表3-3。

表3-3　　　　　　　　　　　　　TCON的格式

TCON的位	D7	D6	D5	D4	D3	D2	D1	D0	复位值
字节地址:0x88	TF1	TR1	TF0	TR0	IE1	IT1	IE0	IT0	0x00
位地址	0x8f	0x8e	0x8d	0x8c	0x8b	0x8a	0x89	0x88	

其中,TF1、TR1、TF0、TR0用于定时/计数器1和定时/计数器0,它们的用法将在任务8中介绍。IT0、IE0用于外部中断0,IT1、IE1用于外部中断1,它们的含义如下:

ITi:选择外部中断的触发方式(见图3-2)。

ITi=0:外部中断采用低电平触发。即当$\overline{INTi}$引脚上出现低电平时,硬件电路就会将IEi位置1。

ITi=1:外部中断采用下降沿触发。即当$\overline{INTi}$引脚上出现由1变0的下降沿时,硬件电路就会将IEi位置1。

【说明】

选用低电平触发方式时,会出现同一个低电平引起IEi位多次置1现象,从而导致单片机多次执行中断服务。因此,通常情况下外部中断的触发方式选用下降沿触发。

IEi:外部中断的中断请求标志位,标志引脚是否出现了外部输入事件(低电平或下降沿)。

置1条件:①$\overline{INTi}$引脚出现低电平(ITi=0时)或出现下降沿(ITi=1时)。②用软件将IEi置1。

清0条件:①CPU响应了INTi中断,并进入对应外部中断服务程序后,硬件电路自动将IEi位清0。②用软件将IEi位清0。

置1后的结果:若开放了外部中断(EXi=1且EA=1),CPU会自动进入对应的外部中断服务函数中去执行中断服务程序(中断服务函数的编写方法我们稍后介绍),进入中断服务函数后,硬件电路会自动将IEi位清0,以阻止同一次IEi为1时被多次服务。

若没有开放外部中断(EXi=0或者EA=0),CPU不会自动执行对应的中断服务程序。在这种情况下,IEi位供CPU查询外部输入事件是否发生过的时候使用。

(3)中断的优先级寄存器IP

MCS-51单片机的中断系统有2个中断优先级,由特殊功能寄存器IP来管理,其结构见图3-2。IP的字节地址为0xb8,各位分配有位地址,可以进行位访问。IP的格式见表3-4。

表 3-4				IP 的格式					
IP 的位	D7	D6	D5	D4	D3	D2	D1	D0	复位值
字节地址:0xb8	×	×	×	PS	PT1	PX1	PT0	PX0	0x00
位地址	0xbf	0xbe	0xbd	0xbc	0xbb	0xba	0xb9	0xb8	

各位的含义如下:

D7~D5:保留位。

D4(PS)位:串行中断的优先级控制位。

PS=1:串行中断为高优先级中断,PS=0:串行中断为低优先级中断。

D3(PT1)位:定时/计数器 1 的中断优先级控制位。

PT1=1:定时/计数器 1 为高优先级中断,PT1=0:定时/计数器 1 为低优先级中断。

D2(PX1)位:外部中断 1 的中断优先级控制位。

PX1=1:外部中断 1 为高优先级中断,PX1=0:外部中断 1 为低优先级中断。

D1(PT0)位:定时/计数器 0 的中断优先级控制位。

PT0=1:定时/计数器 0 为高优先级中断,PT0=0:定时/计数器 0 为低优先级中断。

D0(PX0)位:外部中断 0 的中断优先级控制位。

PX0=1:外部中断 0 为高优先级中断,PX0=0:外部中断 0 为低优先级中断。

由此可以看出,Di=1 时,对应的中断源为高优先级中断,Di=0 时,对应的中断源为低优先级中断。

复位后,IP=0x00。也就是说各中断的优先级处于同一级别,并且同为低优先级。在 MCS-51 单片机中,高级中断可以打断低级中断服务而形成中断嵌套,低级中断不能打断高级中断服务而形成中断嵌套,同级中断之间也不能形成中断嵌套。如果几个同级中断同时向 CPU 提出中断请求,则 CPU 按如图 3-3 所示的顺序响应中断请求。

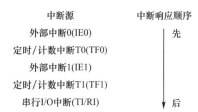

图 3-3 同级中断响应顺序

例如,系统中开放了 T0、T1、INT0 共 3 个中断,如果要求这 3 个中断同时向 CPU 提出中断请求,CPU 要按 T1、INT0、T0 的顺序响应中断请求,则应将 PT1 设为 1,PT0、PX0 设为 0,实现的程序段如下:

```
PT1=1;                  /*T1 为高优先级中断,其他均为低优先级中断(因为复位时 IP=0,各中断均
                        为低优先级中断)*/
```

系统中只开放了一个中断时,不必考虑中断优先级问题,不必设置 IP。如果系统中开放的中断数不止一个,就存在着多个中断源同时向 CPU 请求中断服务的问题。这时,必须确定 CPU 优先响应哪个中断,也就是要设定中断优先级。中断优先级设定一般是对 IP 的位采用位操作。

4.C51 中的中断编程方法

中断编程包括中断初始化和中断服务函数编写两方面工作,下面以外部中断 0 为例进行介绍。

(1)中断初始化

中断初始化放在 main 函数中,主要完成以下工作:

①选择中断的触发方式：设置 IT0 位的值，值为 IT0＝1(下降沿触发)或 IT0＝0(低电平触发)。

②设置中断的优先级：设置 PX0 位的值，值为 PX0＝1(高优先级)或 PX0＝0(低优先级)。

③打开外部中断 0：EX0＝1。

④打开全局中断：EA＝1。

这时 main 函数的结构如下：

```
void main(void)
{   //变量定义
    IT0=1;              //设置外部中断 0 的触发方式：下降沿触发
    PX0=1;              //外部中断 0 采用高优先级。若无其他中断或采用低优先级中断，此句省去
    EX0=1;              //打开外部中断 0
    EA=1;               //打开全局中断
    //其他初始化。这一部分也可以放在变量定义之后
    while(1)
    { /* 非中断事务处理语句* / }
}
```

(2)中断服务函数

C51 中是利用中断服务函数处理中断事务的。中断服务函数的定义如下：

```
void 函数名(void) interrupt n [using m]
{   //变量定义
    //中断处理模块
}
```

其中，"函数名"是中断服务函数的名字，其命名规则与变量一样。

"interrupt n"用来说明所定义的函数是哪一种中断源的中断服务函数。interrupt 是关键字，n 为中断号，n 的取值为 0～31。MCS-51 单片机中各中断源的中断类型号见表 3-5。

表 3-5　　　　　　　　　中断源的中断类型号

中断源	中断请求标志	中断号	中断源	中断请求标志	中断号
外部中断 0	IE0	0	定时/计数器 1	TF1	3
定时/计数器 0	TF0	1	串行发送	TI	4
外部中断 1	IE1	2	串行接收	RI	4

"using m"是可选项，用来说明在中断服务函数中 CPU 所使用的工作寄存器组，using 为关键字，m 为寄存器组的编号，其值为 0～3。m 与 CPU 所使用的工作寄存器组的关系见表 3-6。

表 3-6　　　　　　　　　CPU 使用的工作寄存器组

m	CPU 使用的工作寄存器组	R0～R7 的地址
0	第 0 组工作寄存器组	0x00～0x07
1	第 1 组工作寄存器组	0x08～0x0f
2	第 2 组工作寄存器组	0x10～0x17
3	第 3 组工作寄存器组	0x18～0x1f

工作寄存器组主要用来临时存放数据和做函数调用时传递数据。单片机复位后,CPU 使用第 0 组工作寄存器组,即运行 main 函数时 CPU 使用的是第 0 组工作寄存器组。为了保证中断服务函数执行后不修改被打断程序中的数据,中断服务函数一般是选用第 1～3 组工作寄存器组,并且优先级不同的程序选择不同的工作寄存器组。

例如,外部中断 0 的中断服务函数定义如下:

```
void int0(void) interrupt 0 using 1
{/ * 函数体 * /}
```

定时/计数器 1 的中断服务函数定义如下:

```
void timer1(void) interrupt 3 using 1
{/ * 函数体 * /}
```

(3)相关说明

①中断服务函数不是通过函数调用来执行的,在 main 函数中无中断服务函数调用语句。

②在 main 函数中设置好中断的触发方式,并且打开了外部中断 0 和全局中断后,当 P3.2/$\overline{INT0}$引脚出现下降沿(IT0＝1)或者出现低电平(IT0＝0)时,硬件电路会自动将中断请求标志 IE0 置位 1,并自动地转至中断类型号为 0 的中断服务函数(带有 interrupt 0 的函数)中去执行该函数。中断服务函数执行完毕后又自动地返回到被中断的程序中从中断处接着执行原来的程序。

③进入中断服务函数后,硬件电路会自动地将中断请求标志位 IE0 清 0。因此,中断服务函数中可以省去清除中断请求标志语句"IE0＝0;"。

④进入中断服务函数时,CPU 会根据"using m"参数选择工作寄存器组,执行完中断服务函数后,CPU 恢复进入中断服务函数之前的工作寄存器组。

任务实施

1.搭建硬件电路

键按下和释放都存在抖动现象,其波形如图 3-4 所示。抖动期一般为 5～15 ms,抖动必须消除,否则会引起误动作。

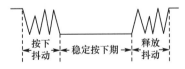

图 3-4　抖动波形图

去抖动的方法有硬件去抖动和软件去抖动 2 种。任务 6 中我们采用硬件去抖动,其方法是,用 2 个与非门交叉耦合的硬件电路来消除抖动。有关软件去抖动的方法将在任务 11 中介绍。任务 6 的硬件电路如图 3-5 所示。

在 MFSC-2 实验平台上用 8 芯扁平线将 J6 与 J9 相接,用单芯线将 J14 与 J4 的 P3.2 引脚相接,就构成了上述电路。

2.编写软件程序

完成本任务的软件程序有查询方式与中断方式 2 种。

(1)查询方式

查询方式的流程图如图 3-6 所示。

显示按键接下次数实践

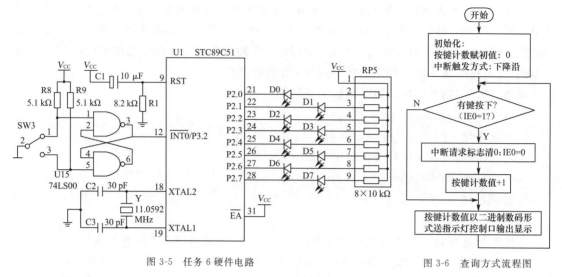

图 3-5　任务 6 硬件电路　　　　　　　　　　　　　　图 3-6　查询方式流程图

由流程图可以看出：

①查询方式中查询的是中断请求标志位 IE0。当中断触发方式为下降沿触发时，P3.2 引脚出现下降沿，即 P3.2 引脚上的键按下时，硬件电路会自动将 IE0 位置 1，所以在程序中通过判断 IE0 是否为 1 可以检测到 P3.2 引脚上的键是否按下。

②检测到 IE0 为 1 后需要将 IE0 清 0。查询方式下中断请求标志位 IE0 不具备自动清 0 功能，必须用软件将其清 0，以防止同一个外部输入事件被多次处理。

③查询方式中，CPU 主动检查中断事件是否发生过，不必开放中断，也不必设置中断的优先级。

图 3-6 对应的程序代码如下：

```
//任务 6   显示键按下的次数(查询方式)
#include <reg51.h>            //1 将特殊功能寄存器定义头文件 reg51.h 包含至本程序中
//#include <intrins.h>        //1-2 将内嵌函数定义头文件 intrins.h 包含至本程序中
#define uchar unsigned char   //2 宏定义:uchar 代表 unsigned char
#define ledport P2            //3 宏定义:ledport 代表 P2
uchar idata keycnt;           //4 在 idata 区定义全局变量 keycnt(按键计数器)
void main(void)               //5 main 函数
{   keycnt=0;                 //6 按键计数器初始化:初值为 0
    IT0=1;                    //7 外部中断 0 的触发方式为下降沿触发
    while(1)                  //8 while 死循环,语句 9～14 是 while 的循环体
    {   if(IE0==1)            /*9 有键按下吗? (有键按下时硬件电路会将 IE0 位置 1)见代码说
                                  明*/
        {   IE0=0;            //10 IE0 位清 0。见代码说明
            keycnt++;         //11 按键计数值加 1
        }                     //12 if 语句块结束
        ledport=~keycnt;      //13 计数值按位取反后送 led 控制口显示
    }                         //14 while 循环体结束
}                             //15 main 函数结束
```

【代码说明】

语句 9~12 可用"{ if(_testbit_(IE0)) keycnt＋＋;}"代替。_testbit_()是 C51 的内嵌函数,若使用该函数,则需要在程序的开头处将头文件 intrins. h 包含至程序中来,如语句 1~2 所示。_testbit_(IE0)的含义是,测试 IE0 位是否为 1,并将 IE0 位清 0。

语句 10 的功能是将中断请求标志位 IE0 清 0。查询方式中中断请求标志位 IE0 不具备自动清 0 功能,如果不用软件将 IE0 清 0,则会出现同一次键按下(同一次 IE0 置 1)事件被多次处理的现象,本任务中是按键计数值被多次加 1。如果读者把语句 10 注释掉就会看到下列现象:按一次键后,所有发光二极管都被点亮。其原因是,按一次键后按键事件将被多次处理,计数器 keycnt 不断地加 1,keycnt 的各位都在快速地变化。由于人眼存在视觉暂留的特性,所以会看到所有发光二极管均被点亮。

(2)中断方式

中断方式的程序由 main 函数和中断服务函数组成,其流程图如图 3-7 所示。

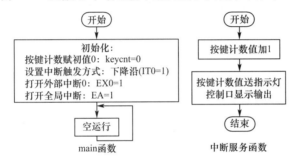

图 3-7　中断方式流程图

图 3-7 对应的程序代码如下:

```
//任务 6　显示键按下的次数(中断方式)
#include <reg51.h>              //1 包含特殊功能寄存器定义头文件 reg51.h
#define ledport P2             //2 宏定义:ledport 代表 P2(发光二极管接 P2 口)
#define uchar unsigned char    //3 宏定义:uchar 代表 unsigned char
uchar idata keycnt;            /*4 定义全局变量,keycnt 在中断服务函数和 main 函数中均可
                                 使用*/
void int0() interrupt 0 using 1 //5 定义中断服务函数:中断号为 0,用第 1 组工作寄存器组
{   keycnt++;                  //6 按键计数值加 1
    ledport=~keycnt;           //7 按键计数值送 led 口显示,见代码说明
}                              //8 中断服务函数结束
void main(void)                //9 main 函数
{   keycnt=0;                  //10 按键计数值初始化:赋初值 0
    IT0=1;                     //11 设置外部中断 0 的触发方式:下降沿触发。见代码说明
    EX0=1;                     //12 打开外部中断 0
    EA=1;                      //13 打开全局中断
    while(1);                  //14 死循环,循环体为空语句
}                              //15 main 函数结束
```

【代码说明】

语句 4 的功能是定义全局变量 keycnt。通常情况下,如果本次中断服务需要使用前次中断服务的结果(例如本例中键按下的次数),则需要将此变量定义成全局变量或者是静态变量。

语句 11 的功能是,将外部中断 0 的触发方式设置成下降沿触发。如果设置低电平触发,则会出现同一次键按下引起多次中断的现象,从而发生按下一次键,按键计数值被多次加 1 的现象。

应用总结与拓展

中断在单片机中的应用非常广泛。标准的 MCS-51 单片机具有 5 个中断源,分外部中断源和内部中断源 2 种。单片机中对中断的操作和管理是通过读写对应的特殊功能寄存器来实现的。

中断的处理方式有查询方式和中断方式 2 种。在应用程序中,如果不开放中断,则采取查询方式进行处理。查询方式是通过查询对应的中断请求标志位是否为 1 来实现的。在查询方式中,要注意中断请求标志位不能自动清 0,当查询到中断请求标志位为 1 时,应该将中断请求标志位清 0,再进行中断请求后的处理,以阻止同一次中断请求被多次服务。

在应用程序中,如果开放了中断,则采用中断方式进行处理。中断处理包括中断初始化处理和中断服务处理两部分。中断初始化处理放在 main 函数中,中断服务处理放在中断服务函数中。

中断服务函数与一般函数不同,中断服务函数无返回值,函数名后必须用"interrupt n"指出中断类型号,还需要用"using m"指定 CPU 执行中断服务函数时所使用的工作寄存器组,中断服务函数的执行是由中断事件引起并由硬件电路自动完成的,在 main 函数中无中断函数调用语句,CPU 也不必检查中断事件是否已发生,中断事件发生后,CPU 会自动地暂停当前程序的执行,转向中断服务函数去处理中断事务。

外部中断是一种常用的中断,其触发方式有下降沿触发和低电平触发 2 种,工程上常用下降沿触发方式。

在查询方式下,CPU 必须主动地检查是否有中断请求发生,从而决定是否进行中断请求服务。在中断方式下,CPU 进行中断服务是被动的,无中断请求时,CPU 可以处理其他事务,而不必理会当前是否有中断请求发生。因此中断方式有利于 CPU 进行多任务处理。工程上一般采用中断方式。

MCS-51 单片机中,5 个中断源共有 6 个中断请求标志位,5 个中断类型号。在中断方式下,IE0、IE1、TF0、TF1 这 4 个中断请求标志在 CPU 响应中断请求后,具有自动清 0 功能;TI、RI 这 2 个中断请求标志共用一个中断类型号,不具备自动清 0 功能。在查询方式下,这 6 个标志位都不具备自动清 0 功能。

习　题

1. MCS-51 单片机有 _____、_____、_____、_____ 和 _____ 5 个中断源,共有_____个中断请求标志位。

2. 中断请求标志位的作用是 _____,在 _____ 情况下, _____将中断请求标志位置 1。

3. 外部中断 0 的中断请求标志位是_____。

4. 使用外部中断 1 时,需要将 IE 寄存器的_____置 1。

5. 外部中断 0 有_____和_____2 种触发方式,一般采用_____触发方式。

6. 将外部中断 1 设置成下降沿触发的方法是_____。

7. 特殊功能寄存器 IP 的功能是什么?什么样的情况下可以不设置 IP?什么样的情况下必须设置 IP?为什么?

8. 单片机中,高级中断_____而形成中断嵌套,低级中断_____而形成中断嵌套,同级中断之间_____形成中断嵌套。

9. 单片机复位后,CPU 使用第_____组工作寄存器组,CPU 执行 main 函数时使用的是第_____组工作寄存器组。

10. 某应用系统中使用了 $\overline{INT0}$、$\overline{INT1}$、T0 这 3 个中断,如果这 3 个中断同时向 CPU 提出中断请求,要求 CPU 按 T0→$\overline{INT0}$→$\overline{INT1}$ 的顺序响应中断请求,请写出实现这一要求的程序段。

11. 单片机复位后,如果 5 个中断源同时向 CPU 提出中断请求,CPU 响应中断的顺序是什么?

12. 外部中断 0 的中断类型号是_____,外部中断 1 的中断类型号是_____,定时/计数器 T1 的中断类型号是_____,串行发送中断的中断类型号是_____。

13. 中断服务函数一般是选用第_____组工作寄存器组,并且优先级不同的中断服务程序使用_____工作寄存器组。

14. 若 CPU 执行外部中断 1 的服务函数时使用的是第 2 组工作寄存器组,请给出外部中断 1 的中断服务函数的定义。

15. 某应用系统中使用了 $\overline{INT0}$、$\overline{INT1}$ 这 2 个中断,$\overline{INT0}$ 采用低电平触发,$\overline{INT1}$ 采用下降沿触发,当这 2 个中断源同时向 CPU 请求中断时,CPU 先响应 $\overline{INT1}$ 的中断请求。请写出中断初始化程序。

16. 如果采用查询方式处理 $\overline{INT0}$ 的事务,应该查询哪 1 位?为什么?在进行事务处理时要注意什么?

17. _testbit_() 函数是 C51 的内嵌函数,其功能是_____,使用该函数时,需要将头文件_____包含至程序文件中。

18. 单片机应用系统中使用外部中断 1 对输入脉冲进行计数,每输入 1 个脉冲要将整型变量 plus 加 10,外部中断 1 采用下降沿触发,请用中断方式和查询方式编写脉冲计数程序。

扩展实践

在任务 6 中,如果按键计数采用中断方式处理,中断的触发方式改为低电平触发,请改写程序。缓慢地按动键,观察实验现象,请分析产生这一现象的原因。

任务 7 睡眠 CPU

任务要求

与任务 6 一样,用外部中断 0 对接入 P3.2/$\overline{\text{INT0}}$引脚的键的按下次数进行计数。按键计数处理仍采用查询和中断两种方式,每次按键计数处理完毕后让 CPU 进入睡眠状态。通过实验,我们可以发现两种结果,并总结出利用睡眠 CPU 技术实现抗干扰的方法。为了观察到实验结果,我们仍采用 P2 口控制 8 只发光二极管,用发光二极管显示键按下的计数值,其中某位发光二极管点亮表示计数值的对应数位为 1。

相关知识

任务 7 涉及的新知识主要有 C51 中的复合赋值运算、单片机的电源管理特殊功能寄存器 PCON、单片机的低功耗工作方式的设置与解除等。

1. C51 中的复合赋值运算

在 C51 中,双目运算符可以与赋值运算符"＝"一起组合成复合赋值运算符。C51 的复合赋值运算符见表 3-7。

表 3-7　　　　　　　　　　　复合赋值运算符

运算符	示例	等价式	运算符	示例	等价式
＋＝	a＋＝b	a＝a＋b	＜＜＝	a＜＜＝b	a＝a＜＜b
－＝	a－＝b	a＝a－b	＞＞＝	a＞＞＝b	a＝a＞＞b
＊＝	a＊＝b	a＝a＊b	＆＝	a＆＝b	a＝a＆b
/＝	a/＝b	a＝a/b	|＝	a|＝b	a＝a|b
%＝	a%＝b	a＝a%b	∧＝	a∧＝b	a＝a∧b

C51 中采用复合赋值运算可以简化程序,提高程序的编译效率。

2. 电源管理特殊功能寄存器 PCON

CMOS 型的 MCS-51 单片机(如 STC89C 系列、STC12C 系列、AT89S 系列单片机等)具有空闲(睡眠 CPU)和掉电两种低功耗工作方式,由特殊功能寄存器 PCON 管理。PCON 的格式见表 3-8。

表 3-8　　　　　　　　　　　PCON 的格式

PCON 的位	D7	D6	D5	D4	D3	D2	D1	D0	PCON
字节地址:0x87	SMOD	×	×	×	GF1	GF0	PD	IDL	复位值:0x00

各位的含义如下:

D6～D4 位:无定义。

SMOD:波特率加倍位,用于设置串行通信的波特率,其用法详见任务 13。

GF1、GF0:通用标志位。

PD、IDL:低功耗工作方式选择控制位,它们的取值组合决定了单片机的状态。单片机的状态与 PD、IDL 位的关系见表 3-9。

表 3-9　　　　　　　　　　　　　　　　单片机的状态

PD	IDL	单片机的状态	特点
0	0	正常工作状态	CPU 正常工作,各中断按程序的设置而工作,各变量的值、特殊功能寄存器的值、单片机的引脚状态随程序的运行而变化
0	1	空闲状态（CPU 睡眠状态）	CPU 停止工作(CPU 睡眠),外部中断、定时/计数器、串口仍正常工作,ALE、$\overline{PSEN}$ 引脚保持低电平,特殊功能寄存器的值不变,程序中各变量的值保持不变,P0~P3 口的输出状态不变。任意一种中断都可以将 CPU 唤醒
1	×	掉电状态	CPU、外部中断、定时/计数器、串口都停止工作,ALE、$\overline{PSEN}$ 引脚保持低电平,特殊功能寄存器的值不变,程序中各变量的值保持不变,P0~P3 口的输出状态不变

【说明】

• 单片机复位后,PCON 的值为 0x00,单片机处于正常工作状态。

• PCON 的位无位地址,不能用位访问方式将 PCON 的某位置 1 或清 0,只能用按位操作运算将 PCON 的位置 1、清 0 或者取反。

3. 低功耗工作方式的设置与解除

由表 3-9 可以看出,单片机正常工作时,将 PCON 的 IDL 位置 1 就可以睡眠 CPU,将 PD 位置 1,就可以使单片机进入掉电状态。

睡眠 CPU 的程序代码如下:

```
PCON|=0x01;    //将 PCON.1 位置 1,睡眠 CPU,等价于 PCON=PCON|0x01;
```

使单片机进入掉电状态的程序代码如下:

```
PCON|=0x02;    //将 PCON.2 位置 1,单片机进入掉电状态,等价于 PCON=PCON|0x02;
```

【注意】

• 语句"PCON=0x01;"也能使 PCON.1 位置 1,但它会将 PCON 的其他位清 0,如果 PCON 的 SMOD 位为 1,此时会更改 SMOD 位的值,从而导致串口的工作状态发生变化。

• 如果只对特殊功能寄存器的某几位赋值,一般是对特殊功能寄存器进行按位操作运算或者是对其中的位以位方式赋值(特殊功能寄存器的位分配有位地址时)。

单片机进入低功耗工作方式后,CPU 停止工作,无法执行程序。低功耗方式不能用软件解除,只能依赖于硬件。

使单片机退出空闲状态(睡眠 CPU)的方法有两种。第一种方法是用中断唤醒 CPU。任何一种中断(外部中断、定时中断、串行中断)被响应后,硬件电路都会将 PCON 的 IDL 位清 0,从而使系统退出空闲工作方式。第二种方法是复位单片机。单片机复位后,PCON 的各位为 0,硬件电路自动将 PCON 的 IDL 位清 0 而解除空闲状态。

【注意】

• 单片机复位后,各特殊功能寄存器及 CPU 内部的寄存器等都会被初始化,采用复位方法使单片机退出空闲状态后,系统的状态可能会发生变化。

• 中断唤醒 CPU 后,系统的状态不发生变化,系统中各变量的值也不变化。

单片机进入掉电方式后,各功能部件都停止工作,所以解除掉电方式的唯一方法是硬件复位,复位后所有特殊功能寄存器的内容均被初始化。

任务实施

1. 搭建硬件电路

任务7的硬件电路如图3-8所示。

在 MFSC-2 实验平台上用8芯扁平线将 J6 与 J9 相接，用单芯线将 J14 与 J4 的 P3.2 引脚相接，就构成了上述电路。

微课

睡眠 CPU 实践

2. 编写软件程序

（1）查询方式

查询方式流程图如图3-9所示。

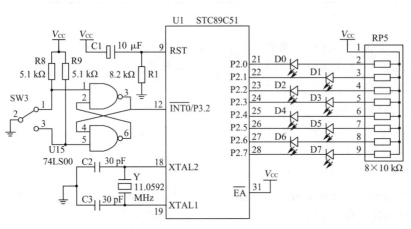

图 3-8　任务7硬件电路

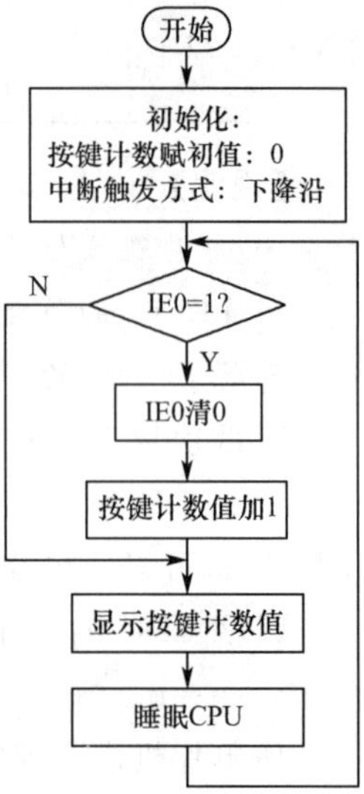

图 3-9　查询方式流程图

图3-9对应的程序代码如下：

```
//任务7　睡眠 CPU(查询方式)
#include <reg51.h>              //1 将特殊功能寄存器定义头文件 reg51.h 包含至本程序中
#define uchar unsigned char     //2 宏定义:uchar 代表 unsigned char
#define ledport P2              //3 宏定义:ledport 代表 P2
uchar idata keycnt;             //4 在 idata 区定义全局变量 keycnt(按键计数器)
void main(void)                 //5 main 函数
{   keycnt=0;                   //6 按键计数器初始化:初值为 0
    IT0=1;                      //7 外部中断 0 的触发方式为下降沿触发
    while(1)                    //8 while 死循环,语句 9～14 是 while 的循环体
    {   if(IE0)                 //9 有键按下吗?
        {   IE0=0;              //10 IE0 位清 0
            keycnt++;           //11 按键计数值加 1
        }                       //12 if 语句块结束
        ledport=~keycnt;        //13 计数值按位取反后送 led 控制口显示
        //-----相对任务6查询方式增加的语句----
        PCON|=0x01;             //14 睡眠 CPU
        //------------------------------
    }                           //15 while 循环体结束
}                               //16 main 函数结束
```

【代码说明】

和任务 6 中的查询方式的程序相比,本程序仅仅增加了第 14 行睡眠 CPU 语句"PCON|=0x01;",但是,本程序不能对键按下的次数进行计数。实验时,按下键时发光二极管一直处于熄灭状态。

产生这一现象的原因是,按键的速度一般为几十毫秒到上百毫秒,而单片机执行指令的时间为 μs 级,上电时,IE0=0,若 P3.2 引脚无下降沿,语句 9 判断的结果是条件为假,CPU 将跳过语句 10 和语句 11,直接执行语句 13,此时发光二极管显示为 0(所有发光二极管熄灭),执行语句 14 后 CPU 停止工作,不会跳转至语句 8 处重新执行 while 循环程序。因此,即使后期 P3.2 引脚出现下降沿(键按下),单片机也不会处理。

本例表明,睡眠 CPU 时,CPU 停止工作,程序不能运行。

(2)中断方式

中断方式的流程图如图 3-10 所示。

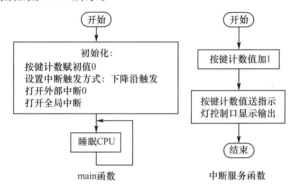

图 3-10　中断方式流程图

图 3-10 对应的程序代码如下:

```
//任务 7　睡眠 CPU(中断方式)
#include <reg51.h>        //1 包含特殊功能寄存器定义头文件 reg51.h
#define ledport P2        //2 宏定义:ledport 代表 P2(发光二极管接 P2 口)
#define uchar unsigned char        //3 宏定义:uchar 代表 unsigned char
uchar idata keycnt;       //4 定义全局变量,keycnt 在中断服务函数和 main 函数中均可使用
void count() interrupt 0 using 1   //5 定义中断服务函数:中断号为 0,用第 1 组寄存器组
{   keycnt++;             //6 按键计数值加 1
    ledport=~keycnt;      //7 按键计数值送 led 口显示
}                         //8 中断服务函数结束
void main(void)           //9 main 函数
{   keycnt=0;             //10 按键计数值初始化:赋初值 0
    IT0=1;                //11 设置外部中断 0 的触发方式:下降沿触发
    EX0=1;                //12 打开外部中断 0
    EA=1;                 //13 打开全局中断
    while(1)              //14 死循环,语句 15 为循环体
//- - - - 相对任务 6 中断方式增加的语句- - - - - - - - - - - - -
    { PCON|=0x01; }       //15 睡眠 CPU
//- - - - - - - - - - - - - - - - - - - - - - - - - - - - - - -
}                         //16 main 函数结束
```

【代码说明】

和任务6中的中断方式的程序相比,本程序用睡眠CPU语句"PCON|=0x01;"代替了任务6中断方式程序中的空语句(语句14)。实验时,单片机系统可以对键按下的次数进行计数。实践表明,中断可以唤醒CPU,睡眠CPU后不改变变量的值。

实际上,在单片机应用程序设计中,通常是将系统的各执行程序(如本例中的按键计数并显示处理)放在中断服务函数中,让CPU完成系统初始化后就进入睡眠状态,每次中断服务完毕再进入睡眠状态。这样既可以保证系统功能的正常实现,又可以提高系统的抗干扰性。

利用睡眠CPU抗干扰的应用程序框架结构如下:

```
//全局变量定义
void fun1_int(void) interrupt n1 using m1    //中断服务函数1
{                                            //局部变量定义
    //中断1的事务处理
}
void funn_int(void) interrupt nn using mn    //中断服务函数n
{                                            //局部变量定义
    //中断n的事务处理
}
void main(void)
{                                            //局部变量定义
    //初始化模块
    while(1)                                 //死循环
        PCON|=0x01;                          //睡眠CPU
}
```

应用总结与拓展

结构体是一种构造类型数据,它是把若干个类型的变量有序地组合在一起而形成的一个组合变量。组成结构体的各个变量称为结构体的元素或者结构体的成员。一般来讲,结构体中的各个变量之间是存在某种关系的,例如日期数据中的年、月、日等。结构体可以将一组相关联的变量作为一个整体来组织处理。

(1)结构体类型变量的定义

结构体类型变量的定义有以下3种方法:

①先定义结构体类型再定义结构体变量

结构体类型的定义格式如下:

```
struct 结构体类型名
{
    成员表列
}; //注意,结尾处有分号
```

其中,"struct"是关键字,说明后面的名字是一个结构体类型,"struct"不可省略。"结构体类型名"用作结构体类型的标志。"成员表列"列出的是结构体中各个成员的定义。成员的定义格式如下：

```
类型名 成员名；
```

【注意】

- 结构体类型定义的最后有一个分号。
- 同一结构体中的成员不可同名。

例如，日期数据是由年、月、日构成的，可以定义成一个结构体类型，其定义如下：

```
struct date
{
    unsigned int year;
    unsigned char month;
    unsigned char day;
};
```

结构体变量的定义格式如下：

```
struct 结构体类型名 结构体变量名 1, 结构体变量名 2, …, 结构体变量名 n;
```

例如，我们利用前面定义好的结构体类型 date 来定义两个 struct date 类型的结构体变量 dat1、dat2：

```
struct date dat1,dat2;
```

这样定义后，变量 dat1、dat2 都具有 struct date 类型的结构，它们都是由在内存中连续存放的 1 个无符号整型变量和 2 个无符号字符型变量组成的，它们在存储器中各占据 2＋1＋1 ＝4 字节的空间。

②在定义结构体类型的同时定义结构体变量

定义格式如下：

```
struct 结构体类型名
{
    成员表列
}结构体变量名 1, 结构体变量名 2, …, 结构体变量名 n;
```

例如：

```
struct date
{
    unsigned int year;
    unsigned char month;
    unsigned char day;
} dat1,dat2;          //大括号后跟随结构体变量名
```

③直接定义结构体变量

这种定义的格式如下：

```
struct
{
    成员表列
}结构体变量名 1, 结构体变量名 2, …, 结构体变量名 n;
```

这种定义与第二种方式相似,只是不出现结构体类型名。由于省去了结构体类型名,所有结构体变量必须一次性定义,如果在程序中需要多处定义相同结构类型的结构体变量(例如在不同函数中定义结构体变量),一般不采用这种定义方式。

【说明】

- 结构体类型和结构体变量是2个不同的概念。定义结构体类型时,给出的是结构体的组织结构,编译时并不给结构体类型分配存储空间,结构体类型名与char、int等基本类型的名字一样,不能作为运算对象。结构体变量是一个结构体中的具体对象,编译时会给结构体变量分配存储空间,在程序中可以对结构体变量进行赋值、存取或运算。
- 结构体类型的成员可以与程序中的其他变量同名,也可以与其他结构体类型中的成员同名,它们代表的是不同对象,互不相干。但是,同一结构体类型中的成员不可同名。
- 结构体类型的成员也可以是一个结构体变量。例如:

```
struct student
{
    unsigned int num;
    unsigned char name[10];
    unsigned char sex;
    struct date birthday;          //birthday是前面定义的 struct date 类型
}stud1,stud2;
```

- 在实际应用中,一般是先定义结构体类型,再定义该结构体类型的变量。如果结构体类型比较多,可以将各个结构体类型的定义集中放在一个头文件中(扩展名为.h 的文本文件),在程序中只做结构体变量的定义,并且在程序的开头处要用#include 预处理命令将该头文件包含进来。

(2)结构体变量的引用

与基本类型的变量一样,结构体变量必须先定义后使用。引用结构体变量必须遵循以下原则:

①对结构体变量的引用是通过对其成员的引用来实现的,除了可以用"& 结构体变量名"的形式取结构体变量的首地址外,不能把一个结构体变量作为一个整体进行赋值、存取或运算。引用结构体变量中的成员的格式如下:

结构体变量.成员名

其中,"."是取成员运算符,它在所有运算符中优先级最高。因此可以将上述表达式当作一个变量看待。例如:

dat1.year=2010;   //将 2010 赋给结构体变量 dat1 的 year 成员

②如果结构体变量的成员又是一个结构体变量,则需要用若干个取成员运算符"."一级一级地找到最低级的成员,只能对最低级的成员进行赋值、存取或者运算。例如,在前面定义的结构体变量 stud1 中,birthday 成员是一个结构体变量,则结构体变量 stud1 的成员可以这样访问:

```
stud1.birthday.year=1989;
stud1.birthday.month=12;
```

③结构体变量的最低级成员可以像普通变量一样进行各种运算。例如：

```
stud1.birthday.year++;
dat1.month<<=1;
```

注意，取成员运算符"."的优先级最高，stud1. birthday. year++等价于（stud1. birthday. year）++。

④在程序中可以直接引用结构体变量的地址和结构体变量成员的地址。结构体变量的地址主要用作函数的参数，用来传递结构体的地址。

（3）结构体变量的初始化

与其他变量一样，可以在定义结构体变量时对结构体变量进行初始化。初始化的方法是，将结构体变量最低级成员的值放在一个大括号"{}"中一一列出，然后赋给结构体变量，系统会按所给值的顺序给各成员进行赋值。例如：

```
struct time
{
    unsigned char hour;
    unsigned char min;
    unsigned char sec;
}tim1={10,25,34};
```

则 tim1. hour=10，tim1. min=25，tim1. sec=34。

如果所给出的值的个数少于结构体中最低级成员的个数，则只对前面的最低级成员进行初始化，后面的最低级成员的值为 0。

（4）结构体数组

结构体数组的特点是，数组中的元素为具有相同结构类型的结构体变量。结构体数组的定义与结构体变量相似，只需要将结构体变量换成数组变量就可以了。例如：

```
struct date            //定义结构体类型
{
    unsigned int year;
    unsigned char month;
    unsigned char day;
};
struct date dat[10];    //定义结构体数组
```

这样定义后，数组 dat[]中有 10 个元素，每个元素都是具有 struct date 类型的结构体变量。

结构体数组的初始化与普通数组相似。不同的是，其中的每一个元素的值都是用一个大括号括住的一个结构体变量成员的值。例如：

```
struct date dat[3]={{1989,12,3},{1949,10,1},{1937,7,7}};
```

如果某个结构体变量的成员没有给定初值，则初始化后该成员的值为 0。例如：

```
struct date dat[3]={{1989,12,3},{1949,10}};
```

初始化后，dat[1]. year=1949，dat[1]. month=10，dat[1]. day=0，dat[2]的 3 个成员的值全为 0。

习　题

1. ＿＿＿＿＿运算符与赋值运算符一起组合成复合运算。

2. 写出下列语句的等价语句：

a+＝b;＿＿＿＿	a/＝b ＿＿＿＿
a*＝b;＿＿＿＿	a&＝b ＿＿＿＿
a<<＝b;＿＿＿＿	a|＝b ＿＿＿＿
a>>＝b;＿＿＿＿	a∧＝b ＿＿＿＿

3. 单片机处于空闲状态时，CPU ＿＿＿＿＿＿＿＿＿＿＿，中断 ＿＿＿＿＿＿＿＿，变量的值 ＿＿＿＿＿＿＿＿＿＿，特殊功能寄存器的内容 ＿＿＿＿＿＿＿＿＿，P0～P3 口 ＿＿＿＿＿＿＿＿，＿＿＿＿＿＿＿＿＿＿可以将 CPU 唤醒。

4. 单片机处于掉电状态时，CPU ＿＿＿＿＿＿＿＿＿＿＿，中断 ＿＿＿＿＿＿＿＿，变量的值 ＿＿＿＿＿＿＿＿＿＿，特殊功能寄存器的内容 ＿＿＿＿＿＿＿＿＿，P0～P3 口 ＿＿＿＿＿＿＿。

5. 单片机复位后，PCON 的值为 ＿＿＿＿＿，单片机处于 ＿＿＿＿＿＿＿状态。

6. 睡眠 CPU 的语句是 ＿＿＿＿＿＿＿＿＿，使单片机进入掉电状态的语句 是 ＿＿＿＿＿＿＿＿。

7. 对于无位地址的特殊功能寄存器，一般采用 ＿＿＿＿＿＿＿＿将其中的位清 0 或置 1。

8. 使单片机退出空闲状态的方法有两种，第一种方法是 ＿＿＿＿＿＿＿＿，第二种方法 是 ＿＿＿＿＿＿＿＿。

9. 使单片机退出掉电状态的方法是 ＿＿＿＿＿＿＿＿。

10. 为什么不能用语句"PCON＝0x01;"将单片机置于空闲状态？

11. 睡眠 CPU 技术可以提高单片机系统的抗干扰性，请写出利用睡眠 CPU 技术抗干扰 的应用程序结构。

12. 定义结构体类型 date，它有 year、month 和 day 共 3 个成员，其中，year 为无符号整型，month 和 day 为无符号字符型。

13. 用 3 种方法定义结构体变量 dat1、dat2，结构体的成员与第 12 题相同。

14. 设有如下定义：

```
struct date
{   unsigned int year;
    unsigned char month;
    unsigned char day;
};
struct student
{   unsigned int num;
    struct date birthday;
}stud1,stud2;
```

请按要求完成下列各题：

(1)将 stud1 的 num 成员值加 1。

(2)对 stud2 的出生日期赋值,其中,year 为 1989,month 为 12,day 为 3。

(3)将 stud1 的出生年份 year 减 10。

(4)变量 stud1 的长度为＿＿＿＿字节。

15.在 pdata 区中定义结构体数组 tim[3],结构体由 hour、min、sec 共 3 个成员组成,这 3 个成员均为无符号字符型数据。

项目4　单片机的定时/计数器应用实践

任务8　制作简易秒表

任务要求

单片机系统的振荡频率 $f_{osc}=11.0592\,MHz$，定时/计数器 T0 工作在 13 位计数方式下，做定时器使用。单片机的 P1 口外接 8 只发光二极管显示电路，用来显示系统的时间。上电时系统从 0 秒开始计时，发光二极管以 BCD 码的形式显示开机的秒数。其中，P1.7～P1.4 所接的 4 只发光二极管显示秒的十位，P1.3～P1.0 所接的 4 只发光二极管显示秒的个位。

相关知识

任务 8 涉及的新知识主要是单片机的定时/计数器，包括定时/计数器的组成结构、控制定时/计数器运行的特殊功能寄存器、定时/计数器的工作方式和定时/计数器的编程方法等。

1. 定时/计数器的组成结构

MCS-51 单片机片内集成有 T0、T1 共 2 个 16 位的可编程定时/计数器。它们具有定时和计数 2 种工作模式和 4 种工作方式。定时/计数器的基本结构如图 4-1 所示。

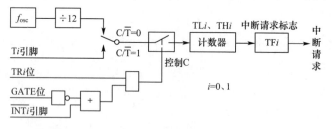

图 4-1　定时/计数器的基本结构

图 4-1 中，$i=0$、1，是 T0 或 T1 的参数标记。例如 TRi 就表示 T0 的运行控制位 TR0 和 T1 的运行控制位 TR1。Ti 引脚为单片机的外部引脚 P3.4/T0 或者 P3.5/T1，$\overline{INT}i$ 引脚为单片机的外部引脚 P3.2/$\overline{INT0}$ 或者 P3.3/$\overline{INT1}$，C/$\overline{T}$、GATE 为特殊功能寄存器 TMOD 中的两位，TRi、TFi 为特殊功能寄存器 TCON 中的两位。从图中可以看出，MCS-51 单片机的定时/计数器由外部引脚 P3.2/$\overline{INT0}$、P3.3/$\overline{INT1}$、P3.4/T0、P3.5/T1 和特殊功能寄存器 TL0、TH0、TL1、TH1、TCON、TMOD 以及内部控制逻辑组成。

定时/计数器的输入有两路,由特殊功能寄存器 TMOD 的 C/$\overline{\text{T}}$ 位来管理。C/$\overline{\text{T}}$＝0 时,计数器对振荡频率 12 分频后的脉冲进行计数,定时/计数器工作在定时模式,实现的是定时功能,所以,定时器的实质是对机器周期进行计数;C/$\overline{\text{T}}$＝1 时,计数器对 Ti 引脚输入的外部脉冲进行计数,定时/计数器工作在计数模式,实现计数功能。Ti 做计数器使用时,引脚 Ti 用作外部脉冲输入引脚,不能作为普通的 I/O 端口使用,在其他情况下,可作为普通 I/O 端口使用。

定时/计数器的计数器由特殊功能寄存器 THi、TLi 构成,是加 1 计数器,通过编程可以设置成 13 位的计数器、16 位的计数器或者 8 位的计数器。每输入一个脉冲,计数器的值就加 1,当计数值到达模值时,计数值回 0,并自动地使 TFi 位置 1,CPU 响应了对应的定时中断请求并且进入定时中断服务程序后,TFi 位被自动清 0。TFi 位也可以用软件清 0 或置 1。

控制逻辑由受控开关、特殊功能寄存器 TCON 的 TRi 位、TMOD 的 GATE 位、引脚 $\overline{\text{INT}i}$ 以及门电路组成。控制 C＝1 时,受控开关闭合,计数脉冲被送往计数器,计数器对计数脉冲做加 1 计数(计数器运行),控制 C＝0 时,控制开关断开,计数器停止计数。从图 4-1 中可以看出:

$$控制\ C=(\overline{\text{GATE}}+\overline{\text{INT}i})\cdot \text{TR}i$$

式中,$\overline{\text{INT}i}$ 表示 $\overline{\text{INT}i}$ 引脚上的输入信号,"＋"为或运算符,"·"为与运算符。

很显然 GATE＝0 时,控制 C＝TRi。此时,用 TRi 位控制计数器的运行和停止。TRi＝1,Ti 的计数器开始做加 1 计数;TRi＝0,Ti 的计数器停止计数。

GATE＝1 且 TRi＝1 时,控制 C＝$\overline{\text{INT}i}$。此时,用 $\overline{\text{INT}i}$ 引脚的输入信号控制计数器的运行和停止。$\overline{\text{INT}i}$＝1,Ti 的计数器开始做加 1 计数;$\overline{\text{INT}i}$＝0,Ti 的计数器停止计数。

【说明】
- 在实际应用中,一般是将 GATE 位设为 0,用 TRi 位控制计数器的开启和停止。
- 当需要测量外部脉冲宽度时,可将 GATE 位设为 1,TRi 位设为 1,外部脉冲从 $\overline{\text{INT}i}$ 引脚引入,用外部脉冲控制计数器的开启和停止。

2. 控制定时/计数器运行的特殊功能寄存器

(1)模式寄存器 TMOD

模式寄存器 TMOD 用于设置 T0、T1 的运行模式和工作方式,其字节地址为 0x89。TMOD 的位无位地址,它只能以整字节方式访问,不能用位访问方式对 TMOD 的某 1 位进行单独操作。TMOD 的格式见表 4-1。

控制定时/计数器的
特殊功能寄存器

表 4-1　　　　　　　　　　　　　　　**TMOD 的格式**

TMOD 的位	D7	D6	D5	D4	D3	D2	D1	D0
字节地址:0x89	GATE	C/$\overline{\text{T}}$	M1	M0	GATE	C/$\overline{\text{T}}$	M1	M0
			T1				T0	

TMOD 的高、低 4 位的结构完全相同,高 4 位用来设置 T1,低 4 位用来设置 T0,各位的含义如下:

GATE 位:门控位。GATE 位与特殊功能寄存器 TCON 的 TRi 位以及外部引脚 $\overline{\text{INT}i}$ 的状态组合起来控制定时/计数器 Ti 的开启与关闭,它们的控制关系见图 4-1。一般情况下,GATE 位的设置值为 0。

$C/\overline{T}$位:定时/计数器运行模式选择控制位。

$C/\overline{T}=0$:定时器模式,此时定时/计数器做定时器使用。

$C/\overline{T}=1$:计数器模式,此时定时/计数器做计数器使用。

M1、M0 位:工作方式选择位。它们的取值组合用来确定定时/计数器的工作方式。M1、M0 的取值组合与定时/计数器的工作方式之间的关系见表 4-2。

表 4-2　　　　　　　M1、M0 的取值组合与工作方式之间的关系

M1	M0	工作方式	功能说明
0	0	方式 0	13 位计数方式
0	1	方式 1	16 位计数方式
1	0	方式 2	8 位自动重装初值工作方式
1	1	方式 3	若 T0 设置为方式 3,T0 被分成 2 个 8 位的定时/计数器 若 T1 设置为方式 3,则 T1 的计数器停止计数

单片机复位时,TMOD 的值为 0x00,这就意味着 T0、T1 均被设置成定时器,其工作方式为 13 位计数方式,并且使用 TRi 位控制计数器的开启和停止。

根据 TMOD 各位的含义,TMOD 的值与定时/计数器的工作模式见表 4-3。

表 4-3　　　　　　　定时/计数器的模式与 TMOD 的值

工作模式	TMOD 的 4 位对应的十六进制数	工作模式	TMOD 的 4 位对应的十六进制数
定时 方式 0	0	计数 方式 0	4
定时 方式 1	1	计数 方式 1	5
定时 方式 2	2	计数 方式 2	6
定时 方式 3	3	计数 方式 3	7

【说明】

• 如果单片机系统中只使用了定时/计数器 T1,TMOD 的高 4 位取表 4-3 中的值,低 4 位设为 0。

• 如果单片机系统中只使用了定时/计数器 T0,TMOD 的低 4 位取表 4-3 中的值,高 4 位设为 0。

• 如果单片机系统中使用了定时/计数器 T1 和 T0,TMOD 的高、低 4 位均取表 4-3 中的值。

例如,单片机系统中使用了 T0、T1 这 2 个定时/计数器,T0 工作在方式 1 做定时器使用,T1 工作在方式 0 做计数器使用。根据表 4-3,TMOD 的高 4 位(设置 T1)的值为 4,低 4 位(设置 T0)的值为 1,TMOD 的值应该设置为 0x41。设置 TMOD 的程序如下:

```
TMOD=0x41;        //T1:方式 0、计数,T0:方式 1、定时
```

再如,单片机系统中只使用了定时/计数器 T1,T1 工作在方式 2 下做定时器使用,则 TMOD 的高 4 位的值为 2,低 4 位应设置为 0,TMOD 的值为 0x20。设置 TMOD 的程序如下:

```
TMOD=0x20;        //T1:方式 2、定时
```

(2)控制寄存器 TCON

控制寄存器 TCON 的各位分配有位地址,可以用位访问方式将 TCON 中的位置 1 或清 0。TCON 的格式见表 4-4。

表 4-4 TCON 的格式

TCON 的位	D7	D6	D5	D4	D3	D2	D1	D0	复位值
字节地址:0x88	TF1	TR1	TF0	TR0	IE1	IT1	IE0	IT0	0x00
位地址	0x8f	0x8e	0x8d	0x8c	0x8b	0x8a	0x89	0x88	

其中,TF1、TR1 用于定时/计数器 1,TF0、TR0 用于定时/计数器 0,IE1、IT1 用于外部中断 1,IE0、IT0 用于外部中断 0。各位的含义如下:

TFi 位:定时/计数器的中断请求标志位。Ti 的计数值达到模值时,硬件电路自动将 TFi 位置 1,并向 CPU 提出中断申请,CPU 响应 Ti 的定时中断请求,并进入 Ti 的中断服务程序中后,硬件电路自动将 TFi 位清 0。

TRi 位:定时/计数器运行控制位。它与 GATE 位、$\overline{\text{INT}i}$ 引脚一起组合来控制定时/计数器的开启和停止,它们的控制关系见图 4-1。

IEi、ITi 的含义我们已在任务 6 中做了详细介绍,在此不再赘述了。

单片机复位时,TCON 的值为 0x00,这就意味着上电时 T0、T1 均被停止。

3.定时/计数器的工作方式

在 MCS-51 单片机中,定时/计数器是加 1 计数器,有方式 0、方式 1、方式 2、方式 3 共 4 种工作方式。除方式 3 外,T0 和 T1 的工作状态完全相同,在不同的工作方式下其计数器的构成不同。

微课

定时/计数器的
工作方式

(1)方式 0

13 位的工作方式,定时/计数器的结构与图 4-1 所示的基本结构相同,其中的计数器为 13 位的计数器,它由 TLi 中的低 5 位和 THi 中的 8 位组成,TLi 的高 3 位无效。方式 0 的计数器结构如图 4-2 所示。

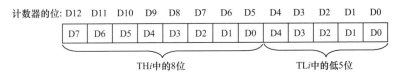

图 4-2　方式 0 的计数器结构

定时/计数器工作时,每来一个计数脉冲,TLi 的值就加 1,TLi 做加 1 计数,当 TLi 的低 5 位由 11111B 变至 00000B 时,THi 加 1。在方式 0 下,计数器的模值 $M=2^{13}=8\,192$,当计数器的计数值达到模值 8 192 时,计数值清 0,硬件电路自动将 TFi 位置 1。

设定时/计数器的计数次数为 n,方式 0 的计数初值 x 为:

$$x=M-n=8\,192-n$$

式中 M 为方式 0 的模值。

计数初值的低 5 位数为 $x\%2^5=(8\,192-n)\%32$,高 8 位数为 $x/2^5=(8\,192-n)/32$。计数初值的装入方法是,将 x 的低 5 位值装入 TLi 中,将 x 的高 8 位值装入 THi 中,以 T1 为例,方式 0 的计数初值装入程序段如下:

```
TL1=(8 192-n)% 32;      //计数初值的低 5 位值装入 TL1 中
TH1=(8 192-n)/32;       //计数初值的高 8 位值装入 TH1 中
```

定时/计数器做计数器使用时,计数器对 P3.4/T0 引脚(对于 T0)或者 P3.5/T1 引脚(对于 T1)上的输入脉冲进行计数,其计数次数 n 是已知数。

定时/计数器做定时器使用时,计数器对机器周期计数,每隔一个机器周期其计数值就加 1。

设定时时长为 t，单片机的晶振频率为 f_{osc}，则计数次数 n 为：

$$n=t/MC=(f_{osc}\times t)/12$$

式中的 MC 为机器周期。

【例 4.1】 设单片机的晶振频率 $f_{osc}=12$ MHz，现拟定用 T0 做 1 ms 定时器，试求其在方式 0 下的计数初值 x，并编写装入计数初值的程序段。

【解】 定时器的定时时长为 1 ms，则定时器的计数次数 n 为：

$$n=(f_{osc}\times t)/12=(12\times10^6\times1\times10^{-3})/12=1\,000$$

方式 0 的模值为 8 192，所以，计数初值 $x=M-n=8\,192-1\,000=7\,192$。

装入计数初值的程序段如下：

```
TL0= (8 192-1000)% 32;        //计数初值的低 5 位值装入 TL0 中
TH0= (8 192-1000)/32;         //计数初值的高 8 位值装入 TH0 中
```

（2）方式 1

方式 1 是 16 位的计数方式。其结构与图 4-1 所示的基本结构相同，其中的计数器为 16 位计数器，它由 TLi 和 THi 组成，TLi 为计数器的低 8 位，THi 为计数器的高 8 位。在方式 1 下，计数器的模值 $M=2^{16}=65\,536$，当计数器的计数值达到模值 65 536 时，计数值清 0，硬件电路自动将 TFi 位置 1。

（3）方式 2

方式 2 是 8 位自动重装初值的计数方式。其结构如图 4-3 所示。

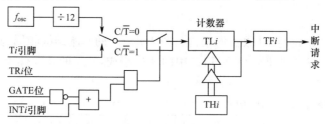

图 4-3　方式 2 的结构示意图

在方式 2 下，TLi 做计数器，THi 用来存放计数初值，计数器的模值 $M=2^8=256$。定时/计数器启动后，计数脉冲输入至 TLi，TLi 做加 1 计数，TLi 计到模值 256 时，硬件电路将 TFi 置 1，并向 CPU 请求中断，同时将 THi 中的计数初值自动装入 TLi 中，并在此初值的基础上重新计数。在实际应用中，启动定时/计数器之前，TLi 和 THi 要装入相同的计数初值。在方式 2 下，不需要用软件重装计数初值，使用比较方便，但计数范围比较小。

（4）方式 3

方式 3 是 2 个 8 位计数器的工作方式，2 个计数器的模值均为 256。方式 3 的结构比较特殊，它仅适用于定时/计数器 0，如果将定时/计数器 1 设置成工作方式 3，则定时/计数器 1 处于关闭状态。方式 3 的结构示意图如图 4-4 所示。

由图 4-4 可以看出，T0 工作在方式 3 时，定时/计数器 0 被分成 2 个独立的 8 位定时/计数器，第一个用 TL0 做计数器，第二个用 TH0 做计数器。用 TL0 做计数器的定时/计数器使用了原来 T0 的计数输入电路、计数溢出管理电路、控制逻辑电路以及中断源，其中断类型号为 1，并且具有定时和计数 2 种运行模式，既可以做定时器使用也可以做计数器使用；用 TH0 做计数器的定时/计数器只能做定时器使用，它用 TR1 位控制计数器的开启和停止，用 TF1 做中断请求标志，当 TH0 计到 256 时，硬件电路将 TF1 置 1 并向 CPU 请求中断，它占用 T1 的中断请求标志位，其中断类型号为 3。

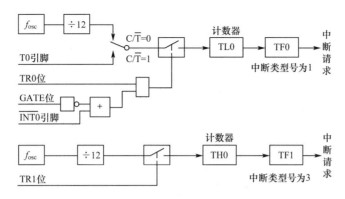

图 4-4　方式 3 的结构示意图

【说明】

• T0 工作在方式 3 时,要占用 T1 的资源,一般情况下不把 T0 设置成方式 3,仅当 T1 处于方式 2 并且不需要中断请求标志位时(此时,T1 做波特率发生器,详见任务 13),才将 T0 设置成方式 3。

• T0 工作在方式 3 时,用 TH0 做计数器的定时器,由 TR1 控制其启动和停止。此时,单独停止 T1 的方法是,将 T1 的工作方式设置成方式 3。停止 T1 的程序如下:

```
TMOD= TMOD|0x30;    //停止 T1
```

4. 定时/计数器的编程方法

定时/计数器的应用程序有中断方式和查询方式 2 种,无论采用哪种方式,应用程序都包括初始化和计数满模值后的执行处理两部分。其中,执行处理程序所要完成的工作是计数器的计数值达到模值后 CPU 所要处理的事务,这部分程序无固定模式,要依据具体情况而定。

(1)初始化程序

初始化程序主要完成以下工作:

①设置定时/计数器的运行模式、工作方式:根据定时/计数器的运行模式和工作方式查阅表 4-3 获取 TMOD 的值,并用赋值语句对 TMOD 赋值。

微　课

定时/计数器的
编程方法

②设置计数初值:先计算计数器的计数次数 n,然后用赋值语句将计数初值赋给 THi、TLi。

③设置定时中断的优先级(开放了多个中断且为高级中断时):将特殊功能寄存器 IP 的 PTi 位置 1。

④开放定时中断(查询方式下不必设置):将 ETi 位置 1。

⑤开放全局中断(查询方式下不必设置):将 EA 位置 1。

⑥启动定时器:将 TRi 位置 1。

【例 4.2】　单片机的 f_{osc} =6 MHz,T0 采用方式 1 做定时器使用,定时时长为 10 ms,T0 为高优先级中断,试编写 T0 的初始化程序。

【解】　T0 的计数次数 $n = (f_{osc} \times t)/12 = (6 \times 10^6 \times 10 \times 10^{-3})/12 = 5\ 000$

计数器的计数初值 TH0$=(65\ 536-5\ 000)/256$,TL0$=(65\ 536-5\ 000)\%256$。

查表 4-3 得 TMOD 的值为 0x01。

T0 的初始化程序如下:

```
void init_tim0()
{    TMOD= 0x01;                //T0:方式 1,定时
    TL0= (65536-5000)% 256;    //T0 计数器赋初值
```

```
    TH0= (65536- 5000)/256;
    PT0=1;                            //T0 为高优先级中断
    ET0=1;                            //打开 T0 中断
    EA=1;                             //打开全局中断
    TR0=1;                            //启动 T0
}
```

（2）查询方式程序框架

采用查询方式编写计数满模值后的处理程序时要注意以下几点：

①程序中查询的位是定时中断请求标志位 TFi，$TFi=1$ 表示 Ti 的计数器已计满模值。

②在查询方式中，中断请求标志位 TFi 不具备自动清 0 功能，必须在计数满模值的处理程序中用软件将 TFi 位清 0。否则，同一次计数满模值事件将被多次处理。

③除方式 2 外，需要对计数器重装计数初值。

④在定时/计数器的初始化程序中，不必开定时中断，也不必设置定时/计数器的中断优先级。

查询方式的流程图如图 4-5 所示。

设计数器的计数次数为 n，定时/计数器 0 做定时器使用，并且采用方式 1，查询方式的程序如下：

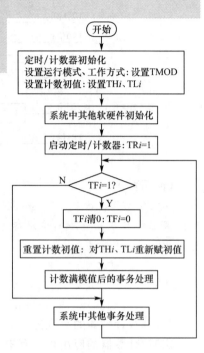

图 4-5 查询方式流程图

```
void main(void)
{   //局部变量定义
    TMOD= 0x01;                         //设置 T0 的运行模式、工作方式
    TL0= (65536- n)% 256;               //计数器赋初值
    TH0= (65536- n)/256;
    //系统中其他软硬件初始化
    TR0=1;                              //启动定时器
    while(1)                            //while 死循环
    {   if(TF0==1)                      //检测计数值是否达到模值,也可以用 if(TF0)
        {   TF0=0;                      //中断请求标志位清 0
            TL0= (65536- n)% 256;       //重置计数初值
            TH0= (65536- n)/256;
            //计数满模值后的事务处理
        }
        //系统中其他事务处理
    }
}
```

（3）中断方式程序框架

采用中断方式编写计数满模值后的处理程序时要注意以下几点：

①T0 的中断类型号为 1，T1 的中断类型号为 3。定时中断服务函数要选用第 1～3 组工作寄存器组。

②除方式 2 外,需要在中断服务函数中对计数器重置计数初值。

③CPU 进入定时中断服务函数后,硬件电路会自动地将 TFi 清 0,在中断服务函数中不必用软件将 TFi 位清 0。

中断方式的流程图如图 4-6 所示。

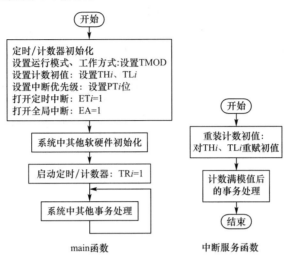

图 4-6　中断方式流程图

设计数器的计数次数为 n,定时/计数器 0 做定时器使用并且采用方式 1,中断方式的程序结构如下:

```
//全局变量定义
void tim0(void) interrupt 1 using 1          //中断服务函数
{                                            //局部变量定义
    TL0= (65536- n)% 256;                    //重置 T0 的计数初值
    TH0= (65536- n)/256;
    //计数满模值后的事务处理
}
void main(void)                              //main 函数
{                                            //局部变量定义
    TMOD= 0x01;                              //设置 T0 的运行模式、工作方式
    TL0= (65536- n)% 256;                    //T0 计数器赋初值
    TH0= (65536- n)/256;
    PT0=1;                                   //设置定时中断优先级
    ET0=1;                                   //打开定时中断
    EA=1;                                    //打开全局中断
    //系统中其他软硬件初始化
    TR0=1;                                   //启动定时器
    while(1)                                 //while 死循环
    { /* 系统中其他事务处理* / }

}
```

任务实施

1. 搭建硬件电路

任务 8 的硬件电路如图 4-7 所示。

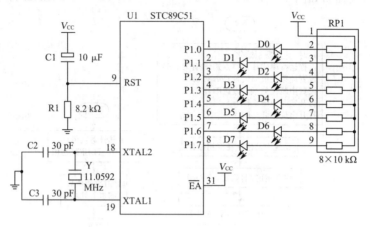

图 4-7　任务 8 硬件电路

在 MFSC-2 实验平台上用 8 芯扁平线将 J3 与 J9 相接就构成了上述电路。

2. 编写软件程序

(1)流程图

f_{osc} =11.0592 MHz 时,定时器定时的最长时间 t 为:

$$t = 方式 1 的模值 \times 机器周期 = 65\ 536 \times 12/f_{osc} = 71.1\ ms < 1\ s$$

显然,不可能用定时器直接实现 1 s 定时。解决问题的方法是:

让定时器定时一个较短的时间 T(例如 10 ms),此时间作为基准时间,用一个全局变量 timcnt 做软件计数器,对定时器的溢出次数(即定时中断服务函数执行的次数)进行计数。timcnt 的初值为 0,每次进入定时中断服务函数后将软件计数器 timcnt 的值加 1,表示时间又过了一个定时周期 T,然后对 timcnt 的值进行判断。若 timcnt ≥ t/T,表明定时时间已到达 t 时间。这时,将软件计数器 timcnt 的值清 0,然后做 t 时间到达的相应处理。若 timcnt < t/T,表示定时时间不足 t 时间,在程序中不做任何处理。这样,我们就可以用定时/计数器实现任何时长的定时。选定 T0 的定时时间为 5 ms,任务 8 的流程图如图 4-8 所示。

(2)程序代码

T0 做 5 ms 定时器使用时,计数次数 n 为:

$$n = t/MC = (t \times f_{osc})/12 = (5\ ms \times 11.0592\ MHz)/12 = 4\ 608$$

用全局变量 timcnt 做中断次数计数器,对 5 ms 定时器溢出次数进行计数。用全局变量 second 做秒计数器,则图 4-8 对应的程序代码如下:

```
//任务 8　制作简易秒表
#include <reg51.h>          //1 包含特殊功能寄存器定义头文件 reg51.h
#define portled P1          //2 宏定义:portled 代表 P1(P1 做 LED 端口)
#define uchar unsigned char //3 宏定义:uchar 代表 unsigned char
uchar data timcnt,second;   //4 在 data 区定义全局变量 timcnt、second
void display(uchar);        //5 display 函数说明
```

微课

制作简易秒表实践

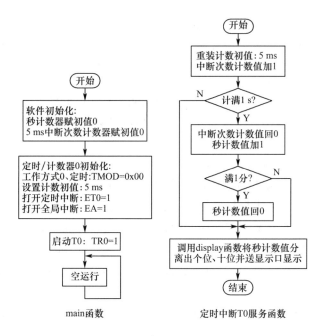

图 4-8 任务 8 流程图

```
void main(void)                    //6 main 函数
{   second= 0;                     //7 秒计数器赋初值 0
    timcnt= 0;                     //8 中断次数计数器赋初值 0
    TMOD= 0x00;                    //9 设置 T0 的模式、工作方式:定时,方式 0
    TL0= (8 192- 4608)% 32;        //10 设置计数初值(5 ms),初值的低 5 位装入 TL0 中
    TH0= (8 192- 4608)/32;         //11 计数初值的高 8 位装入 TH0 中
    ET0= 1;                        //12 打开定时中断
    EA= 1;                         //13 打开全局中断
    TR0= 1;                        //14 启动定时器 T0
    while(1)                       //15 while 死循环,语句 16 为循环体
    {   ;   }                      //16 空运行
}                                  //17 main 函数结束
//- - - - - - - - - - - - - 定时中断 T0 服务函数- - - - - - - - - -
void tim0() interrupt 1 using 1    //18 中断类型号为 1,使用第 1 组工作寄存器组
{   TL0= (8 192- 4608)% 32;        //19 重装计数初值,初值的低 5 位装入 TL0 中
    TH0= (8 192- 4608)/32;         //20 计数初值的高 8 位装入 TH0 中
    timcnt++ ;                     //21 中断次数(每次 5 ms)计数值加 1
    if(timcnt> = 200)              //22 计满 1 s 吗?
    {   timcnt= 0;                 //23 中断次数计数值回 0
        second++ ;                 //24 秒计数值加 1
        if(second> = 60) second= 0; //25 若满 1 分,秒计数值回 0
    }                              //26 计满 1 s 处理结束
    display(second);               //27 调用 display 函数显示秒数
}                                  //28 中断服务函数结束
```

```
//- - - - - - - - - - - - - - - - 显示函数- - - - - - - - - - - - - - - - - -
void display(uchar time)          //29 定义 display 函数:无返回值,形参为 uchar 型
{                                 //30 函数体开始
    portled=～(((time/10)<<4)|(time%10));
                                  //31 分离 time 的个位和十位并显示,见代码说明
}                                 //32 函数体结束
```

(3)代码说明

语句 4 的功能是定义全局变量 timcnt 和 second。timcnt 和 second 分别保存的是 5 ms 定时中断的次数和秒计数值,由于当前中断服务要使用前一次中断服务中的 timcnt 和 second 值,所以这 2 个变量必须定义成全局变量。一般情况下,若当前中断服务中要使用前次中断服务中的变量值,则应将该变量定义成全局变量或者静态的局部变量。

语句 5 的功能是对函数 display 进行说明。在 C51 程序中,如果函数的定义放在函数调用之后,则需要在程序的开头处对函数进行说明。本例中,语句 27 为调用 display 函数语句,语句 29～语句 32 为 display 函数的定义,所以需要在程序的开头处对 display 进行说明,否则源程序编译时会报错。如果将函数 display 的定义放在中断服务函数之前(函数 display 调用之前),则语句 5 可省去。

语句 9 的功能是设置定时/计数器的运行模式和工作方式。单片机复位时 TMOD 的值为 0,该语句可以省略。本例中加上此句的目的是,让读者明白定时/计数器初始化时需要设置 TMOD 的值。

语句 31 的功能是,从变量 time 中分离出十位数和个位数,然后将它们拼凑成 BCD 码,并送 LED 显示口显示。

BCD 码是单片机应用中常用的一种编码,它用 4 位二进制数表示 1 位十进制数,字节高 4 位存放十进制数的十位数,低 4 位存放十进制数的个位数。BCD 码的结构如图 4-9 所示。

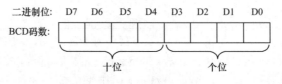

图 4-9   BCD 码结构

例如,用 BCD 码表示十进制数 87 时,字节高 4 位应该是 1000B,低 4 位就应该是 0111B。

语句 31 中,time/10 是取变量 time 的十位数(程序中 time<60),(time/10)<<4 是将十位数移至字节的高 4 位中,也可以用 time/10 * 16 来实现。time%10 是取变量 time 的个位数,((time/10)<<4)|(time%10))的功能是将个位数与十位数拼成一个字节的 BCD 码。硬件电路中,发光二极管采用低电平有效控制,显示的是二进制数的反码,所以必须将显示数据按位取反后再送 LED 显示口显示,这样才能实现数位为 1 时,对应的发光二极管被点亮。

❈ 应用总结与拓展

MCS-51 单片机片内集成有 2 个加 1 定时/计数器,可以做定时器使用,也可以做计数器使用。定时的实质是计数,它是对机器周期进行计数。定时/计数器有 4 种工作方式,在各种工作方式下,计数器的长度、计数方式不一定相同,在学习定时/计数器时要注意它们各自的特点。

定时/计数器由 TMOD、TCON 两个特殊功能寄存器管理,其中 TMOD 用来设置工作方式、运行模式以及运行控制方式(可采用 TRi 1 位控制运行,还可由 TRi 与 $\overline{INT i}$ 引脚组合控制)。TCON 用来标志计数是否发生了溢出以及控制计数器的运行。必须理解 TCON、TMOD 各位的含义。

定时/计数器的应用程序包括初始化程序和执行程序两部分。初始化程序放在 main 函数中,所要完成的工作是,设置 TMOD 的值、计数初值以及相关中断允许位的值等。执行程序完成的任务是,计数满模值时 CPU 所要完成的工作。执行程序可以放在定时中断服务函数中,也可以放在 main 函数中。放在 main 函数中时,通过查询中断请求标志位 TFi 是否为 1,来决定是否执行程序。采用查询方式编程时,要注意在执行程序中,要用软件将 TFi 位清 0。无论是采用中断方式,还是采用查询方式,除方式 2 外,都要注意重置计数初值的问题。

定时器的定时时长有限,延长定时时长的方法是,让定时器做基准时间定时,引入一个软件计数器,用软件计数器对定时器的溢出次数进行计数,然后判断溢出次数是否达到规定值,从而确定是否达到定时时间。

习　题

1. 标准的 MCS-51 单片机片内集成有_____个 16 位的可编程定时/计数器,它们有_____和_____2 种运行模式和_____种工作方式。

2. 与定时/计数器 T0 有关的外部引脚是 P3.2/$\overline{INT0}$、P3.4/T0。P3.2/$\overline{INT0}$引脚的功能是_____,P3.4/T0 引脚的功能是_____。

3. T1 的计数器是_____,它是_____计数器,每输入 1 个脉冲,计数器的值就会_____,计数值计满_____时,计数值回 0,硬件电路会自动地_____。

4. 当_____时,T1 的计数器对外部引脚_____输入的脉冲进行计数。此时,P3.5/T1 引脚_____作为普通 I/O 端口使用。

5. 当_____时,T0 的计数器对_____计数,T0 实现的是定时功能。此时,P3.4/T0 引脚_____作为普通 I/O 端口使用。

6. 将 TMOD 的_____位置 1,T1 用_____控制计数器的启动与停止,这种使用常用于_____场合。

7. 将 TMOD 的_____位清 0,T0 用_____控制计数器的启动与停止。当_____时,T0 的计数器正常计数,当_____时,T0 的计数器停止计数。

8. 单片机复位后,TMOD 的值为_____,T0 工作在_____模式,其计数器为_____位计数器,并且使用_____控制计数器的开启和停止。

9. TMOD 中的位_____位地址,在程序运行的过程中,一般用_____方法将 TMOD 中的位置 1 或者清 0。

10. T0 采用方式 1、定时模式,T1 采用方式 0、计数模式,设置 T0、T1 的运行模式、工作方式的语句是_____。

11. 单片机复位后,TCON 的值为_____,T0_____运行。

12. TCON 中的位_____位地址,启动定时/计数器 T0 的语句是_____。

13. 方式 0 的计数器是_____位计数器,当 TMOD 的_____位设置为_____时,T0 工作在方式 0 下,T0 的计数器由_____和_____组成,其模值为_____。

14. T1 工作在方式 0 下, T1 的计数器计满_____时, 其计数值_____, 硬件电路会_____, 用来指示计数值已计满。

15. 方式 1 的计数器是_____位计数器, 其模值是_____, 将 TMOD 的_____位设置为_____时, T1 工作在方式 1 下, T1 的计数器由_____和_____组成。

16. 方式 2 的计数器是_____位计数器, 其模值是_____。 T1 工作在方式 2 下时, TL1 的功能是_____, TH1 的功能是_____, 在给 T1 的计数器装入计数初值时要注意_____。

17. 方式 3 的计数器的模值为_____, 将 T1 设置成方式 3, T1 处于_____状态。

18. T0 工作在方式 3 时, 对于用 TL0 做计数器的定时/计数器, 其中断请求标志位是_____, 中断类型号是_____, 可做_____使用, 也可以做_____使用, 一般用_____控制计数器的启动和停止。

19. 在_____条件下, T0 才能设置成方式 3。 T0 工作在方式 3 下时, 用 TH0 做计数器的定时/计数器只能做_____使用, 用_____控制计数器的启动和停止, 它的中断请求标志位是_____, 中断类型号是_____。

20. T0 工作在方式 3 时, 单独停止 T1 的计数器的语句是_____。

21. 单片机的 f_{osc} =12 MHz, T0 做 5 ms 定时器使用, T0 的计数次数为_____, 可以采用的工作方式是_____。

22. 单片机的 f_{osc} =6 MHz, T0 工作在方式 0 下做 10 ms 定时器使用, 给 T0 装入计数初值的语句是_____, 若 T0 工作在方式 1 下, 给 T0 装入计数初值的语句是_____。

23. T1 的计数次数为 25, 工作在方式 2 下, 给 T1 装入计数初值的语句是_____。

24. T0 的中断请求标志位是_____, 其清 0 的条件是_____, 置 1 的条件是_____, 中断类型号是_____。 T1 的中断请求标志位是_____, 其清 0 的条件是_____, 置 1 的条件是_____, 中断类型号是_____。

25. STC89C51 单片机的 f_{osc} =6 MHz, 若要求定时时长为 0.1 ms, T0 工作在方式 0、方式 1、方式 2 和方式 3 时, 定时器的计数次数为多少? 若 T0 为高优先级中断, 请编写对应的初始化程序。

26. 设单片机的 f_{osc} =6 MHz, 定时/计数器 T1 工作在方式 0 时, 做 5 ms 定时器使用, 若 T1 为低优先级中断, 请编写其初始化程序。

27. 采用查询方式编写 T0 的计数满模值后的处理程序时, 查询的是_____位, 在查询处理中, 要注意将_____位清 0, 以防止同一次计数满模值事件被多次处理。 如果计数器的工作方式不是方式 2, 还要在处理程序中对计数器_____。

28. STC89C51 单片机的 f_{osc} =6 MHz, 请利用 T0、采用中断方式编程, 使 P1.0 口线输出周期为 2 ms 的高低电平持续时间相等的方波。

29. STC89C51 单片机的 f_{osc} =12 MHz, 请利用 T1、采用中断方式编程, 使 P1.7 口线输出矩形波。 矩形波的高电平宽为 100 μs, 低电平宽 300 μs, 请用万用电表测量 P1.7 引脚的电压, 验证其电压是否为 V_{cc} ×100/(100+300)。

30. 简述用定时/计数器做长时间定时的方法。

31. 单片机的 f_{osc} =12 MHz, 现需要 T0 做 1 s 的定时器使用, 每隔 1 秒钟将全局变量 count 的值加 1。 如果 T0 工作在方式 0 下, 请采用中断方式实现上述功能(T0 中断为低优先级中断)。

32. 在中断服务函数中,如果当前中断服务中要使用前次中断服务中的变量值,应将该变量定义成_____。

33. 如果函数的定义放在函数调用之后,则需要_____。

34. val 是 unsigned char 型变量,val 中的数小于 100,请按下列要求编写程序:

(1)取 val 的个位数并存入 val 中。

(2)取 val 的十位数并存入 val 中。

(3)将 val 中的数转换成 BCD 码数并存入 val 中。

扩展实践

STC89C51 单片机的 $f_{osc} = 12\,\text{MHz}$,T0 做定时器使用,定时时长为 0.1 ms,要求用 P1.0 口线输出周期为 10 ms,脉冲宽度按以下规律变化的脉冲信号:

第 1 个脉冲周期,P1.0 引脚高电平持续时间为 1×0.1 ms。

第 2 个脉冲周期,P1.0 引脚高电平持续时间为 2×0.1 ms。

第 i 个脉冲周期,P1.0 引脚高电平持续时间为 $i\times0.1$ ms($i\leqslant100$)。

请用示波器观察 P1.0 引脚波形的特点。

任务 9　制作简易频率计

任务要求

单片机系统的振荡频率 $f_{osc} = 11.0592\,\text{MHz}$,定时/计数器 T1 做计数器使用,对 P3.5/T1 引脚输入的频率小于 100 Hz 的脉冲进行计数。单片机的 P1 口外接 8 只发光二极管显示电路,以 BCD 码形式显示 P3.5/T1 引脚输入脉冲的频率。其中,P1.7～P1.4 所接的 4 只发光二极管显示脉冲数的十位,P1.3～P1.0 所接的 4 只发光二极管显示脉冲数的个位。

相关知识

任务 9 涉及的知识主要有定时/计数器做计数器使用、频率的测量方法等。

1. 定时/计数器做计数器使用

将 TMOD.6 位置 1,定时/计数器 T1 做计数器使用,对 P3.5/T1 引脚上的输入脉冲计数;将 TMOD.2 位置 1,定时/计数器 T0 做计数器使用,对 P3.4/T0 引脚上的输入脉冲计数。定时/计数器做计数器使用时,除了计数脉冲的来源不同外,其工作方式和使用方法与定时/计数器做定时器使用时相同,但在使用中还有几个必须注意的问题。

(1)计数器对输入脉冲的要求

定时/计数器工作在计数模式时,单片机至少需要 2 个机器周期才能识别一次外部输入信号。若前一个机器周期内采样值为 1,当前机器周期内采样值为 0,则计数值加 1,否则计数值保持不变。做计数器使用时,要求输入信号的频率不高于 $f_{osc}/24$,并且要求脉冲信号的高、低电平的持续时间不少于一个机器周期。对于 12 MHz 的单片机系统而言,系统只能对不高于 0.5 MHz 的外部输入脉冲进行计数。

(2)计数值的读取

MCS-51 单片机是 8 位的单片机,不能在同一时刻同时读 THi 和 TLi 中的计数值。读取计数值要分 2 种情况使用不同方法来读取。

①定时/计数器处于停止状态时，直接读取 THi 和 TLi 中的值，所读值为当前计数值。

②定时/计数器处于运行状态时，直接读取 THi 和 TLi 中的值，所读值与当前计数值不一定相同，有可能出现读第一个字节时尚未产生低字节向高字节进位，而读第二个字节时却已经产生了低字节向高字节进位的情况，在这种情况下，读数就会出错。

读数的正确方法是，先读 THi，再读 TLi，再读 THi。若前后两次读得的 THi 值相等，则读数过程中没发生进位，读数正确。否则重新读取计数值，则第二次所读数据正确（因为前后两次发生进位时至少需要 256 个机器周期，此时间远大于重新读取计数值的时间）。将 TH0 和 TL0 中的内容读到变量 CountH 和 CountL 的程序如下：

```
CountH=TH0;              //读 TH0
CountL=TL0;              //读 TL0
if(CountH!=TH0)          //判断读数期间是否发生过进位
{   CountH=TH0;          //产生了进位，则重新读数
    CountL=TL0;
}
```

2. 测量频率的方法

设 n 个脉冲的时间为 t，则脉冲的频率 $f = n/t$。因此，测量脉冲的频率有 2 种方法：一是测量固定脉冲数的时间，二是测量固定时间的脉冲数。

（1）测量固定脉冲数的时间

其方法是，用一个定时/计数器做定时器，定时器选用低级中断。用另一个定时/计数器做计数器对外部脉冲计数，计数器选用高级中断，计数器计满 n 个脉冲产生中断，在中断服务程序中读取这 n 个脉冲的对应时间 t，则输入脉冲的频率 $f = n/t$。这种方法常用于测量低频脉冲的频率。

（2）测量固定时间的脉冲数

其方法是，用一个定时/计数器做计数器对外部脉冲计数，计数器的初值一般设为 0，工作方式选用方式 1。用另一个定时/计数器做定时器，在定时中断服务函数中当时间满 t（t 一般取 0.1 ms、1 ms、10 ms、10 ms 或者 1 s）后读取计数器中所计入的脉冲个数 n，则输入脉冲的频率 $f = n/t$。这种方法常用于测量高频脉冲的频率。

任务实施

1. 搭建硬件电路

任务 9 的硬件电路如图 4-10 所示。

在 MFSC-2 实验平台上用 8 芯扁平线将 J3 与 J9 相接就构成了上述电路。

2. 编写软件程序

（1）流程图

在任务 9 中，我们采用测量 1 s 时间内输入脉冲数的方法测量脉冲的频率，其流程图如图 4-11 所示。

（2）程序代码

单片机系统的 $f_{osc} = 11.0592$ MHz，T0 的定时时长为 10 ms，T0 的计数次数 n 为：

$$n = (t \times f_{osc})/12 = (10 \text{ ms} \times 11.0592 \text{ MHz})/12 = 9\ 216$$

微课

制作简易频率计实践

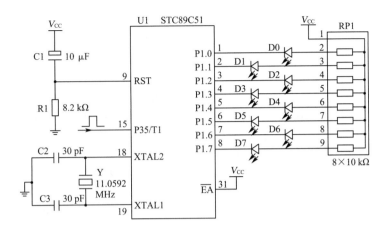

图 4-10　任务 9 硬件电路

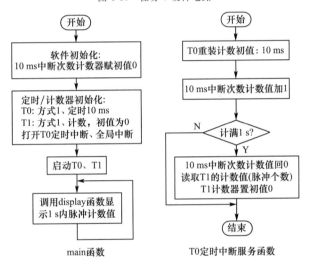

图 4-11　任务 9 流程图

图 4-11 对应的程序代码如下：

```
//任务 9  制作简易频率计
#include <reg51.h>                /*1 将 51 单片机特殊功能寄存器定义头文件 reg51.h 包
                                     含进来*/

#define uchar unsigned char       //2 宏定义:uchar 代表 unsigned char
#define ledport P1                //3 宏定义:ledport 代表 P1(P1 口为 LED 控制端口)
uchar TimCnt,PlusCnt;             //4 定义全局变量 TimCnt,PlusCnt
void display(uchar);              //5 display 函数说明
void main(void)                   //6 main 函数
{   TimCnt=0;                     //7 软件初始化:10 ms 中断次数计数器赋初值 0
    PlusCnt=0;                    //8 软件初始化:脉冲个数为 0
    TMOD=0x51;                    //9 T0:定时、方式 1,T1:计数、方式 1
    TH0=(65536-9216)/256;         //10 T0 计数器赋初值:10 ms
    TL0=(65536-9216)%256;         //11
    TL1=0;                        //12 T1 计数器赋初值 0
    TH1=0;                        //13
```

```
        ET0=1;                          //14 打开 T0 中断
        EA=1;                           //15 打开全局中断
        TR0=1;                          //16 启动定时/计数器 T0
        TR1=1;                          //17 启动定时/计数器 T1
        while(1)                        //18 while 死循环,循环体为语句 19
        {   display(PlusCnt); }         //19 调用 display 函数显示计数值
    }                                   //20 main 函数结束
void time0(void) interrupt 1 using 1    //21 T0 中断服务函数,中断类型号为 1
{   TL0=(65536-9216)%256;               //22 T0 重置计数初值:10 ms
    TH0=(65536-9216)/256;               //23
    TimCnt++;                           //24 10 ms 中断次数计数值加 1
    if(TimCnt>99)                       //25 计满 1 s 吗?
    {   TimCnt=0;                       //26 满 1 s 则 10 ms 中断次数计数值清 0
        PlusCnt=TL1;                    //27 读 T1 计数值。见代码说明
        TL1=0;                          //28 T1 计数值清 0
        TH1=0;                          //29
    }                                   //30 计满 1 s 处理结束
}                                       //31 T0 中断服务函数结束
//显示子程序
void display(uchar m)                   //32 display 函数定义
{ ledport=~(((m/10)<<4)|(m%10)); }      //33 分离 m 的个位和十位并拼成 BCD 码显示
```

【代码说明】

①单片机复位后,TL1、TH1 的值为 0,语句 12、语句 13 可以省略。

②语句 27 的功能是,读取 T1 计数器的计数值,由于本任务中的脉冲频率小于 100 Hz,1 s 内计数值小于 100,只需读取 TL1,不必读取 TH1。

③本例中 TH1 的值无用,语句 29 可以省去,这里加上语句 29 的目的是让读者明白读完计数值后要将计数值清 0,让计数值从 0 开始重新计数。

应用总结与拓展

1.共用体类型

共用体是一种构造类型数据,它与结构体有些类似,可以包含多个不同类型的变量,但这些变量都是从同一地址开始存放的,不同的变量共用同一个内存空间。

(1)共用体变量的定义

共用体变量的定义与结构体变量非常相似,它们的差别仅仅是所用的关键字不同。共用体变量的定义也有 3 种方式。

①先定义共用体类型,再定义共用体变量

定义格式如下:

```
union 共用体类型名
{成员表列};
```

共用体变量定义格式如下:

```
union 共用体类型名 变量名 1,变量名 2,…,变量名 n;
```

②在定义共用体类型的同时定义共用体变量

定义格式如下：

```
union 共用体类型名
{成员表列}变量名 1,变量名 2,…,变量名 n;
```

③直接定义共用体变量

定义格式如下：

```
union
{成员表列}变量名 1,变量名 2,…,变量名 n;
```

例如：

```
union wordbyte              //定义共用体类型,wordbyte 是共用体类型名
{
    unsigned int word;      //成员 1:名字为 word,类型为 unsigned int
    unsigned char byte;     //成员 2:名字为 byte,类型为 unsigned char
};
union wordbyte x;          //定义共用体变量 x
```

共用体变量的定义与结构体变量的定义虽然非常相似,但这 2 种变量存在本质上的差别。共用体变量中的各成员共用同一段内存空间,它们的起始地址相同,共用体变量的长度是其中最长成员的长度。结构体变量中的每一个成员都有独立的内存空间,结构体变量的长度是各成员的长度之和。

(2)共用体变量的引用

与结构体变量一样,程序中只能对共用体变量中的最低级成员进行引用。引用共用体变量成员的格式如下：

```
共用体变量名.成员名
```

例如,对前面定义的共用体变量 x 中的各成员的引用可以采用下列方式：

```
x.word                     //共用体变量 x 的 word 成员
x.byte                     //共用体变量 x 的 byte 成员
```

成员 x.word 和 x.byte 的长度不同,但起始地址相同。由于整型数据在内存中存放时,高字节存放在低地址处,所以访问 x.byte 实际上是访问 x.word 的高字节。在 C51 程序设计中常用共用体变量获取一个整型数据的高、低字节的内容。

(3)共用体类型数据的特点

①共用体变量虽然有多个成员,但这些成员共用同一地址空间,如果更改了某一个成员的值,其他成员就不起作用了(值有可能发生了变化)。例如,对前面定义的 x 变量的成员赋值：

```
x.word= 0x1234;            //赋值后,x.word= 0x1234;x.byte= 0x12
x.byte= 0x56;              //赋值后,x.word= 0x5634;x.byte= 0x56
```

②共用体变量的地址和它的各成员的地址相同。

③不能对共用体变量名赋值,也不能企图引用变量名来得到一个值,不能在定义共用体变量时对它初始化。

④共用体变量不能作为函数的参数,也不能作为函数的返回值,但共用体变量的成员可以作为函数的返回值。

⑤共用体变量的成员可以是数组,也可以是一个结构体变量。

【例 4.3】 若定时/计数器 T0 做计数器使用,采用方式 1,试用共用体将 T0 的计数值存放在无符号整型变量中。

程序代码如下:

```
unsigned int rdval(void)
{   union
    {   unsigned int word;
        unsigned char byte[2];
    }cval;
    cval.byte[0]=TH0;
    cval.byte[1]=TL0;
    return cval.word;
}
```

【代码说明】

整型数据在内存中存放的格式是,高字节存放在低地址处,低字节存放在高地址处。数组中各元素在内存中是连续存放的,且下标小的元素存放在低地址处。因此,cval. byte[0]就是 cval. word 的高字节,cval. byte[1]就是 cval. word 的低字节。

【例 4.4】 利用共用体变量将一个长整型数据 addat 的中间 2 个字节取出来存放到一个整型变量 adval 中。

分析:整型、长整型数据在内存中的存放格式是,高字节存放在低地址处,而低字节存放在高地址处。共用体变量中,各成员的起始地址相同。结构体变量中各成员是按其先后顺序从低地址处连续存放的。根据这些数据在内存存放的特点,如果我们做如下定义:

```
union                         //定义共用体变量 convert
{   unsigned long addat;      //第一个元素为长整型变量 addat
    struct                    //第二个元素为结构体变量 adval
    {   unsigned char byte;   //adval 的第一个元素为无符号字符型,占 1 个字节
        unsigned int word;    //adval 的第二个元素为无符号整型,占 2 个字节
    }adval;
}convert;
```

则 convert. adval. byte、convert. adval. word 与长整型数据 convert. addat 的高 3 个字节对齐,其中 convert. adval. word 对应它的中间 2 个字节。因此,只需把长整型数据存放至 convert. addat 中,然后读取 convert. adval. word 的值,就可以实现程序要求。

程序代码如下:

```
void main(void)
{   unsigned long addat=0x12345678;   //待截取的数
    unsigned int adval;               //存放截取的结果
    union                             //定义共用体变量 convert
    {   unsigned long addat;          //第一个元素为长整型变量 addat
        struct                        //第二个元素为结构体变量 adval
        {   unsigned char byte;       //adval 的第一个元素为无符号字符型,占 1 个字节
            unsigned int word;        //adval 的第二个元素为无符号整型,占 2 个字节
        }adval;
    }convert;
```

```
        convert.addat=addat;            /* 待截取的数存放到共用体变量 convert 的
                                           addat 元素中 */
        adval=convert.adval.word;       //取中间 2 个字节
    }
```

程序运行的结果如图 4-12 所示。

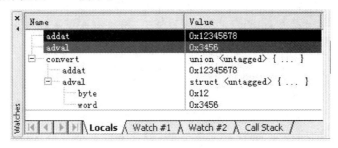

图 4-12　程序运行结果

在数据采集与处理中,经常运用共用体的特点对采集数据进行分离处理。例如,A/D 转换芯片 AD7798、CS1180 都是带有可编程放大的 24 位 A/D 转换器,在实际应用中,一般是取其高 16 位 A/D 转换值,从 24 位到 16 位的 A/D 值的转换就可以采用上述处理方法进行处理。

2. 枚举类型

所谓枚举,就是将变量的值一一列举出来,变量的值只限于所列举值的范围。如果一个变量只有几种可能值,就可以把它定义成枚举类型。枚举变量有以下 2 种定义方式:

①先定义枚举类型,再定义枚举变量

枚举类型的定义格式如下:

enum 枚举类型名 {元素 1, 元素 2, …, 元素 n};

其中,"enum"为关键字,用来说明后面的名字是枚举类型。

"枚举类型名"是所定义的枚举类型的名字,用于定义后续的枚举变量。

大括号中的各元素是枚举类型变量的可能取值,一般用字符表示。

例如,每周的天数只有星期日~星期六这 7 种取值,分别表示为 sun、mon、tue、wed、thu、fri、sat,每周的天数就可以定义成一个枚举类型:

enum weekday {sun,mon,tue,wed,thu,fri,sat};

枚举变量的定义格式如下:

enum 枚举类型名 变量名 1,变量名 2,…,变量名 n;

例如:

enum weekday dat1,dat2;   //定义 enum weekday 型的枚举变量 dat1、dat2

这样定义后,变量 dat1 和 dat2 是 enum weekday 型的枚举变量,它们的取值范围是 sun~sat。

②在定义枚举类型的同时定义枚举变量

定义格式如下:

enum 枚举类型名 {枚举值 1,枚举值 2,…, 枚举值 n}变量名表列;

例如:

enum weekday {sun,mon,tue,wed,thu,fri,sat}dat1,dat2;

【说明】

• 枚举值虽然是用符号表示的,但它是有值的,其值为一个整数,是一个枚举常量。如果不另外指定枚举元素的值,编译后各元素的值是元素在大括号中出现的顺序号。例如:

```
enum color {red,green,blue,black,white};
```

这样定义后,red 的值为 0,green 的值为 1,blue 的值为 2,black 的值为 3,white 的值为 4。

• 枚举元素的值不能在程序运行的过程中指定,但可以在定义枚举类型时另外指定。如果指定了某个枚举元素的值,则其后的各元素值会在指定值的基础上依次递增 1。指定枚举元素值的方法是,在定义枚举类型时在大括号中对元素赋值。例如:

```
enum color {red,green=3,blue,black=7,white};
```

这样定义后,red＝0,green＝3,blue＝4,black＝7,white＝8。

• 在程序中只能将枚举元素赋给枚举变量,如果要将一个整数赋给枚举变量,则需要进行强制转换后再赋值。例如:

```
dat1=wed;              //枚举元素 wed 赋给枚举变量 dat1
dat2=(enum weekday)2;  //整数 2 强制转换成 enum weekday 型后再赋给 dat2
```

枚举值可以用来比较判断,其比较的规则是,按其定义的顺序号进行比较。例如:

```
if(dat1==mon) ……
if(dat1> wed) ……
```

习 题

1. 将 TMOD 的_____位置 1,T0 做计数器使用,T0 对_____引脚输入的脉冲进行计数。

2. 将 TMOD 的_____位置 1,T1 做计数器使用,T1 对_____引脚输入的脉冲进行计数。

3. T1 工作在方式 0 下,做计数器使用,每计满 100 个脉冲就产生一次计数中断。如果 T1 采用高优先级中断,请写出 T1 的初始化程序。

4. 定时/计数器做计数器使用时,单片机至少需要_____个机器周期才能识别一个外部输入脉冲。

5. 用定时/计数器对外部输入脉冲计数时,要求输入信号的频率_____,并且要求输入脉冲_____。若单片机的 $f_{osc}=6\text{ MHz}$,单片机只能对 f_____的外部脉冲进行计数。

6. T0 的计数器处于运行中,请说明读取 T0 计数值的方法。

7. 设定时/计数器 T1 工作在方式 0 下,处于运行状态,请编写程序,将 T1 的计数值保存到无符号整型变量 count 中。

8. 减少定时中断响应所带来的计数误差的方法是_____。

9. 简述采用测量固定脉冲数的时间测量脉冲频率的方法。

10. 简述采用测量固定时间内脉冲数测量脉冲频率的方法。

11. 共用体变量中,各成员的_____相同。

12. 用 3 种形式定义共用体变量 x,x 有 2 个成员,第一个成员是无符号整型,第二个成员是无符号字符型。

13. 若有以下定义：

```
union
{   unsigned long x;
    unsigned int y;
    struct
    {   unsigned char a;
        unsigned int b;
    }z;
}dat;
```

请完成下列各题：

(1) 给变量 dat 的 x 成员赋值 0x12345678。

(2) 给 a 成员赋值 0x47。

(3) 两次赋值后，x 成员、y 成员、a 成员、b 成员的值各是多少？

14. 用共用体变量将 4 个无符号字符型变量 w、x、y、z 中的数拼成一个长整型数，并保存到无符号长整型变量 a 中，假定 w 是长整型数的最高字节，z 是最低字节。

15. 定义枚举型变量 day，它的取值范围如下：

```
sun=7,mon=1,tue=2,wed=3,thu=4,fri=5,sat=6
```

16. 若有下列定义：

```
enum color {red,greed=4,blue,white=7} a;
```

red 的值为＿＿＿＿＿＿＿，blue 的值为＿＿＿＿＿＿＿。

✿ 扩展实践

测量从 P3.4 引脚输入脉冲频率可以采用以下方法：T1 做计数器使用，定时时长为 10 ms，T0 做计数器使用，对外部输入脉冲进行计数，每计满 10 个脉冲后读取这 10 个脉冲对应的时间 t，然后求单位时间内的脉冲个数 $(10/t)$。要求用中断方法实现上述方法，请编制软件程序。在实践中改变输入脉冲的频率，当脉冲频率小于 100 Hz 时观察其显示效果，当脉冲频率大于 100 Hz(例如 200 Hz)时再观察其显示效果，并分析出现显示效果的原因。

项目5　　显示与键盘扩展实践

任务 10　制作用数码管显示的秒表

单片机系统的振荡频率 f_{osc} =11.0592 MHz,定时/计数器 T1 工作在方式 1 下,做定时器使用。P1 口、P2 口外接 2 个共阴极数码管显示电路,P1 口做数码管显示电路的段选口,P2 口做位选口。上电时系统从 0 秒开始计时,2 个数码管分别显示计时时间的秒个位和秒十位。

相关知识

任务 10 涉及的新知识主要有 C51 中的 switch 分支结构、数码管的结构及其显示原理、数码管的静态显示、数码管的动态扫描显示等。

1. switch/case 分支结构

在 C51 中,switch/case 分支结构的一般形式如下:

```
switch(表达式)
{   case 值 1:
        { 语句块 1; } break;
    case 值 2:
        { 语句块 2; } break;
    ......
    case 值 n:
        { 语句块 n; } break;
    default:
        { 语句块 n+1; }
}
```

对应的流程图如图 5-1 所示。

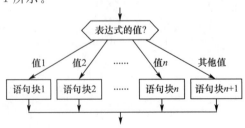

图 5-1　switch 分支结构流程图

switch 分支结构的执行过程如下:

①求解表达式的当前值。

②与各 case 后的值相比较,如果相等,就执行该 case 后面的语句块,遇到 break 语句后退出 switch 分支结构。如果表达式的当前值与各 case 后的值都不相等,则执行 default 后面的语句块,然后退出 switch 分支结构。

【说明】:

- switch 后面的表达式可以是整型或字符型表达式,也可以是枚举型数据。
- "值 i"可以是一个整型常数,也可是一个整型的常数表达式,但各个 case 后面的值必须不同,并且不能是整型变量表达式,也不能是浮点数。
- 各个 case 分支和 default 分支出现的先后次序对程序执行的结果无影响。
- break 语句的作用是,使程序跳出 switch 分支结构。如果某个 case 分支后面的语句中省去了语句"break;",则程序在执行这个 case 分支后面的语句后继续执行下一个 case 分支后面的语句。

2. 数码管的结构及其显示原理

数码管具有显示亮度高、响应速度快的特点,是单片机应用系统中常用的显示器件之一。常用的数码管为七段式数码管,它由 7 只条形发光二极管和 1 只圆点形发光二极管组成。七段式数码管的实物如图 5-2 所示,其引脚排列如图 5-3 所示。

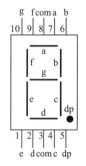

图 5-2 数码管实物图   图 5-3 数码管引脚分布图

在引脚分布图中,com 脚为 8 个发光二极管的公共引脚,a~g 以及 dp 脚为 7 只条形发光二极管和圆点形发光二极管的另一端引脚。按照公共端的形成方式,数码管分共阳极数码管和共阴极数码管 2 种,它们的内部结构分别如图 5-4、图 5-5 所示。

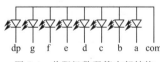
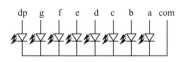

图 5-4 共阳极数码管内部结构   图 5-5 共阴极数码管内部结构

共阳极数码管中,从各发光二极管的阴极引出,分别为数码管的 a~dp 脚,发光二极管的阳极接在一起,由 com 引脚引出。

共阴极数码管中,从各发光二极管的阳极引出,分别为数码管的 a~dp 脚,发光二极管的阴极接在一起,由 com 引脚引出。

在数码管中,a~dp 引脚输入的信号控制着该位数码管中各笔段的显示,这 8 个引脚也叫作数码管的笔段选择引脚,简称为段选脚,与这 8 个引脚相接的控制端口叫段选口。com 引脚的输入信号控制着该位数码管是否被点亮,该引脚也叫作位选脚,与数码管 com 引脚相接的控制端口叫位选口。

共阳极数码管显示字符时,公共引脚 com 接高电平,显示字符的笔型码为共阴极管的显示笔型码的反码。

共阴极数码管的公共端接地,其他各端输入不同的电平,数码管就显示不同的字符。例如,b、c 端输入高电平 1,笔段 b、c 就亮,数码管就显示字符"1"。共阴极数码管的显示笔型码见表 5-1。

表 5-1　　　　　　　　　　共阴极数码管显示笔型码

字符	dp	g	f	e	d	c	b	a	十六进制代码
0	0	0	1	1	1	1	1	1	0x3f
1	0	0	0	0	0	1	1	0	0x06
2	0	1	0	1	1	0	1	1	0x5b
3	0	1	0	0	1	1	1	1	0x4f
4	0	1	1	0	0	1	1	0	0x66
5	0	1	1	0	1	1	0	1	0x6d
6	0	1	1	1	1	1	0	1	0x7d
7	0	0	0	0	0	1	1	1	0x07
8	0	1	1	1	1	1	1	1	0x7f
9	0	1	1	0	1	1	1	1	0x6f
A	0	1	1	1	0	1	1	1	0x77
B	0	1	1	1	1	1	0	0	0x7c
C	0	1	0	1	1	0	0	0	0x58
D	0	1	0	1	1	1	1	0	0x5e
E	0	1	1	1	1	0	0	1	0x79
F	0	1	1	1	0	0	0	1	0x71

3. 数码管的静态显示

用 P1、P2 口控制两位共阴极数码管的显示接口电路如图 5-6 所示。

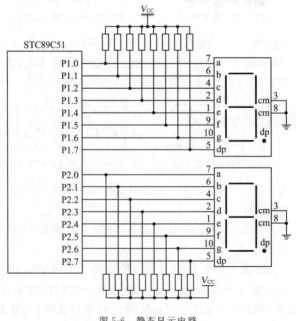

图 5-6　静态显示电路

由图 5-6 可以看出,静态显示电路的连接方法是,每位数码管用一个带有输出锁存功能的 8 位输出口控制,数码管的 a～dp 这 8 个段选脚分别与 8 位输出口的各口线相接,数码管的位选脚 com 接地或者接＋5 V 电源。其中,共阴极数码管的位选脚接地,共阳极数码管的位选脚接正电源。这种电路的特点是,单片机一次输出显示后,显示就能保持下来,直到下次送新的显示数据为止。优点是占用机时少,显示可靠,缺点是每位数码管需用一个并行输出口控制,硬件成本高。

静态显示程序编写的方法是,用无符号字符型数组建立一个字符显示的笔型码表,进行字符显示时查表获取待显示字符的笔型码,然后送数码管显示控制口显示。

建立笔型码表时,一般是数组的第 0 个元素存放 0 的笔型码,第 1 个元素存放 1 的笔型码,……,第 9 个元素存放 9 的笔型码,其他字符的笔型码存放在第 9 个元素之后。这样安排后,数字字符的笔型码在表中的位置与数字一致,可以方便编程。共阴极数码管的字符笔型码表定义如下:

```
unsigned char code ledcode[]={0x3f,0x06,0x5b,0x4f,0x66,0x6d,0x7d,0x07,0x7f,
0x6f};
```

用图 5-6 电路显示无符号字符型变量 i 中的数据(i<100)的程序如下:

```
void display(unsigned char i)
{   P1=ledcode[i%10];                //显示个位数
    P2=ledcode[i/10];                //显示十位数
}
```

4. 数码管的动态扫描显示

(1)接口电路

由 P1、P2 口控制的 2 位数码管动态显示的接口电路如图 5-7 所示,图中 Q1、Q2 起驱动作用。

微 课

数码管的
动态扫描显示

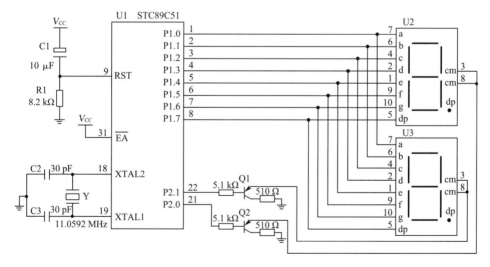

图 5-7　动态扫描显示电路

由图 5-7 可以看出,动态扫描显示电路的连接方法是,每位数码管的段选脚(a～dp 脚)并接在一起,然后与一个带有输出锁存功能的 8 位输出口相接,各位数码管的位选脚(com 脚)接至其他带有锁存功能的输出口上,这种电路使用硬件少,成本低,但占用机时多。

　　在图 5-7 所示电路中,当 P2.0＝1 时,Q2 截止,数码管 U2 熄灭,P2.0＝0 时,Q2 饱和导通,数码管 U2 的公共引脚 com 接地,因此数码管只能是共阴极数码管。

　　(2)显示程序

　　扫描显示的原理是,单片机分时地对各数码管进行扫描输出,t_0 时间只点亮 0 号数码管,并进行显示输出,t_1 时间只点亮 1 号数码管,并进行显示输出,…,t_i 时间只点亮 i 号数码管,并进行显示输出,当所有数码管点亮显示完毕后,则再从第 0 号数码管开始依次点亮各数码管并进行显示输出。对于第 i 号数码管而言,只有 t_i 时间是点亮显示的,其他时间都是熄灭的,也就是说,数码管是闪烁显示的。由于人眼存在视觉暂留特性,只要闪烁足够快,人眼就感觉不到数码管闪烁了,看到的是各位数码在"同时"显示。

　　按照动态扫描显示的原理,图 5-7 所示电路中显示数值 12(U2 显示 1,U3 显示 2)的程序如下:

```c
#include <reg51.h>
#define PortS P1
#define PortB P2
#define uchar unsigned char
sbit PTen= P2∧0;                    //十位位选脚
sbit PSin= P2∧1;                    //个位位选脚
uchar code ledcode[]={0x3f,0x06,0x5b,0x4f,0x66,0x6d,0x7d,0x07,0x7f,0x6f};
                                    //字符笔型码表
void display(uchar td,uchar sd);    //函数说明
void delay(void);


void main(void)
{
    uchar dtd,dsd;                  //定义变量,dtd:十位数,dsd:个位数
    dtd= 1;                         //十位数赋初值:1
    dsd= 2;                         //个位数赋初值:2
    while(1)
    {
        display(dtd,dsd);           //调用显示函数进行数据显示
    }
}
/* * * * * * * * * * * * * * * * * * * * * * * * * * * * * * * * * * * *
函数 display(uchar td,uchar sd)
功能:显示 2 位数
参数:
td:十位数
sd:个位数
返回值:无
    * * * * * * * * * * * * * * * * * * * * * * * * * * * * * * * * * * * /
void display(uchar td,uchar sd)
{
    PortB= 0xff;                    //熄灭所有数码管
```

```
        PortS= ledcode[td];              //段选口输出十位数的笔型码
        PTen= 0;                          //点亮十位数码管
        delay();                          //延时


        PortB= 0xff;                      //熄灭所有数码管
        PortS= ledcode[sd];              //段选口输出个位数的笔型码
        PSin= 0;                          //点亮个位数码管
        delay();                          //延时
}
/* * * * * * * * * * * * * * * * * * * * * * * * * * * * * * * * * * * * *
函数 delay()
功能:延时
参数:无
返回值:无
* * * * * * * * * * * * * * * * * * * * * * * * * * * * * * * * * * * * * /
void delay(void)
{    unsigned int i;
     for(i= 0;i< 1000;i+ + );
}
```

在实际应用中,有时需要把数码管扫描显示处理放在定时中断服务函数中,利用定时中断实现数码管扫描延时,这样可以减轻 CPU 的负担。此时需要对显示函数 display()进行适当改造,其思路是,每次调用 display()函数时只点亮 1 位数码管显示,其中,第 i 次($i=1,2,\cdots$)调用 display()函数时只点亮第 $i-1$ 号数码管,通过多次调用 display()函数来实现对所有数码管的点亮显示。实现上述思路的方法如下:

①用变量 WCnt 做显示位置计数器,用来保存当前所要点亮数码管的编号,其初值为 0,即单片机上电后所要点亮显示的数码管是 0 号数码管。变量 WCnt 可以是全局变量,也可以是静态的局部变量。

②进行扫描显示时,先熄灭所有数码管,然后根据变量 WCnt 的值决定当前对哪 1 位数码管进行显示控制。若 WCnt$=i$($i=0,1,\cdots$),则段选口输出第 i 号数码管的显示笔型码,再点亮第 i 号数码管。

以 2 位数码管扫描显示为例,数码管扫描显示的流程图如图 5-8 所示。

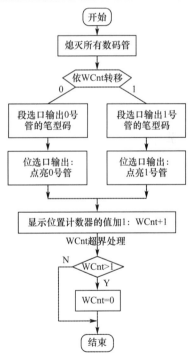

图 5-8 动态扫描显示流程图

若用定时器实现数码管扫描延时,图 5-7 所示电路中显示数值 12(U2 显示 1,U3 显示 2)的程序如下:

```
#include < reg51.h>
#define PortS P1
#define PortB P2
```

```c
#define uchar unsigned char
sbit PTen=P2∧0;                           //十位位选脚
sbit PSin=P2∧1;                           //个位位选脚
uchar code ledcode[]={0x3f,0x06,0x5b,0x4f,0x66,0x6d,0x7d,0x07,0x7f,0x6f};
                                          //字符笔型码表
uchar dtd,dsd;                            //定义变量,dtd:十位数,dsd:个位数
void display(uchar td,uchar sd);          //函数说明
void InitT0(void);
void main(void)
{
    dtd=1;                                //十位数赋初值:1
    dsd=2;                                //个位数赋初值:2
    InitT0();
    while(1)
    {
        ;
    }
}
/* * * * * * * * * * * * * * * * * * * * * * * * * * * * * * * * * * * * * * * * * *
函数 display(uchar td,uchar sd)
功能:显示 2 位数
参数:
td:十位数
sd:个位数
返回值:无
* * * * * * * * * * * * * * * * * * * * * * * * * * * * * * * * * * * * * * * * * * /
void display(uchar td,uchar sd)
{
    static unsigned char WCnt=0;
    PortB=0xff;                           //熄灭所有数码管
    switch(WCnt)
    {
        case 0:
            PortS=ledcode[td];            //段选口输出十位数的笔型码
            PTen=0;                       //点亮十位数码管
            break;
        case 1:
            PortS=ledcode[sd];            //段选口输出个位数的笔型码
            PSin=0;                       //点亮个位数码管
            break;
    }
    WCnt++;
    if(WCnt>1) WCnt=0;
}
```

```
/* * * * * * * * * * * * * * * * * * * * * * * * * * * * * * * * * *
函数 InitT0(void)
功能:初始化定时/计数器 T0
参数:无
返回值:无
说明:fosc= 11.0592MHz,定时时长为 2ms
* * * * * * * * * * * * * * * * * * * * * * * * * * * * * * * * * * /
void InitT0(void)
{
    TMOD= 0x01;
    TL0= (65536- 1843)% 256;
    TH0= (65536- 1843)/256;
    ET0= 1;
    EA= 1;
    TR0= 1;
}
/* * * * * * * * * * * * * * * * * * * * * * * * * * * * * * * * * *
函数 T0_ISR(void)
功能:T0 的中断服务函数
* * * * * * * * * * * * * * * * * * * * * * * * * * * * * * * * * * /
void T0_ISR(void) interrupt 1 using 1
{
    TL0= (65536- 1843)% 256;
    TH0= (65536- 1843)/256;
    display(dtd,dsd);            //调用显示函数进行数据显示
}
```

(3)数码管点亮时间的计算

设有 n 个数码管扫描显示,在一轮扫描显示中,各个数码管点亮时间均为 t,则每个数码管熄灭时间为 $(n-1)t$,数码管闪烁频率为

$$f = \frac{1}{(n-1)t + t} = \frac{1}{nt}$$

人眼要感觉到数码管"稳定"显示,则 $f \geqslant 48$ Hz。所以,$t \leqslant \dfrac{1}{48n}$。

例如,用单片机控制 6 位数码管扫描显示时,在一轮扫描显示中,每位数码管点亮的时间 $t \leqslant 1/(48 \times 6) = 3.47$ ms,可取数码管点亮时间 $t = 3$ ms。

任务实施

1. 搭建硬件电路

在任务 10 中,数码的显示电路采用动态扫描显示电路。其电路图如图 5-9 所示。

在 MFSC-2 实验平台上用 8 芯扁平线将 J3 与 J15 相接,用 2 芯线将 J6 的 P2.0、P2.1 引脚与 J12 的 C1、C2 引脚相接,就构成了上述电路。

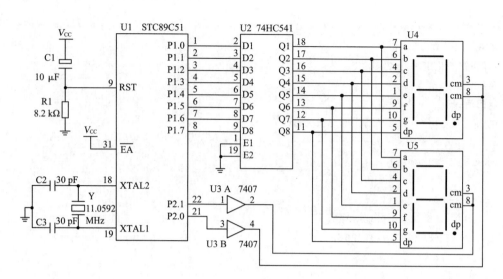

图 5-9　任务 10 硬件电路

2. 编写软件程序

(1)流程图

任务 10 中,数码管为 2 个,数码管采用扫描显示,各数码管点亮的时间 $t \leqslant 1/(48 \times 2) =$ 10.417 ms。

为了减轻 CPU 的负担,我们将数码扫描显示程序放在 10 ms 定时中断服务程序中,用两次中断服务的时差实现数码管的显示延时。任务 10 的流程图如图 5-10 所示。

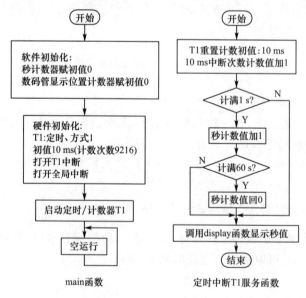

图 5-10　任务 10 流程图

(2)程序代码

任务 10 中,单片机系统的 $f_{osc} = 11.0592$ MHz,选用 T1 做 10 ms 定时器,10 ms 的计数次数 n 为:

$$n = f_{osc} \times t/12 = 11.0592 \text{ MHz} \times 10 \text{ ms}/12 = 9\ 216$$

数码管采用动态扫描显示时,秒表的程序如下:

```
//任务 10　　制作用数码管显示的秒表 (数码管动态扫描显示)
#include <reg51.h>                        //1 将特殊功能寄存器定义文件 reg51.h 包含进来
#define PortS P1                          //2 宏定义:PortS 代表 P1(数码管的段选口)
#define PortB P2                          //3 宏定义:PortB 代表 P2(数码管的位选口)
#define uchar unsigned char               //4 宏定义:uchar 代表 unsigned char
sbit PTen=P2∧0;                           //5 十位位选脚
sbit PSin=P2∧1;                           //6 个位位选脚
uchar data second;                        //7 在 data 区定义全局变量 second
uchar code ledcode[]={0x3f,0x06,0x5b,     //8 在 code 区建立数码管的笔型码表 ledcode
0x4f,0x66,0x6d,0x7d,0x07,0x7f,0x6f};      //9 笔型码表续 (C51 的语句可以分多行书写)
void display(uchar td,uchar sd);          //10 display 函数说明
void main(void)                           //11 main 函数
{   second=0;                             //12 软件初始化:秒计数器赋初值 0
    TMOD=0x10;                            //13 设置 T1 的运行模式 (定时)、工作方式 (方式 1)
    TL1=(65536-9216)%256;                 //14 T1 的计数器赋初值:10 ms
    TH1=(65536-9216)/256;                 //15
    ET1=1;                                //16 打开 T1 中断
    EA=1;                                 //17 打开全局中断
    TR1=1;                                //18 启动 T1
    while(1)                              //19 死循环,语句 22 为循环体
    {   ;  }                              //20
}                                         //21 main 函数结束

/* * * * * * * * * * * * * * * * * * * * * * * * * * * * * * * * * * * * * * *
函数 tim1()
功能:T1 中断服务
* * * * * * * * * * * * * * * * * * * * * * * * * * * * * * * * * * * * * * */
void tim1() interrupt 3 using 1          //22 T1 中断服务函数,中断号为 3
{   static unsigned char timcnt=0;       //23 定义静态变量 timcnt(10 ms 中断次数)
    TL1=(65536-9216)%256;                //24 重置计数初值:10 ms
    TH1=(65536-9216)/256;                //25
    timcnt++;                            //26 10 ms 中断次数计数值加 1
    if(timcnt>=100)                      //27 计满 1 秒吗?
    {   timcnt=0;                        //28 满 1 秒,10 ms 中断次数计数值回 0
        second++;                        //29 秒计数值加 1
        if(second>=60) second=0;         //30 若计满 1 分,则秒计数值回 0
    }                                    //31 计满 1 秒处理结束
    display(second/10,second%10);        //32 调用 display 函数显示秒计数值
}                                        //33 中断服务函数结束
```

```
/* * * * * * * * * * * * * * * * * * * * * * * * * * * * * * * * * * * * *
函数 display(uchar td,uchar sd)
功能:显示 2 位数
参数:
td:十位数
sd:个位数
返回值:无
* * * * * * * * * * * * * * * * * * * * * * * * * * * * * * * * * * * * * /
void display(uchar td,uchar sd)         //34
{                                       //35
    static unsigned char WCnt=0;        //36
    PortB=0xff;                         //37 熄灭所有数码管
    switch(WCnt)                        //38
    {                                   //39
        case 0:                         //40
            PortS=ledcode[td];          //41 段选口输出十位数的笔型码
            PTen=0;                     //42 点亮十位数码管
            break;                      //43
        case 1:                         //44
            PortS=ledcode[sd];          //45 段选口输出个位数的笔型码
            PSin=0;                     //46 点亮个位数码管
            break;                      //47
    }                                   //48
    WCnt++;                             //49
    if(WCnt>1) WCnt=0;                  //50
}                                       //51
```

应用总结与拓展

数码管是单片机应用系统中常用的显示器件,数码管分共阴极型和共阳极型 2 种。数码管与单片机的接口电路有静态显示接口电路和动态扫描显示接口电路 2 种形式。在静态显示接口电路中,数码管的段选脚接并口,位选脚接地(共阴管)或接正电源(共阳管)。动态显示接口电路中,各数码管段选脚并接在一起,并与并口相接,各位选脚分别接至其他并口的各输出口线上。静态显示中,各数码管一直点亮,动态显示中,各数码管轮流点亮,任何时候都只有一个数码管被点亮显示。

利用人眼的视觉暂留特性,采取分时显示可以实现用 2 个并行口控制多个数码管扫描显示,扫描显示可以节省并行口。

在扫描显示时,为了使数码管"稳定"显示,在一轮扫描期内,各数码管点亮时间 $t \leqslant \dfrac{1}{48n}$ s。其中,n 为参与扫描显示的数码管的个数。

习 题

1.画出 2 只共阳极数码管采用静态显示方式显示时与单片机的接口电路,并写出用这 2 只数码管显示数字 12 的程序。

2.单片机应用系统中,要用 2 个并行口控制 5 只共阳极数码管进行扫描显示,试画出其控制接口电路,并写出用这 5 只数码管显示数字 12345 的程序。

3.判断下列说法是否正确。

(1)MCS-51 单片机直接控制 6 个数码管显示数据时,可以采用数码管静态显示方式。

（   ）

(2)用 51 单片机直接控制 2 位数码管显示,既可以采用静态方式显示,又可以采用动态方式显示。

（   ）

4.单片机应用系统中需要控制 N 个数码管扫描显示,为了使数码管"稳定"显示,则一轮扫描期内,各数码点亮的时间 $t \leqslant$ _____ s。

5.STC89C51 单片机的晶振频率 $f_{osc} = 12$ MHz,单片机外接有 2 位数码管显示电路,如图 5-11 所示。

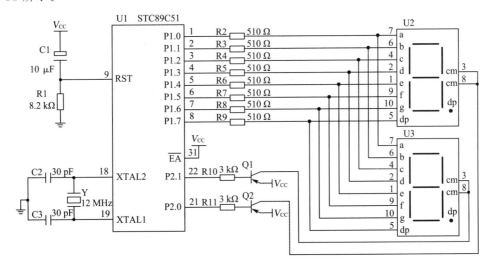

图 5-11 习题 5 电路图

(1)该电路中数码管是动态扫描显示,还是静态显示?

(2)该电路中数码管是共阴极数码管,还是共阳极数码管?

(3)请编写程序使 2 位数码管显示数字 12,其中 U2 显示十位,U3 显示个位。给定数码管的显示笔型码表如下:

```
unsigned char code ledcode[10]={
    0x3f,0x06,0x5b,0x4f,0x66,0x6d,0x7d,0x07,0x7f,0x6f };
```

扩展实践

用单片机的 P0、P3 这 2 个并行口控制 4 位数码管显示输出,定时器 T1 做扫描定时器,试设计硬件电路并编写软件程序,使 4 位数码管按表 5-2 所规定的内容进行显示。

表 5-2 任务 10 扩展实践中数码管的显示内容

管号	0	1	2	3
显示内容	5	灭	3	2

任务 11 控制秒表的启停与清零

任务要求

在任务 10 的基础上增加 S0、S1、S2 三个键。S0 键做启动键，按 S0 键，启动秒表走时，秒表在当前显示秒数的基础上计时。例如，当前数码管显示的是 05，按 S0 键后，秒表在 5 秒的基础上计时，依次显示 06,07,…。S1 键为停止键，按 S1 键，秒表停止走时，显示时间一直保持不变。S2 键为清 0 键，按 S2 键，秒表停止走时，显示数值为 0。上电时，秒表停止计时，数码管显示 0 秒。

相关知识

任务 11 涉及的新知识主要有循环结构中的 break 语句与 continue 语句、键盘的接口电路、键盘处理程序的编写方法等。

1. 循环结构中的 break 语句与 continue 语句

（1）break 语句

break 语句常用在循环结构的循环体中，用来结束循环，使程序跳转至循环结构之后的语句上。以 while 循环为例，含有 break 语句的循环程序的一般形式如下，其对应的流程图如图 5-12 所示。

```
while(表达式 1)
{
    语句块 1;
    if(表达式 2) break;
    语句块 2;
}
语句块 3;
```

【说明】

• break 语句只能用在 switch 分支结构中和循环结构的循环体中。在循环结构中使用 break 语句时，一般采用"if(表达式) break;"的形式。其含义是，当"表达式"的值为真时跳出循环。

• 在多层循环结构中，break 语句只能跳出 break 语句所在的那一层循环。

（2）continue 语句

continue 语句只能用在循环结构的循环体中，用来结束本次循环，使程序跳转到循环条件判断处。以 while 循环为例，含有 continue 语句的循环程序的一般形式如下，其对应的流程图如图 5-13 所示。

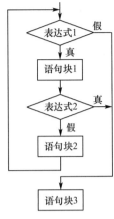

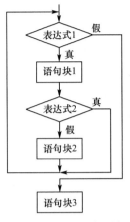

图 5-12　break 流程图　　　　　图 5-13　continue 流程图

```
while(表达式 1)
{
    语句块 1；
    if(表达式 2) continue；
    语句块 2；
}
语句块 3；
```

【例 5.1】　统计 1~100 能被 7 整除的数的个数。

```
void main(void)
{   unsigned char i,j；
    j=0；
    for(i=1；i<=100；i++)
    {   if(i％7！=0) continue；
        j++；
    }
}
```

上述程序中,for 循环的循环体完全可以用"if(i％7＝＝0) j＋＋;",在此只是为了说明 continue 的用法我们才采用上述写法。

2. 键盘处理的流程

单片机系统中所用的键盘有独立式键盘和矩阵式键盘 2 种。键盘接口的基本任务主要有 4 个方面：(1)判断是否有键按下；(2)去抖动；(3)确定所按下键的键值,即确定是何键按下；(4)对键功能进行解释。

键盘处理的流程

在一次按键操作中,由于键的机械特性决定了键按下或释放都有一个弹跳的抖动过程,抖动的时间一般为 5~15 ms,其波形图如图 5-14 所示。

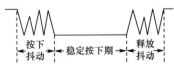

图 5-14　抖动波形图

必须消除键抖动,否则会引起键识别错误。去抖动的方法有硬件去抖动和软件去抖动2种方法。硬件去抖动的方法是,采用R-S触发器组成的闩锁电路,其电路我们已在任务6中做了介绍,在此不再赘述。软件去抖动的方法是采取延时的方法来回避抖动期,其具体的做法是:检测到有键按下或者有键释放后,延时5～15 ms,再去读键输入情况,此时抖动期已过,所读的键输入是键稳定按下或释放状态。键盘处理的一般流程如图5-15所示。

3.独立式键盘接口

(1)独立式键盘接口电路

独立式键盘接口电路如图5-16所示。电路的特点是,键的一端接地,另一端接并行口的某一根I/O端口线,I/O端口线外接上拉电阻。若并行口内部有上拉电阻(如单片机的P1口),则可不接上拉电阻。采用这种电路时,若某个键按下,则对应的I/O端口线输入为0。例如图5-16中,S0键未按下时,P1.0=1;S0键按下后,P1.0=0。

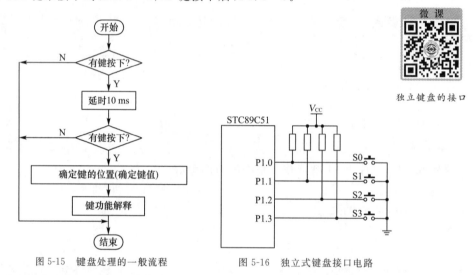

微 课

独立键盘的接口

图 5-15　键盘处理的一般流程　　　图 5-16　独立式键盘接口电路

在单片机应用系统中,若键数不超过8,一般采用独立式键盘。

(2)独立式键盘处理程序

独立式键盘处理程序的执行时间一般在几毫秒以内,而一次键按下的时间一般为几十毫秒乃至上百毫秒。键盘处理需要注意的问题是,要防止一次键按下被多次解释执行(连击键除外)。键盘处理可以放在main函数中,也可以放在10 ms定时中断服务函数中。

①在main函数中处理键盘

在main()函数中处理键盘的方法是,用位变量keytreated标志键是否已处理,该变量可以是全局变量,也可以是静态的局部变量。keytreated=0表示键未处理,keytreated=1表示键已处理。用keytreated标志位与键是否按下来控制键解释程序的执行,延时去抖动后,如果无键按下或者是键按下已处理(keytreated=1),则不进行键功能的解释处理。如果检测到有键按下,并且键按下未处理(keytreated=0),则确定键的位置后再对键进行解释处理,键解释处理结束后再将keytreated置1,以阻止下一次循环时,对同一键按下进行重复解释。另外,为了保证下次有键按下时程序能正常处理键,键释放后,还需要将keytreated清0。键处理的流程如图5-17所示。

以图5-16所示接口电路为例,在main函数中进行键盘处理时,main函数的框架结构

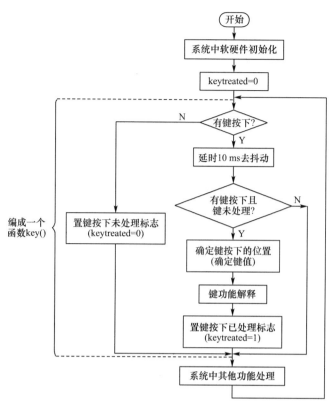

图 5-17 在 main 函数中处理键盘的流程图

如下：

```
#include <reg51.h>
#define keyport P1              // P1 为键盘控制口
/* 此处添加全局变量定义 */
//函数说明
void key(void);                 //键处理函数
unsigned char scan(void);       //键盘扫描函数
void explain(unsigned char m);  //键功能解释函数
void delay(void);               //延时函数
/* 此处加上系统中其他函数的说明 */
/* * * * * * * * * * * * * * * * * * * * * * * * * * * * * * * * * *
main()函数
* * * * * * * * * * * * * * * * * * * * * * * * * * * * * * * * * */
void main(void)
{   /* 此处添加其他硬件初始化代码 */
    /* 此处添加其他软件初始化代码 */
    while(1)
    {   key();
        /* 此处添加系统中其他处理程序 */
    }
}
/* * * * * * * * * * * * * * * * * * * * * * * * * * * * * * * * * *
键盘处理函数 key()
```

```
* * * * * * * * * * * * * * * * * * * * * * * * * * * * * * * * * * * * * * * /
void key(void)
{   static bit keytreated=0;        /* 1 定义静态局部变量 keytreated(键按下已处理标志)
* /
    unsigned char keyval;           /* 2 定义变量 keyval* /
    keyport=0xff;                   /* 3 键输入口写 1,准备读键输入 * /
    keyval=keyport;                 /* 4 读键输入至 keyval 中* /
    if(keyval! =0xff)               /* 5 有键按下? * /
    {   delay();                    /* 6 延时 10 ms 去抖动 * /
        keyport=0xff;               /* 7 键输入口写 1,准备读键输入 * /
        keyval=keyport;             /* 8 读键输入至 keyval 中* /
        if((keyval! =0xff)&&(keytreated==0))    /* 9 有键按下且键按下未处理? * /
        {   keyval=scan();          /* 10 扫描键盘,获取键的位置(键值) * /
            explain(keyval);        /* 11 对键进行解释处理* /
            keytreated=1;           /* 12 置键按下已处理标志,阻止键被重复处理* /
        }                           /* 13 第 2 次检测到有键按下处理结束* /
    }                               /* 14 第 1 次检测到有键按下处理结束* /
    else keytreated=0;              /* 15 第 1 次检测到无键按下,置键按下未处理标志* /
}
/* * * * * * * * * * * * * * * * * * * * * * * * * * * * * * * * * * * * * * *
扫描键盘函数 scan()
* * * * * * * * * * * * * * * * * * * * * * * * * * * * * * * * * * * * * * * /
unsigned char scan(void)
{   unsigned char m;
    /* 此处添加键盘扫描的具体代码(与电路有关),并将所获取的键值存入 m 中* /
    return m;
}
/* * * * * * * * * * * * * * * * * * * * * * * * * * * * * * * * * * * * * * *
键解释函数 explain()
* * * * * * * * * * * * * * * * * * * * * * * * * * * * * * * * * * * * * * * /
void explain(unsigned char m)
{
    switch(m)
    {
        case S0 的键值:
            /* S0 键的功能解释* /
            break;
        case S1 的键值:
            /* S1 键的功能解释* /
            break;
        case S2 的键值:
            /* S2 键的功能解释* /
            break;
        ……
    }
}
```

```
void delay(void)
{    /* 此处添加延时代码 * /
}
```

【说明】

· 本程序也适用于后面介绍的矩阵式键盘处理。不同的键盘,其获取键值的方法不同,在实际使用中需要根据具体情况做适当变换。

· 在独立式键盘中,键的输入值中包含了键值信息,即键的输入值实际上就是键的编码值。输入值的某位为 0,则表示对应的键按下。对于图 5-16 所示接口电路,若 P1 口输入值为 11111010B,则是 S0、S2 键按下。程序中可以不单独使用 scan()函数获取键值。

【例 5.2】　单片机的 $f_{osc} = 12\text{ MHz}$,P0 口外接 3 只键,P1 口外接 1 位数码管显示电路,如图 5-18 所示。编写程序实现以下功能:上电时数码显示 0,按 S1 键显示数据加 1,按 S2 键显示数据减 1,按 S3 键显示数据清 0。

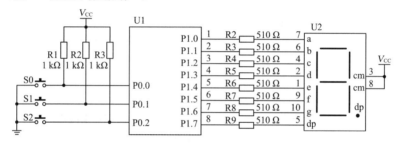

图 5-18　例 5.2 电路

【解】电路中,数码管的位选脚(com 脚)接正电源 V_{CC},因此数码为共阳极数码管。实现本例功能的思路是,用全局变量 num 保存数码管的显示值,在键盘处理程序中依键的功能对 num 分别进行加 1、减 1 或清 0 处理,然后在数码管显示程序中对 num 中的数进行显示,这样就可以使用键调整数码管的显示值。本例的完整程序如下:

```
#include <reg51.h>
#define keyport P0              // P0 为键盘控制口
//全局变量定义
unsigned char code ledcode[10] = { 0xc0,0xf9,0xa4,0xb0,0x99,0x92,0x82,0xf8,0x80,
0x90};                          //显示笔型码
unsigned char num;             //待显示数
//函数说明
void key(void);
//unsigned char scan(void);    //独立式键盘中不用键盘扫描函数,因而应去掉 scan()函数
void explain(unsigned char m);
void delay(void);
void display(unsigned char m);
void main(void)
{                               //硬件初始化
    num= 0;
    while(1)
    {   key();
        display(num);
    }
}
```

```
void display(unsigned char m)
{   P1=ledcode[m% 10]; //显示 m 的个位
}
/* * * * * * * * * * * * * * * * * * * * * * * * * * * * * * * * * * * * *
键盘处理函数 key()
* * * * * * * * * * * * * * * * * * * * * * * * * * * * * * * * * * * * /
void key(void)
{   static bit keytreated=0;          //1 定义静态局部变量 keytreated(键按下已处理标志)
    unsigned char keyval;             //2 定义变量 keyval
    keyport |=0x07;                   //3 键输入口写 1,准备读键输入
    keyval=keyport;                   //4
    keyval |=0xf8;                    //5 高 5 位置 1,消除 P0.3～P0.7 的输入影响
    if(keyval! =0xff)                 //6 有键按下?
    {   delay();                      //7 延时 10 ms 去抖动
        keyport |=0x07;               //8 键输入口写 1,准备读键输入
        keyval=keyport;               //9
        keyval |=0xf8;                //10 高 5 位置 1,消除 P0.3～P0.7 的输入影响
        if((keyval! =0xff)&&(keytreated==0))      //11 有键按下?
        {   // keyval=scan();         //12 独立式键盘中无须扫描键盘,因而要注释掉此句
            explain(keyval);          //13 对键进行解释处理
            keytreated=1;             //14 置键按下已处理标志,阻止键被重复处理
        }                             //15 第 2 次检测到有键按下处理结束
    }                                 //16 第 1 次检测到有键按下处理结束
    else keytreated=0;                //17 第 1 次检测到无键按下,置键按下未处理标志
}
/* * * * * * * * * * * * * * * * * * * * * * * * * * * * * * * * * * * * *
键解释函数 explain()
* * * * * * * * * * * * * * * * * * * * * * * * * * * * * * * * * * * * /
void explain(unsigned char m)
{
    switch(m)
    {
        case 0xfe:                    //S0 按下:显示数加 1
            num+ + ;
            break;
        case 0xfd:                    //S1 按下:显示数减 1
            num- - ;
            break;
        case 0xfb:                    //S2 按下:显示数清 0
            num=0;
            break;
    }
}
void delay(void)
```

```
{   unsigned int i;
    for(i=0;i<5000;i++);
}
```

【说明】

- 程序中黑体部分是相对于框架结构程序所添加或修改的部分。
- 在 key()函数中,第 3 行代码的功能是,将 P0 口的低 3 位置 1,但其他位保持不变。本例中 S0、S1、S2 分别接中 P0.0、P0.1、P0.2 上,读端口引脚输入时,需要先向端口写 1 然后再读端口,所以需要将 P0 口的低 3 位全部置 1,另外由于 P0.3~P0.7 并没有接键,所以在向端口写 1 时就不能将 P0 口高 5 位置 1,否则就会改变 P0 口高 5 位的状态。因此,在程序中我们采用按位或的方法只将 P0 口的低 3 位置 1。
- 在 key()函数中,第 5 行代码的功能是,消除 P0.3~P0.7 的输入影响。本例中,读键输入读的是 P0 口的输入,由于 P0.3~P0.7 并不是有效的键输入引脚,所以 P0 口输入的高 5 位是无效的,并且是不确定的(与其外接电路有关),为了方便后续的分析判断,我们必须将这些不确定的无效位设置成一个固定值,本例中,我们是将其设置成 1。

②在定时中断服务函数中进行键盘处理

在 main 函数中处理键盘的主要缺陷是,程序中采用了 10 ms 延时去抖动,增加了 CPU 的负担,不利于采用睡眠 CPU 技术抗干扰。键盘处理可以放在 10 ms 定时中断服务函数中,利用定时时差延时去抖动。采用这种方式处理键盘,需要用一个全局位变量 down 来标志 10 ms 前键是否按下过。在 10 ms 定时中断服函数中处理键盘的流程图如图 5-19 所示。

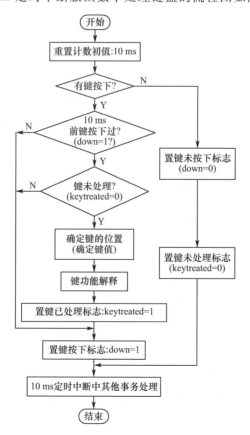

图 5-19　在 10 ms 定时中断中处理键盘

在 T0 定时中断服务函数中处理键盘的程序如下：

```
void tim0() interrupt 1 using 1          //1 T0 定时中断服务函数
{   unsigned char keyval;                //2 定义局部变量 keyval
    /* 3 重置 T0 的计数初值(10 ms)代码 * /
    keyport=0xff;                        //4 键盘控制口写 1,准备读键输入
    keyval=keyport;                      //5 读键输入
    if(~keyval)                          /*6 判断是否有键按下(有,则进行第 7~13 句处
                                           理),取反方便判断* /
    {   if(down&&! keytreated)           /*7 若 10 ms 前键按下且键按下未处理,则进行第
                                           8~11句处理* /
        {   keyval=scan();               //8 扫描键盘,获取键值
            keyexplain(keyval);          //9 解释键的功能
            keytreated=1;                //10 置键已处理标志
        }                                //11
        down=1;                          //12 置键按下标志
    }                                    //13 有键按下处理结束
    else                                 //14 无键按下时,进行第 15~17 句处理
    {   down=0;                          //15 置键没按下标志
        keytreated=0;                    //16 置键没处理标志
    }                                    //17 无键按下处理结束
                                         //18 10 ms 定时中断中的其他功能处理
}                                        //19 中断服务函数结束
```

4. 矩阵式键盘接口

(1)矩阵式键盘接口电路

由 P2.0~P2.3、P1.0~P1.3 口线与外部 16 个键构成的矩阵式键盘接口电路,如图 5-20 所示。由图可以看出,矩阵式键盘采用行列电路结构,行线为输入口(图中 P2 口),外接有上拉电阻,列线为输出口,键位于行线与列线的交叉处,一端接行线,另一端接列线。

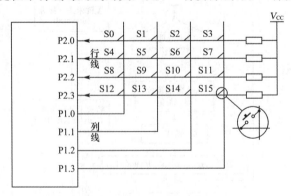

图 5-20   矩阵式键盘接口电路

(2)矩阵式键盘的处理流程

矩阵式键盘的处理流程与独立式键盘的框架结构一样,仅仅是判断是否有键按下、确定键位置的方法不同而已。

①判断是否有键按下

判断矩阵式键盘是否有键按下的方法是,列线输出全 0 后读行线输入,若行线输入为全 1,则无键按下,否则有键按下。例如,在图 5-20 的矩阵式键盘中,若 S5 按下,P1 输出 0x00 后读 P2 口的输入。这时,第 1 行与第 1 列因 S5 按下而导通,第 1 行被拉至低电平,P2.1=0,P2 口的输入就不再是全 1 了。必须注意的是,若 P2.1=0,并不能确定是 S5 键按下,因为 S4、S5、S6、S7 任意一键按下都会导致 P2.1=0。判断是否有键按下的程序段如下:

```
P1= 0x00;              //列线输出全 0
P2= 0xff;              //P2 口写 1,准备读 P2 口
tmp= P2;               //读 P2 口的行线输入
if(～tmp)              //判断行线的输入是否为全 1
{ /* 有键按下处理 * } //非全 1,则为有键按下
else
{ /* 无键按下处理 * } //全 1,则无键按下
```

②确定键的位置

对于图 5-20 所示的矩阵键盘接口电路,确定键位置的方法是,先将第 0 列输出低电平,其他列输出高电平,读行线输入,这时检查的是 S0、S4、S8、S12 这 4 个键的状态。若读得的行输入为全 1,则表示与第 0 列相接的 4 个键无键按下。再将第 1 列输出低电平,其他各列输出高电平,读行线输入,这时检查的是 S1、S5、S9、S13 这 4 个键的状态。若读得的行输入仍为全 1,则表示与第 1 列相接的 4 个键无键按下。依此类推,再查下一列,直到所有列检查完毕,则必有一列输出低电平时,行输入不为全 1。若第 j 列输出低电平,其他列输出高电平时,读行线输入不是全 1,则表示键位于第 j 列,此时应退出循环,再查看是哪一根行线为低电平,如果是第 i 根行线为低电平,则键位于第 i 行,键值 keyval= i×每行键数 +j。

上述方法可以概括为:列线逐列输出低电平,然后检查行线输入,若行线输入为全 1,则继续下一列输出。若第 j 列输出 0 时,行输入不为全 1,则检查输入为 0 的行线号。确定键位置的流程图如图 5-21 所示。

确定键位置的程序如下:

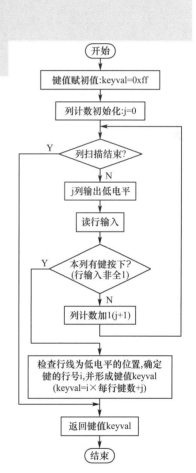

图 5-21 确定键位置的流程图

```
unsigned char scan(void)          //1 扫描键盘函数,返回值为 unsigned char 型的键值
{   unsigned char i,j,tmp,keyval; //2 i:行号,j:列号,keyval:键值,tmp:临时变量
    keyval= 0xff;                 //3 键值赋初值:无键按下 (0xff)
    for(j=0;j<4;j++)              //4 从第 0 列开始检查,直至 4 列查完
    {   P1= ～(0x01<<j);          //5 j列输出低电平,其他列输出高电平
        P2= 0xff;                 //6 P2 口写 1,准备读 P2 口 (准备读行输入)
        tmp= P2;tmp= ～tmp;       //7 读行输入,并按位取反,方便程序处理
        tmp= tmp&0x0f;            //8 高 4 位 (无效位)清 0
```

```
        if(tmp)                    /*9 j 列有键按下(tmp 是否非 0)。是,则进行第 10~
                                      19 行处理*/
    {   switch(tmp)               //10 检查是哪一根行线为 0
        {   case 1: i=0;break;     //11 若为 0000 0001B,则行号 i=0
            case 2: i=1;break;     //12 若为 0000 0010B,则行号 i=1
            case 4: i=2;break;     //13 若为 0000 0100B,则行号 i=2
            case 8: i=3;break;     //14 若为 0000 1000B,则行号 i=3
            default: i=63;break;   //15 若为其他值,则行号设为无效值
        }                          //16 行线检查结束
        keyval=i* 4+j;            //17 根据键的行、列号确定键值
        break;                    //18 跳出循环
    }                             //19 if 语句结束
    }                             //20 for 循环体结束
    return keyval;                //21 返回键值。大于 251 的键值无效
}                                 //22 函数体结束
```

任务实施

1.搭建硬件电路

本任务中,数据显示采用动态扫描显示,用 P1 口和 P2 口控制显示。其中,P1 口做段选控制口,P2 口做位选控制口。键盘采用独立式键盘,P3 口做键盘的控制口。任务 11 的硬件电路如图 5-22 所示。

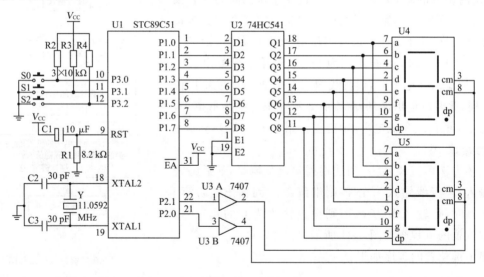

图 5-22 任务 11 硬件电路图

在 MFSC-2 实验平台上用 8 芯扁平线将 J3 与 J15 相接,用 2 芯线将 J6 的 P2.0、P2.1 引脚与 J12 的 C1、C2 引脚相接,用 3 芯线将 J4 的 P3.0、P3.1、P3.2 引脚与 J10 的 S0、S1、S2 引脚相接,就构成了上述电路。

2.编写软件程序

(1)流程图

任务 11 的流程图如图 5-23 所示。其中键盘处理 key()函数的流程图与图 5-17 相同。

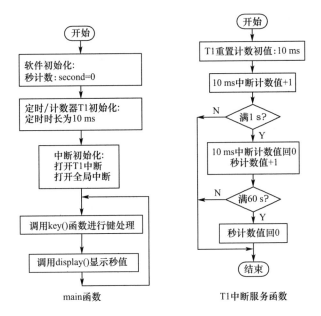

图 5-23　任务 11 流程图

在任务 11 中,我们用 T1 做秒表计时的定时器,T1 的启动与停止受控于键盘的操作,T1 的定时时长为 10 ms,采用工作方式 1,计数次数为 9 216。在初始化程序中不启动 T1,按启动键(S0 键)时,将 TR1 置 1,表秒开始计时。按停止键(S1 键)时,将 TR1 清 0,秒表停止计时。按清 0 键(S2 键)时,将秒计数值 second 清 0,同时将 TR1 清 0。由于 T1 有时会停止,数码管扫描显示不能放在 T1 的中断服务程序中,只能放在 main()函数中或者 T0 的定时中断服务函数中,否则,当 T1 停止时,数码管就不能正常显示。本例中我们将数码显示程序放在 main()函数中进行扫描显示。

(2)程序代码

任务 11 的程序代码如下:

```
/* * * * * * * * * * * * * * * * * * * * * * * * * * * * * * * * * * * * * * * *
任务 11    控制秒表的启停与清 0
* * * * * * * * * * * * * * * * * * * * * * * * * * * * * * * * * * * * * * * * /
#include <reg51.h>
#define PortS P1                       //P1 为数码管的段选口
#define PortB P2                       //P2 为数码管的位选口
#define keyport P3                     //P3 为键盘控制口
#define uchar unsigned char
sbit PTen= P2∧0;                       //十位位选脚
sbit PSin= P2∧1;                       //个位位选脚
//全局变量定义
uchar data second;                     // 在 data 区定义全局变量 second
uchar code ledcode[]= {0x3f,0x06,0x5b, // 在 code 区建立数码管的笔型码表 ledcode
0x4f,0x66,0x6d,0x7d,0x07,0x7f,0x6f};   // 笔型码表续 (C51 的语句可以分多行书写)
//函数说明
void display(uchar td,uchar sd);       // display 函数说明
void key(void);
```

```
void explain(unsigned char m);
void delay(void);
void main(void)                              // main 函数
{   second= 0;                               // 软件初始化:秒计数器赋初值 0
    TMOD= 0x10;                              // 设置 T1 的运行模式(定时)、工作方式(方式 1)
    TL1= (65536- 9216)% 256;                // T1 的计数器赋初值:10 ms
    TH1= (65536- 9216)/256;                 //
    ET1= 1;                                  // 打开 T1 中断
    EA= 1;                                   // 打开全局中断
    while(1)                                 // 死循环
    {   key();                               // 键盘处理
        display(second/10,second% 10);      //显示秒值
    }
}
/* * * * * * * * * * * * * * * * * * * * * * * * * * * * * * * * * * * * * * *
函数 tim1()
功能:T1 服务
* * * * * * * * * * * * * * * * * * * * * * * * * * * * * * * * * * * * * * * /
void tim1() interrupt 3 using 1             // T1 中断服务函数,中断号为 3
{   static unsigned char timcnt= 0;
    TL1= (65536- 9216)% 256;                // 重置计数初值:10 ms
    TH1= (65536- 9216)/256;                 //
    timcnt+ + ;                              // 10 ms 中断次数计数值加 1
    if(timcnt> = 100)                        // 计满 1 秒吗?
    {   timcnt= 0;                           // 满 1 秒,10 ms 中断次数计数值回 0
    second+ + ;                              // 秒计数值加 1
    if(second> = 60) second= 0;             // 若计满 1 分,则秒计数值回 0
    }                                        // 计满 1 秒处理结束
}                                            // 中断服务函数结束
/* * * * * * * * * * * * * * * * * * * * * * * * * * * * * * * * * * * * * * *
函数 display(uchar td,uchar sd)
功能:显示 2 位数
参数:
td:十位数
sd:个位数
返回值:无
* * * * * * * * * * * * * * * * * * * * * * * * * * * * * * * * * * * * * * * /
void display(uchar td,uchar sd)
{
    static unsigned char WCnt= 0;
    PortB= 0xff;                             // 熄灭所有数码管
    switch(WCnt)
    {
        case 0:
```

```
            PortS= ledcode[td];            //段选口输出十位数的笔型码
            PTen= 0;                        //点亮十位数码管
            break;
        case 1:
            PortS= ledcode[sd];            //段选口输出个位数的笔型码
            PSin= 0;                        //点亮个位数码管
            break;
    }
    WCnt+ + ;
    if(WCnt> 1) WCnt= 0;
}
```

/* *
键盘处理函数 key()
* /

```
void key(void)
{   static bit keytreated= 0;          //1 定义静态局部变量 keytreated(键按下已处理标志)
    unsigned char keyval;              //2 定义变量 keyval
    keyport= 0xff;                     //3 键输入口写 1,准备读键输入
    keyval= keyport;                   //4
    if(keyval! = 0xff)                 //5 有键按下吗?
    {   delay();                       //6 延时 10 ms 去抖动
        keyport= 0xff;                 //7 键输入口写 1,准备读键输入
        keyval= keyport;               //8 读键输入至 keyval 中
        if((keyval! = 0xff)&&(keytreated== 0))     //9 有键按下且键按下未处理
        {   explain(keyval);           //10 对键进行解释处理
            keytreated= 1;             //11 置键按下已处理标志,阻止键被重复处理
        }                              //12 第 2 次检测到有键按下处理结束
    }                                  //13 第 1 次检测到有键按下处理结束
    else keytreated= 0;                //14 第 1 次检测到无键按下,置键按下未处理标志
}
```

/* *
键解释函数 explain()
* /

```
void explain(unsigned char m)
{
    switch(m)
    {
        case 0xfe:                     //S0 按下
            TR1= 1;
            break;
        case 0xfd:                     //S1 按下
            TR1= 0;
            break;
        case 0xfb:                     //S2 按下
```

```
                second= 0;
                TR1= 0;
                break;
        }
    }
void delay(void)
{   unsigned int i;
    for(i= 0;i< 5000;i+ + );
}
```

应用总结与拓展

　　键盘是单片机应用系统中常用的输入设备,常用的键盘接口电路有独立式键盘和矩阵式键盘。独立式键盘和矩阵式键盘的处理流程一样。

　　键盘处理程序主要包括判断是否有键按下、去抖动、确定键的位置和对键功能进行解释4个部分。其中,去抖动常用延时回避抖动期的办法来处理。工程上,常将键盘处理程序放在10 ms定时中断服务函数中,利用前后两次中断的时差回避按键抖动期。其处理方法是,用down标志位标志10 ms前键是否按下过。当扫描到有键按下时,检查down位的值,如果10 ms前无键按下,则表明当前是按键抖动期,不能进行键处理。只有当前有键按下,并且10 ms前键也按下,才对键按下的位置进行判断识别和解释处理。

　　除连击键以外,一次按键一般只能解释一次。防止一次按键被多次解释的方法是,在程序中引入一个标志位keytreated,用来标志键按下后其功能是否被解释处理过,只有键按下并且键未解释过才进行键解释处理。按键解释完毕,还要将keytreated标志位置1,用来阻止下一个10 ms扫描期内按键被重复解释。另外还要注意,在键释放期内要将keytreated标志位清0,以便于以后有键按下时能正常处理。

　　独立式键盘的输入值中包含了键的位置信息,用switch分支结构对键的输入值进行判断处理就可以实现对键功能的解释处理。在矩阵式键盘中,常用"逐列输出低电平,检查行输入"的方法确定键的位置。

　　continue语句与break语句是循环结构中常用的2种语句,continue的作用是结束本次循环使程序转移至循环条件判断处再开始循环,break则是结束循环。

习　题

　　1.试比较continue与break语句的差别。

　　2.简述独立式键盘接口电路的特点,如果用P1口设计4键的独立式键盘,请画出其电路图。

　　3.单片机的f_{osc}=12 MHz,P0口外接3只键,P1口外接2只发光二极管控制电路,如图5-24所示。请解答下列问题:

　　(1)R1、R4的功能各是什么?

　　(2)编写程序实现3只键控制2只发光二极管的亮与灭,其控制关系是,按S1后LED1亮,按S2后LED2亮,按S3后LED1、LED2都熄灭[10 ms延时程序为delay(),可以直接调用]。

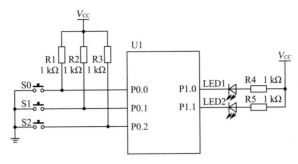

图 5-24　习题 3 电路图

4. 简述键盘接口的任务。

5. 键盘处理时一般要防止一次按键被多次解释,请画出在 main 函数中处理键盘的流程图。如果是对 P1 口外接的独立键盘进行处理,请写出键盘处理程序的框架结构。

6. 用 P1 口设计的 4×4 矩阵式键盘电路如图 5-25 所示,请写出识别键按下的程序段。

7. 电路图同第 6 题,请画出识别键位置的流程图,并写出对应的程序(函数名为 scan,函数的返回值为键值)。

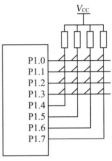

图 5-25　习题 6 电路图

✿ 扩展实践

1. 单片机的 P3.0 口线上接有键 S0,P3.1 口上接有键 S1。P1 口、P2 口外接有 2 只共阴极数码管,P1 口做数码管的段选口,P2 口做数码管的位选口,上电时数码管显示数据为 00。S0 键为加 1 键,每按一次 S0 键,显示数据加 1,当显示数据为 99 时,若按 S0 键,则显示数据变为 00,S1 键为减 1 键,每按一次 S1 键,显示数据减 1,当显示数据为 00 时,若按 S1 键,则显示数据变为 99。请设计电路,并编写程序。

2. 在上题的基础上将 S0、S1 改为连击键:如果按住 S0 键不放,相当于多次按 S0 键,要求按住 S0 键时,显示数据以 0.5 s 每次的速度将显示数据加 1。如果按住 S1 键不放,则显示数据以 0.5 s 每次的速度将显示数据减 1。

项目6 单片机的串口应用实践

任务12　串口扩展并口模拟交通灯

任务要求

单片机系统的振荡频率 $f_{osc} = 11.0592$ MHz,采用串口外接串入并出移位芯片 HC595 的方式扩展并口,用 HC595 控制红色、绿色、黄色 3 种颜色的发光二极管模拟交通灯,交通灯的控制要求如下:

交通灯位于东西方向与南北方向的十字交叉路口,用红色、绿色、黄色 3 种颜色的交通灯指挥交通,交通灯的运行规则见表 6-1。

表 6-1　　　　　　　　　　　　　交通灯运行规则

东西方向指示灯			南北方向指示灯			时间 (秒)	含　义
绿色	黄色	红色	绿色	黄色	红色		
亮	灭	灭	灭	灭	亮	55	东西方向通行,南北方向禁行
灭	亮	灭	灭	灭	亮	5	东西方向警示,南北方向禁行
灭	灭	亮	亮	灭	灭	35	南北方向通行,东西方向禁行
灭	灭	亮	灭	亮	灭	5	南北方向警示,东西方向禁行

相关知识

任务 12 涉及的新知识主要有串行通信的基本知识、MCS-51 单片机的串口等。

1.串行通信的基本知识

(1)串行通信中的数据传输方式

串行通信的特点是,通信数据按数位的顺序一位一位地传输,每次只传输 1 位。串行通信中的数据传输方式有单工方式、半双工方式和全双工方式 3 种。这 3 种传输方式的示意图如图 6-1 所示,其特点如下:

①单工方式:数据只能单向传输。

②半双工方式:数据可以向 2 个方向传输,但每次只能向一个方向传输。

③全双工方式:数据可以同时双向传输。单片机与单片机、单片机与其他计算机之间进行串行传输时一般采用全双工方式。

(2)串行通信中的通信方式

串行通信中有同步通信和异步通信 2 种通信方式。

微　课

串行通信基本知识

①同步通信

同步通信的示意图如图 6-2 所示。其特点是,由同一个时钟信号控制发送器与接收器的工作,数据传输时,发送器与接收器同步工作。同步传送时,字符与字符之间没有间隙,也不用起始位和停止位,仅在要传送的数据块开始传送前,用同步字符 SYNC 来指示。

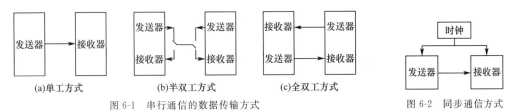

图 6-1 串行通信的数据传输方式   图 6-2 同步通信方式

②异步通信

异步通信的示意图如图 6-3 所示。其特点是,发送器与接收器用各自的时钟控制,数据是一帧一帧传送的,1 帧数据的格式如图 6-4 所示。每 1 帧数据由起始位、数据位、奇偶校验位和停止位四部分组成。最先传送的是起始位,起始位为 0。接着是若干位数据位,数据位传输的顺序是低位在前,高位在后。然后是奇偶校验位,校验位也可以看作 1 位数据位。最后是停止位,停止位为 1。不传输数据时,线路上始终保持高电平 1。单片机与单片机、单片机与其他计算机之间一般是采用异步通信方式进行串行通信。

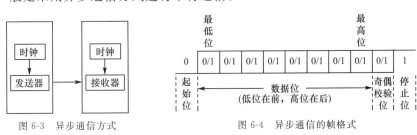

图 6-3 异步通信方式   图 6-4 异步通信的帧格式

(3)波特率 BR

数据传输时,每秒钟传输多少位二进制位叫作波特率。波特率的单位是位/秒(bps),它表示数据传输的快慢。

在异步通信中,发送端与接收端的波特率误差一般要控制在 3.5% 以内,否则将会出现接收错位的现象。

2. MCS-51 单片机串口的结构

MCS-51 单片机串口的结构如图 6-5 所示。

由图可以看出,MCS-51 单片机的串口主要是由 TXD/P3.1 引脚、RXD/P3.0 引脚、接收数据缓冲器 SBUF、发送数据缓冲器 SBUF、串行控制寄存器 SCON 以及收发控制逻辑等组成。

51 单片机的串口结构

3. 与串口相关的特殊功能寄存器

(1)串行数据缓冲器 SBUF

MCS-51 单片机内部有 2 个相互独立的数据缓冲器 SBUF,见图 6-5。一个用作发送数据缓冲器,一个用作接收数据缓冲器,这 2 个数据缓冲器的地址相同,它们在特殊功能寄存器中的字节地址都是 0x99,用符号 SBUF 表示。其中,发送数据缓冲器只能写入不能读取,向 SBUF 写入数据时,数据被写入发送数据缓冲器中。SCON 的 TI 位为 0 时,向 SBUF 中写入一个字节的数据,单片机就会将所写入的数据从串口发送出去;接收数据缓冲器只能读取不能写入,从 SBUF 中读取数据时,从接收数据缓冲器中读取已接收到的数据。例如:

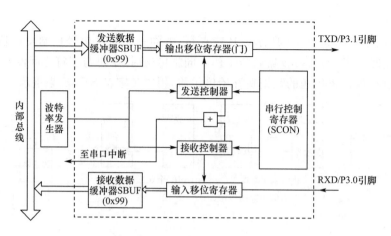

图 6-5 MCS-51 单片机串口的结构

SBUF= senddat;   //向发送数据缓冲器中写数,发送 senddat 中的数据

recdat= SBUF;   //读取接收数据缓冲器中所接收到的数据,并保存到变量 recdat 中

(2)串行控制寄存器 SCON

SCON 的字节地址为 0x98,每 1 位都分配有位地址,可以进行位访问。从低位至高位各位的位地址依次为 0x98、0x99、…、0x9f,单片机复位后 SCON 的值为 0x00,SCON 的格式见表 6-2。

表 6-2   SCON 的格式

SCON 的位	D7	D6	D5	D4	D3	D2	D1	D0	复位值
字节地址:0x98	SM0	SM1	SM2	REN	RB8	TB8	RI	TI	0x00
位地址	0x9f	0x9e	0x9d	0x9c	0x9b	0x9a	0x99	0x98	

其各位的含义如下:

SM0、SM1:串行工作方式选择控制位:

$$SM0、SM1 = \begin{cases} 00:选择工作方式 0 \\ 01:选择工作方式 1 \\ 10:选择工作方式 2 \\ 11:选择工作方式 3 \end{cases}$$

REN:接收允许控制位。REN＝0:禁止接收数据,REN＝1:允许接收数据。

TB8:在方式 2 或者方式 3 中,TB8 为待发送的第 9 位数据,在其他方式中 TB8 无用。

RB8:在方式 2 或者方式 3 中,RB8 为接收控制器接收到的第 9 位数据,该位数据来自于发送数据控制器中的 TB8 位,在其他方式中 RB8 无用。

TI:发送中断请求标志位。该位不具备自动清 0 功能,发送数据之前,必须用软件将该位清 0,发送过程中,TI 保持为 0,一帧数据发送完后,硬件电路自动将该位置 1。如果需再发送数据,则必须再次用软件将该位清 0。

RI:接收中断请求标志位。该位不具备自动清 0 的功能,在接收数据之前,必须用软件将该位清 0,接收完一帧数据后,内部硬件电路自动将该位置 1。如果需要再次接收数据,必须用软件再次将该位清 0。

SM2:允许方式 2、方式 3 多机通信控制位。在方式 0 中,SM2 必须为 0。

在方式 1 中,如果 SM2＝1,则只有接收到有效停止位才会激活 RI,若没有接收到有效停止位,则 RI＝0。通常情况下,在方式 1 中,SM2 位设置为 0。

在方式 2、方式 3 的发送机中,SM2 位一般设为 0。

在方式 2、方式 3 的接收机中,SM2 位与接收机接收到的第 9 位值 TB8 一起控制着接收数据控制器接收数据后是否将接收中断请求标志位 RI 置 1。它们的关系见表 6-3。

表 6-3　　　　　　　　　　　　SM2、TB8 与 RI 的关系

SM2	TB8	接收到数据后 RI 的状态
0	0	激活 RI,RI＝1,能引起接收中断
0	1	激活 RI,RI＝1,能引起接收中断
1	0	不激活 RI,RI＝0,能引起接收中断,所接收的数据丢失
1	1	激活 RI,RI＝1,能引起接收中断

根据 SCON 各位的含义,串口在各种工作方式下的 SCON 值见表 6-4。

表 6-4　　　　　　　　　　　　各种工作方式下 SCON 的值

工作方式	发送	接收	工作方式	发送	接收
方式 0	0x00	0x10	方式 2	0x80	0x90
方式 1	0x40	0x50	方式 3	0xc0	0xd0

例如,若串口采用方式 1 接收数据,则 SCON 的值应该设置成 01010000B,即 0x50,设置串口工作方式的程序段如下:

```
SCON= 0x50;              //串口工作在方式 1 下,允许接收数据
```

若串口采用方式 2 发送数据,则 SCON 的值应该设置成 10000000B,即 0x80,设置串口工作方式的程序段如下:

```
SCON= 0x80;              //串口工作在方式 2 下,禁止接收数据
```

【说明】

串口采用方式 2 或方式 3 时,在初始化串口时,一般是把 SM2、TB8 位都设置成 0,然后根据程序的需要采用位访问方式动态地设置 SM2 或者 TB8 位的值。

例如,串口采用方式 2 发送数据时,设置 SCON 和发送数据的程序结构如下:

```
SCON= 0x80;              //串口选用方式 2 发送数据
……
TB8= 0;                  //发送数据的第 9 位为 0
SBUF= m;                 //发送数据的低 8 位为 m 中的数,共发送 9 位有效数据
……
TB8= 1;                  //发送数据的第 9 位为 1
SBUF= m;                 //发送数据的低 8 位为 m 中的数,共发送 9 位有效数据
……
```

(3)电源控制寄存器 PCON

PCON 的字节地址为 0x87,无位地址,不能进行位访问。PCON 的格式见表 6-5。

表 6-5　　　　　　　　　　　　PCON 的格式

	D7	D6	D5	D4	D3	D2	D1	D0	
PCON	SMOD	×	×	×	GF0	GF1	PD	IDL	字节地址:0x87

其中,SMOD 位为波特率倍增位。

SMOD=1:波特率加倍;

SMOD=0:波特率不加倍。

GF0、GF1 位为通用标志位,PD、IDL 位为电源控制位。

(4)中断允许控制寄存器 IE

中断允许控制寄存器 IE 用来控制各中断是否允许(详见任务 6)。其中与串行通信有关的位有 EA 位和 ES 位。

当 ES=1 且 EA=1 时,允许串行中断,否则禁止串行中断。

4. 串口同步通信的工作方式

MCS-51 单片机的串口既可以采用同步通信方式,又可以采用异步通信方式。

当 SCON 的 SM0、SM1 位设置成 00 时,串口工作在方式 0,方式 0 的特点如下:

①波特率:固定为 $f_{osc}/12$,其中 f_{osc} 为系统的时钟频率。

②帧格式:8 位数据,无起始位,也无停止位。

③应用场合:常用于外接移位寄存器将串口扩展成并行口的场合。

(1)串口做输出口使用

做输出口时引脚信号定义如下:

RXD 引脚:输出串行数据位。数据输出格式为低位在前,高位在后。移位频率为 $f_{osc}/12$。

TXD 引脚:输出频率为 $f_{osc}/12$ 的同步移位脉冲。

每发送完 8 位数据,内部硬件电路会自动将 TI 置 1,在发送数据之前(向 SBUF 写入数据之前)必须用软件将 TI 位清 0。

串口工作于方式 0,外接类似于 HC595、74LS164 或者 CD4094 这样的串入并出的移位芯片,可以将串口扩展成并行输出口。

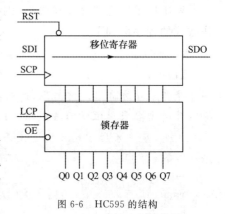

图 6-6 HC595 的结构

【例 6.1】 串口外接 HC595 扩展成并行输出口,用串口控制 8 只发光二极管呈跑马灯方式显示。

【设计分析】

HC595 为串入并出/串入串出的移位芯片,内部有一个 8 位的移位寄存器和一个 8 位的锁存器,可以同时实现串入并出和串入串出,HC595 共 16 个引脚,其内部结构如图 6-6 所示,各引脚的功能见表 6-6。

表 6-6 　　　　　　　　　　　　HC595 的引脚功能

引　脚	符　号	功　　能
1	Q1	并行输出的 D1 位
2	Q2	并行输出的 D2 位
3	Q3	并行输出的 D3 位
4	Q4	并行输出的 D4 位
5	Q5	并行输出的 D5 位
6	Q6	并行输出的 D6 位
7	Q7	并行输出的 D7 位

（续表）

引　脚	符　号	功　　能
8	GND	电源地
9	SDO	串行数据输出引脚
10	$\overline{\text{RST}}$	复位脚,低电平有效。该引脚为低电平时,内部移位寄存器的内容和 SDO 清 0,但内部锁存器的内容不变,Q0~Q7 的输出不变
11	SCP	移位时钟信号输入脚。SCP 的上升沿时 HC595 将 SDI 引脚上的数据移入内部移位寄存器
12	LCP	锁存时钟信号输入脚。LCP 的上升沿时 HC595 将移位寄存器的内容移入内部锁存器
13	$\overline{\text{OE}}$	输出使引脚,低电平有效。$\overline{\text{OE}}$ 为 0 时,Q0~Q7 输出锁存器的内容,$\overline{\text{OE}}$ 为 1 时,Q0~Q7 为高阻态,但串行输出不受影响
14	SDI	串行数据输入引脚
15	Q0	并行输出的 D0 位
16	V_{CC}	正电源引脚

将 HC595 的 $\overline{\text{RST}}$ 引脚接高电平,SCP 引脚与单片机的 TXD 引脚相接,SDI 引脚与单片机的 RXD 引脚相接,LCP 引脚、$\overline{\text{OE}}$ 引脚分别与单片机的两根 I/O 口线相接,并把单片机的工作方式设置成方式 0,单片机向 SBUF 写一个字节数后,RXD 引脚上就会以 $f_{\text{osc}}/12$ 的频率逐位输出 SBUF 中的 8 位数,同时 TXD 引脚会输出频率为 $f_{\text{osc}}/12$ 的同步脉冲。在此期间,HC595 在 SCP 引脚上的脉冲作用下将 SDI 引脚上输入的数据按照高位在前、低位在后的顺序依次存放在内部移位寄存器中。

8 位数据接收完毕后,若在 LCP 引脚上产生一个由低到高的上升沿,HC595 就会把移位寄存器中的数据移入内部锁存器中,此时若 $\overline{\text{OE}}=0$,锁存器的内容就从 Q7~Q0 引脚输出,否则 Q7~Q0 引脚呈高阻态。

按照上述原理,串口扩展成并行输出口控制发光二极管显示的电路如图 6-7 所示。

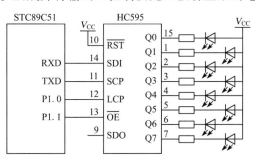

微　课

串口扩展并口
实现跑马灯

图 6-7　串口扩展成并行输出口电路

实现跑马灯控制的程序代码如下:

```
# include < reg51.h>          //1 将特殊功能寄存器定义文件 reg51.h 包含至当前文件中
# include < intrins.h>        //2 将内嵌函数说明文件 intrins.h 包含至当前文件中
sbit lcp= P1∧0;              //3 LCP 引脚定义
sbit oe= P1∧1;               //4 OE 引脚定义
void main()                   //5 main 函数
{
    unsigned char m= 0x01;   //6 控制数据初始化
```

```
    SCON= 0x00;              //7 串口初始化:方式 0、TI=0
    while(1)                 //8 死循环
    {
        SBUF=m;              //9 发送控制数据
        while(TI==0);        //10 等待数据发送结束
        TI=0;                //11 将发送中断请求标志位 TI 清 0,为下次发送数据做准备
        oe=1;                //12 禁止 HC595 并行输出
        lcp=0;               //13 产生锁存时钟的下降沿
        lcp=1;               //14 产生锁存时钟的上升沿,数据由移位寄存器移至锁存器中
        oe=0;                //15 允许锁存器并行输出
        m=_crol_(m,1);       //16 控制数据循环左移 1 位,为下次输出做准备
        delay();             //17 延时 0.5 s
    }                        //18 死循环的循环体结束
}                            //19 main 函数结束
```

【说明】

①上述电路中,$\overline{OE}$引脚可以直接接地。在这种情况下,只要 LCP 引脚上出现上升沿,HC595 的 Q7～Q0 引脚就会输出移位寄存器中的内容。

②串口输出数据的方向是低位在前,高位在后,HC595 移入数据的方向是先入为高位,后入为低位,所以 Q7 输出的是串口发送数据的最低位,Q0 输出的是串口发送数据的最高位。如果上述电路控制的是数码管段选口,HC595 的 Q7～Q0 应依次与数码管的 a、b、…、dp 脚相接。

③上述程序中,第 9 行至第 15 行实现的功能是,通过 Q7～Q0 输出一个字节数据 m,在实际应用中可将这一部分单独写成一个函数。

(2)做输入口使用

做输入口时引脚信号的定义如下:

RXD 引脚:输入串行数据位。数据移位频率为 $f_{osc}/12$。

TXD 引脚:输出频率为 $f_{osc}/12$ 的同步移位脉冲。

每接收完 8 位数据(一帧数据)后,内部硬件电路会自动将 RI 置 1,每次接收数据之前,必用软件将 RI 清 0。

【注意】

做输入口使用时,必须事先将 SCON 的 REN 位置 1,否则接收机接收不到数据。另外,方式 0 中 TB8、RB8 位无意义。

串口工作于方式 0,外接类似于 74LS165 或者 CD4014 这样的并入串出的移位芯片,可以将串口扩展成并行输入口。

【例 6.2】 串口外接 74LS165 扩展成并行输入口,74LS165 的并行输入端接有 8 位拨码开关,请将拨码开关的状态读至全局变量 keyval 中。

【设计分析】

74LS165 是 8 位并入串出的同步移位寄存器,D0～D7 为并行输入引脚,Q 为串行输出引脚,CP 为同步时钟输入端,SH/LD 为移位/锁存控制端。当 SH/LD 为低电平时,74LS165 锁存并行输入端的输入信号,SH/LD 为高电平时允许 74LS165 串行输出,此时 74LS165 在 CP 引脚输入的时钟脉冲的作用下将内部锁存数据按低位在前、高位在后的顺序从 Q 引脚移位输出。

根据上述原理,串口扩展成并行输入口的电路如图 6-8 所示。

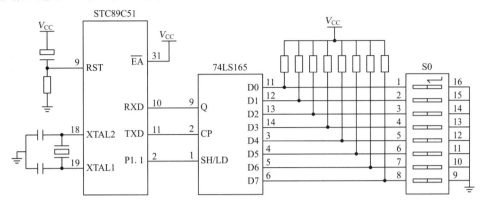

图 6-8 串口扩展并行输入口电路

读外部输入的程序代码如下:

```
#include <reg51.h>
#include <intrins.h>
sbit SH= P1∧1;
unsigned char keyval;
void main()
{
    SCON= 0x10;              //1 串口初始化:方式 0、允许接收(REN=1)、RI=0
    while(1)                 //2 死循环
    {
        SH=0;                //3 将 74LS165 并行输入数据锁存
        SH=1;                //4 允许串行移位操作
        while(RI==0);        //5 等待接收完 8 位数据
        RI=0;                //6 接收中断请求标志位清 0,为下次接收数据做准备
        keyval=SBUF;         //7 从接收缓冲器中读输入数据
        //8 输入数据的处理
    }                        //9 死循环的循环体结束
}                            //10 main 函数结束
```

任务实施

1. 搭建硬件电路

十字路口有 4 个通行方向,每个方向需三盏灯指挥交通,系统中共需 12 只发光二极管。考虑到由东向西与由西向东 2 个方向上的指挥灯的状态完全一致,由南向北与由北向南 2 个方向上的指挥灯的状态完全一致,12 只发光二极管可用六根 I/O 口线控制。

本任务中,我们用 HC595 做交通灯的控制口,其硬件电路如图 6-9 所示。

2. 编写软件程序

(1)流程图

任务 12 的程序是一个周期为 100 s 的循环程序。在 100 s 的各个时间段中,HC595 的输出数据见表 6-7。

串口扩展并口模拟
交通灯制作实践

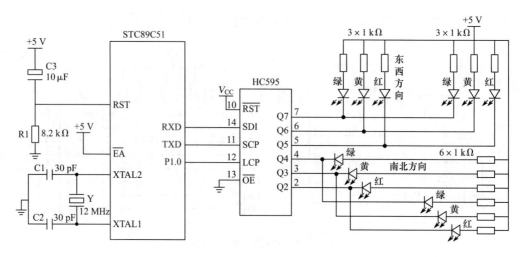

图 6-9　任务 12 的硬件电路图

表 6-7 **HC595 的输出数据**

时间/s	Q0～Q7 输出数据		单片机输出数据		持续时间/s	东西方向指示灯			南北方向指示灯		
	二进制	十六进制	二进制	十六进制		绿色	黄色	红色	绿色	黄色	红色
0～55	01111011	0x7b	11011110	0xde	55	亮	灭	灭	灭	灭	亮
55～60	10111011	0xbb	11011101	0xdd	5	灭	亮	灭	灭	灭	亮
60～95	11001111	0xcf	11110011	0xf3	35	灭	灭	亮	亮	灭	灭
95～100	11010111	0xd7	11101011	0xeb	5	灭	灭	亮	灭	亮	灭

上表中,各时间段的持续时间为 5 s 的整数倍,我们用变量 seccnt 记录系统的时间,seccnt 的单位选为 5 s,则 seccnt＝0～19 时所对应的时间为 0～100 s。用 T0 做 50 ms 的基准时间定时器,T0 的工作方式选用方式 1。f_{osc}＝11.0592 MHz 时,T0 的计数次数为 46080。用变量 timcnt 记录 50 ms 中断次数,将交通灯控制程序放在 T0 定时中断服务函数中处理,main 函数完成系统初始化后就空运行。

系统程序中,main 函数的流程图如图 6-10 所示,T0 定时中断服务函数的流程图如图 6-11 所示。

(2)程序代码

任务 12 的程序代码如下:

```
//任务 12    制作交通指示灯
#include < reg51.h>
#define uchar unsigned char
uchar timcnt,seccnt;
sbit LCP= P1∧0;
void sout(uchar m);
void main(void)
{
    timcnt= 0;
    seccnt= 0;
    SCON= 0x00;                    //串口初始化:方式 0
    TMOD= 0x01;
```

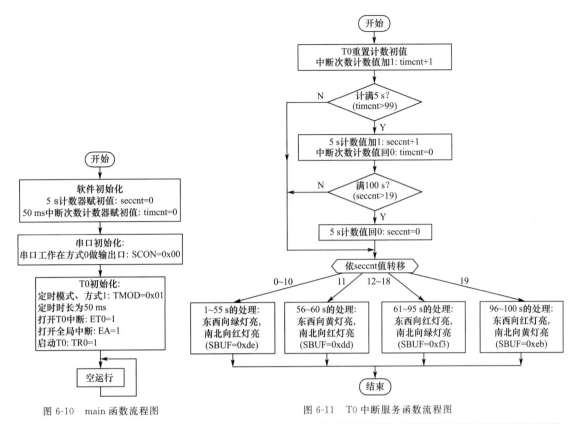

图 6-10   main 函数流程图
图 6-11   T0 中断服务函数流程图

```
        TL0=(65536- 46080)% 256;

        TH0=(65536- 46080)/256;

        ET0=1;

        EA=1;

        TR0=1;

        while(1)

        {   ;   }

}
//串口输出程序
void sout(uchar m)

{

        SBUF=m;                       // 发送控制数据

        while(!TI);                    // 等待数据发送结束

        TI=0;                          // 将发送中断请求标志位 TI 清 0,为下次发送数据做准备

        LCP=0;                         // 产生锁存时钟的下降沿

        LCP=1;                         // 产生锁存时钟的上升沿,数据由移位寄存器移至锁存器中

}
//定时中断 T0 服务程序
void tim1() interrupt 1 using 1

{

        TL0=(65536- 46080)% 256;   //重置计数初值:50 ms

        TH0=(65536- 46080)/256;
```

```
    timcnt+ + ;
    if(timcnt> 99)
    {
        timcnt=0;
        seccnt+ + ;
        if(seccnt> 19) seccnt=0;
    }
    switch(seccnt)
    {
        case 11:                //55～60 s
            sout(0xdd); break;  //东西方向黄灯、南北方向红灯亮,其他灯熄灭
        case 19:                //95～100 s
            sout(0xeb); break;  //东西方向红灯、南北方向黄灯亮,其他灯熄灭
        default:
            if(seccnt<11)       //0～55 s
                sout(0xde);     //东西方向绿灯、南北方向红灯亮,其他灯熄灭
            else                //60～95 s
                sout(0xf3);     //东西方向红灯、南北方向绿灯亮,其他灯熄灭
    }
}
```

应用总结与拓展

　　串行通信是单片机应用系统之间常用的通信方式,串行通信的数据传输方式有单工、半双工、全双工 3 种,通信方式有同步通信和异步通信 2 种。

　　MCS-51 单片机中集成有一个可编程的串口,它有 4 种工作方式,由 SCON 设置和管理。其中,方式 0 为同步通信方式,其他 3 种方式为异步通信方式。

　　串口工作在方式 0 时,其波特率为 $f_{osc}/12$,传输 1 个字节数据的时间为 1 个机器周期。用方式 0 扩展并行输入口时,TXD 引脚与并入串出移位芯片的时钟脚相接,RXD 引脚与移位芯片的数据输出脚相接。扩展并行输出口时,TXD 引脚与串入并出移位芯片的时钟脚相接,RXD 引脚与串入并出移位芯片的数据输入脚相接。

　　采用查询方式输出数据的编程方法是,先将数据写入 SBUF,然后等待数据发送结束,再将 TI 位清 0。输入数据的编程方法是,先检查 RI 是否为 1,若为 1 则将 RI 位清 0 后再从 SBUF 中读取数据。

习　题

　　1.同步通信中,发送器与接收器由_____控制,它们同步工作。

　　2.异步通信中,发送器与接收器由_____控制,它们的工作不同步。

　　3.采用异步通信时,发送端与接收端的波特率的误差一般要控制在_____以内。

　　4.MCS-51 单片机片内集成有一个_____串口,它的外部引脚是_____和_____,串口发送数据和接收数据时,数据的移位方向是_____。

5.某串行通信程序中有以下语句:SBUF＝SBUF＋2;

语句的功能是_____,符号"＝"左边的 SBUF 是_____,右边的 SBUF 是_____。

6.发送中断请求标志位是_____,其中断类型号是_____,接收中断请求标志位是_____,其中断类型号是_____。

7.串口发送数据时,发送数据前必须用软件将_____清 0,1 帧数据发送完毕后,硬件电路会将_____。

8.串口接收数据时,必须将 SCON 的_____位置 1,其含义是_____。接收数据之前必须用软件将_____位清 0,串口接收完 1 帧数据后硬件电路会将_____,用来通知单片机从接收数据缓冲器中读取所接收到的数据。

9.用中断方式发送或者接收数据时,需将 IE 寄存器的_____位和_____位_____。

10.方式 0 的 BR＝_____,帧格式的特点是_____,用于_____场合。

11.串口工作在方式 0,做输出口使用,RXD 引脚的功能是_____,TXD 引脚的功能是_____,外接_____类型的移位芯片后可将串口扩展成并行输出口。

12.串口工作在方式 0,做输入口使用,RXD 引脚的功能是_____,TXD 引脚的功能是_____,外接_____类型的移位芯片后可将串口扩展成并行输入口。

13.用串口外接 HC595 控制 1 位共阴极数码管显示。请画出硬件电路,并编写软件程序,使数码管循环显示数字 0~9,其中每个数字的显示时间为 1 s。

14.请画出串口外接 74LS165 扩展并行输入口的电路图。

15.用串口扩展并口的方式实现任务 2 中的开关量输入显示,请画出硬件电路图,并编写软件程序。

扩展实践

用串口外接两片 HC595 控制 8 只共阳极数码管实现动态扫描显示,请画出硬件电路图,并编写软件程序,使系统按"hh-mm-ss"的格式显示时间。

任务 13　用计算机控制秒表

任务要求

单片机的 f_{osc} ＝11.0592 MHz,T0 做秒表的基准时间定时器,同时做数码管扫描显示的时间控制器,P1、P2 口外接 2 位数码管做秒表的显示器。单片机按照 10 位 1 帧的帧格式,以 4 800 bps 的波特率与计算机进行通信,用计算机控制秒表的启停与清 0,其控制要求如下。

①上电时,秒表显示时间为 0、停止走时。

②计算机向单片机发送 0x00 时,秒表暂停走时;发送 0x01 时,秒表在当前显示值的基础上走时;发送 0x02 时,秒表计时清 0,并停止走时;发送其他数据时秒表不做任何反应。

③单片机接收到计算机发送来的数据后,将所接收到的数据回送给计算机显示,以便在计算机上观察单片机是否接收到数据。

相关知识

任务 13 涉及的新知识主要有单片机的串口做异步通信时的工作方式、串口的编程方法、双机通信电路等。

1. 串口做异步通信的工作方式

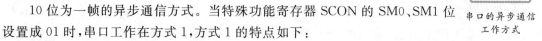

串口做异步通信的工作方式有方式 1、方式 2、方式 3 共 3 种。

（1）方式 1

10 位为一帧的异步通信方式。当特殊功能寄存器 SCON 的 SM0、SM1 位设置成 01 时，串口工作在方式 1，方式 1 的特点如下：

①波特率：由 T1 的溢出率以及特殊功能寄存器 PCON 的 SMOD 位的状态来确定。

②帧格式：每帧数据包括 1 个起始位、8 个数据位（低位在前）和 1 个停止位。

③应用场合：单片机与其他计算机之间通信。

④引脚信号定义：TXD 引脚为数据发送端，RXD 引脚为数据接收端。

向 SBUF 写入一个字节的数据，就启动了数据发送过程，1 帧数据发送完毕后，内部硬件电路会自动将 TI 置 1，每次发送数据之前都必须用软件将 TI 位清 0。

接收数据之前，SCON 的 REN 位必须为 1（允许接收数据状态），RI 位必须为 0，接收数据时，数据由 RXD 引脚移入接收数据缓冲器 SBUF 中，每接收完一帧数据，内部硬件电路都会自动将 RI 位置 1。

方式 1 的波特率公式如下：

$$波特率\ BR=\frac{2^{SMOD}}{32}\times T1\ 溢出率=\frac{2^{SMOD}}{32}\times\frac{f_{osc}}{12\times(256-x)}=\frac{2^{SMOD}\times f_{osc}}{384\times(256-x)}$$

式中，x 为定时/计数器 T1 的计数初值。

这里所说的溢出率是指定时/计数器每秒钟计满模值发生溢出的次数。常用的波特率和定时/计数器 T1 的初值关系见表 6-8。

表 6-8　　　　常用的波特率和 T1 的初值关系

波特率/bps（方式 1、3）	$f_{osc}=6$ MHz			$f_{osc}=12$ MHz			$f_{osc}=11.0592$ MHz		
	SMOD	定时/计数器 T1		SMOD	定时/计数器 T1		SMOD	定时/计数器 T1	
		工作方式	初值		工作方式	初值		工作方式	初值
62 500				1	2	0xff			
19 200							1	2	0xfd
9 600							0	2	0xfd
4 800				1	2	0xf3	0	2	0xfa
2 400	1	2	0xf3	0	2	0xf3	0	2	0xf4
1 200	1	2	0xe6	0	2	0xe6	0	2	0xe8
600	1	2	0xcc	0	2	0xcc	0	2	0xd0
300	0	2	0xcc	0	2	0x98	0	2	0xa0
137.5	1	2	0x1d	1	2	0x1d	0	2	0x2e
110	0	2	0x72						

（2）方式 2 和方式 3

11 位为 1 帧的异步通信方式。每帧信息包括 1 个起始位、8 个数据位、1 个附加位和 1 个停止位。方式 2 和方式 3 除了波特率不同外，其他性能完全相同。

方式 2 的波特率：

$$BR=\frac{2^{SMOD}}{64}\times f_{osc}$$

方式 3 的波特率与方式 1 的波特率一样：

$$BR=\frac{2^{SMOD}}{32}\times T1\text{溢出率}$$

方式 2、方式 3 的操作过程与方式 1 的操作过程基本相同，只是有效数据位多了一个附加位而已，发送数据时，发送的 8 位数据来自于 SBUF，发送的附加位来自于 SCON 中的 TB8 位；接收数据时，所接收的 8 位数据存入 SBUF 中，附加位送入 SCON 中的 RB8 中。附加数据位常用作数据的奇偶校验位或者是在多机通信中做地址/数据的标志位。

2. 串口的编程方法

串口可以用查询方式发送数据和接收数据，也可以用中断方式发送数据和接收数据。串口的应用程序包括初始化部分和发送/接收数据两部分。

串口的编程方法

（1）串口的初始化

串口的初始化方法如下：

①设置 SCON 的值：主要是选择串口的工作方式、是否允许接收数据，并将串口的中断请求标志 TI、RI 位清 0。各种工作方式下 SCON 的设置值请查阅表 6-4。

②设置串口的波特率。不同的工作方式，串口的波特率计算公式不同，所需设置的特殊功能寄存器也不同，各种方式下设置波特率时所需设置的特殊功能寄存器见表 6-9。

表 6-9　　　　　波特率的设置与特殊功能寄存器的关系

工作方式	特殊功能寄存器	特殊位	波特率公式
方式 0	无	无	$\frac{f_{osc}}{12}$
方式 1、方式 3	TMOD=0x2×（×表示为任意值） TH1=TL1=表 6-8 中的值	PCON. 7（SMOD 位）=1 或 0 TR1=1	$\frac{2^{SMOD}\times f_{osc}}{384\times(256-x)}$
方式 2	无	PCON. 7（SMOD 位）=1 或 0	$\frac{2^{SMOD}}{64}\times f_{osc}$

③设置串口的中断优先级（查询方式不必设置）：PS＝1 或 0。

④开串行中断和全局中断（查询方式不必设置）：ES＝1，EA＝1。

【例 6.3】　单片机的 f_{osc}＝6 MHz，采用方式 1 以 1 200 bps 的波特率接收数据，其初始化程序如下：

```
void InitSerial(void)
{    SCON= 0x50;              //串口选择工作方式 1、允许接收、RI= 0
     PCON= 0x80;              //SMOD= 1
     TMOD= 0x20;              //T1:定时、方式 2
     TL1=TH1=0xe6;            //T1 的计数器赋初值
     TR1=1;                   //启动 T1
}
```

（2）发送数据

串口发送数据可以采用中断方式,也可以采用查询方式,但串口何时发送数据在程序中是已知的,发送数据时 CPU 是主动的,实际使用时串口一般不用中断方式发送数据。发送数据的方法如下:

①将待发送数据的第 9 位数据写入 SCON 的 TB8 位中(方式 0、方式 1 中无此步)。

②将待发送数据的低 8 位写入 SBUF 中,启动串口发送数据。

③等待串口发送结束。

④将 TI 位清 0,以便发送下一个数据。

发送数据的流程图如图 6-12 所示。

由数据发送原理可知,串口在发送数据的过程中,TI＝0,发送结束后 TI＝1。所以在图 6-12 中我们采取检测 TI 位是否为 1 来决定程序是否往下走的方式来实现等待发送结束。

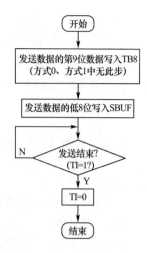

图 6-12 发送数据流程图

```
串口发送 8 位数据的程序如下:
/* * * * * * * * * * * * * * * * * * * * * * * * * * * * * * *
函数 Send8Bit()
功能:串口发送 8 位数据
参数:m 为待发送的字节数据
* * * * * * * * * * * * * * * * * * * * * * * * * * * * * * * /
void Send8Bit(unsigned char m)
{
    SBUF=m;                    //待发送的数据写入 SBUF,启动发送
    while(TI==0);              //等待发送结束
    TI=0;                      //将 TI 位清 0,为下次发送做准备
}
串口发送 9 位数据的程序如下:
/* * * * * * * * * * * * * * * * * * * * * * * * * * * * * * *
函数 Send9Bit()
功能:串口发送 9 位数据
参数:
tb8:待发送数据的第 9 位
m:待发送数据的低 8 位
* * * * * * * * * * * * * * * * * * * * * * * * * * * * * * * /
void Send9Bit(bit tb8,unsigned char m)
{
    TB8=tb8;                   //待发送数据的第 9 位写入 TB8
    SBUF=m;                    //待发送数据的低 8 位写入 SBUF,启动发送
    while(TI==0);              //等待发送结束
    TI=0;                      //将 TI 位清 0,为下次发送做准备
}
```

【例 6.4】 单片机的 f_{osc} ＝6 MHz,采用方式 1 以 1 200 bps 的波特率用串口将数组 sdat[] 中的 5 个字节数据发送出去,请编写程序。

【解】程序代码如下：

```
#include <reg51.h>                      //包含特殊功能寄存器定义头文件 reg51.h
void InitSerial(void)
{   /* 例 6.3 中的程序代码 */
}
void Send8Bit(unsigned char m)
{   /* 详见前面的 Send8Bit()函数 */
}
void main(void)                         //main 函数
{   unsigned char sdat[5]={1,2,3,4,5};  //定义数组 sdat(存放待发送数据)
    unsigned char i;                    //定义变量 i
    InitSerial();                       //串口初始化
    for(i=0;i<5;i++)                    //循环 5 次
    {   Send8Bit(sdat[i]);              //发送元素 sdat[i]
    }
    while(1);                           //死循环
}                                       //main 函数结束
```

（3）接收数据

接收数据可以采用中断方式编程，也可以采用查询方式编程。但是串口何时有数据，单片机事先是不知道的，单片机接收数据是被动的，所以在实际应用中串口接收数据一般采用中断方式编程。

编写接收数据程序时要注意以下几点：

①接收数据的条件是 REN＝1，RI＝0，接收数据之前和接收数据的过程中 RI 位必须为 0。

②串口每接收一帧数据后，硬件电路会自动地将 RI 位置 1，RI 标志的是串口是否接收到新数据。

③串口接收中断与发送中断的中断类型号是 4，在中断服务函数中需要判断是否是 RI＝1 引起的中断。

④RI 不具备自动清 0 功能，在中断服务函数中需要用软件将 RI 位清 0。

采用中断方式接收数据的流程图如图 6-13 所示。

采用中断方式接收 8 位数据的程序框架如下：

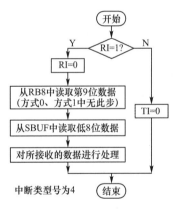

图 6-13　中断方式接收数据

```
void SerialISR() interrupt 4 using 1   //串口中断服务函数,中断类型号为 4
{   unsigned char m;                    //定义变量 m
    if(RI==1)                           //若是接收引起中断,则进行接收数据处理
    {   RI=0;                           //将 RI 清 0
        m=SBUF;                         //从接收数据缓冲器中读取接收数据,并存入 m 中
        /* 此处添加对 m 处理的程序代码 */
    }                                   //接收数据处理结束
    else                                //RI 不为 0,则为发送引起的中断
    {   TI=0;                           //将 TI 位清 0
    }                                   //发送数据处理结束
}                                       //串口中断服务函数结束
```

【例 6.5】 单片机的 f_{osc} ＝11.0592 MHz,串口工作在方式 1 下以 4 800 bps 的波特率与计算机进行串行通信,单片机每接收一个数据就用串口将此数据发送回计算机中显示,并用 P1 口外接的发光二极管显示该数(发光二极管采用低电平有效控制)。请编写实现上述功能的程序。

【解】程序代码如下:

```
#include <reg51.h>
void InitSerial(void)
{    SCON= 0x50;
     TMOD= 0x20;
     TL1= TH1= 0xfa;
     ES= 1;
     EA= 1;
     TR1= 1;
}
void main(void)
{
     InitSerial();                      //串口初始化
     while(1)
     {    ;    }
}
void Send8Bit(unsigned char m)
{
     SBUF= m;                           //待发送的数据写入 SBUF,启动发送
     while(TI==0);                      //等待发送结束
     TI= 0;                             //将 TI 位清 0,为下次发送做准备
}
void SerialISR(void) interrupt 4 using 1  //串行中断服务程序,中断类型号为 4
{    unsigned char m;                   //定义变量 m
     if(RI==1)                          //若是接收引起的中断,则进行接收数据处理
     {    RI= 0;                        //接收中断请求标志清 0,以便下次接收数据
          m= SBUF;                      //从接收数据缓冲区中读取数据
          Send8Bit(m);                  //用串口发送所接收到的数据
          P1= ~m;                       //发光二极管采用低电平有效控制,取反得显示控制码
     }
     else                               //发送引起的串行中断
     {    TI= 0;                        //发送中断请求标志清 0
     }
}
```

3. 双机通信电路

双机通信包括单片机与单片机之间的通信、单片机与其他计算机之间的通信。常用的双机通信电路有 TTL 电平的双机通信电路、RS-232C 规范的双机通信电路和 USB 接口的双机通信电路等。

（1）TTL 电平的双机通信电路

TTL 电平的双机通信电路是一种基本的串行通信电路。其特点是,单

单片机和 PC 机进行串行通信的电路

片机的串口不做电平转换,通信线路上传输信号的电平为单片机串口输出的 TTL 电平,通信传输距离最多不超过 1.5 m。当 2 个单片机应用系统相距很近时常用这种通信电路。TTL电平的双机通信电路如图 6-14 所示。

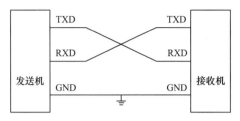

图 6-14　TTL 电平的双机通信电路

这种电路的连接方法是,收发双方的 TXD、RXD 引脚交叉连接,再将它们的 GND 引脚相接。

(2)RS-232C 规范的双机通信电路

RS-232C 是美国电子工业协会(EIA)公布的一种串行异步通信的总线标准,目前许多设备上的串口都采用这种标准与其他设备进行串行通信,例如计算机、PLC 等设备的串口就是采用RS-232C 规范与其他设备进行串行通信。RS-232C 规范的主要特点是,串行通信的距离可达到 15 m,通信线上的电压为负逻辑关系,-5~-15 V 为逻辑"1",+5~+15 V 为逻辑"0",设备的串口一般用 DB-9 型连接器与外部通信线相接,其中 DB-9 型连接器的引脚排列如图 6-15 所示,各引脚的定义见表 6-10。

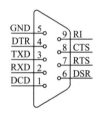

图 6-15　DB-9 型连接器的引脚

表 6-10　　　　　　　　　　DB-9 型连接器的引脚定义

引脚	电气符号	传输方向	功能
1	DCD	输入	载波检测
2	RXD	输入	接收数据
3	TXD	输出	发送数据
4	DTR	输出	数据终端准备好
5	GND		信号地线
6	DSR	输入	数据设备准备好
7	RTS	输出	请求发送
8	CTS	输入	清除发送
9	RI	输入	振铃指示

两设备之间采用 RS-232C 规范进行简单的串行通信时,一般只需使用 DB-9 型连接器上的 2 脚(接收数据 RXD)、3 脚(发送数据 TXD)和 5 脚(信号地线 GND)这 3 个引脚,串行通信的连接电路如图 6-16 所示。

单片机串口的输入、输出电平为 TTL 电平,并不是 RS-232C 规范的电平,单片机与 RS-232 规范的串口进行串行通信时,需要将单片机的串口对外也设计成 RS-232 规范的串口。其方法是,在单片机的串口与串行连接线之间增加一个 TTL 电平与 RS-232C 电平的转换电路,其电路图如图 6-17 所示。其中,MAX232 是专用的 TTL 电平与 RS-232C 电平转换芯片,其内部逻辑图如图 6-18 所示。

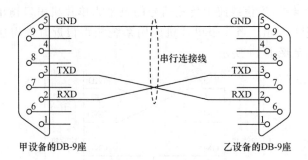

图 6-16　RS-232 规范的串行通信电路

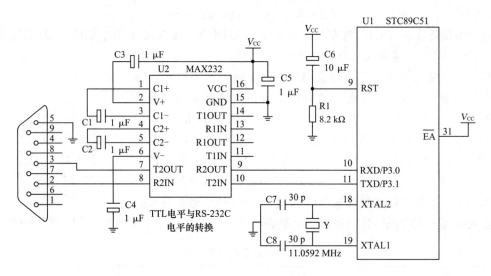

图 6-17　单片机串口转换为 RS-232 规范的串口

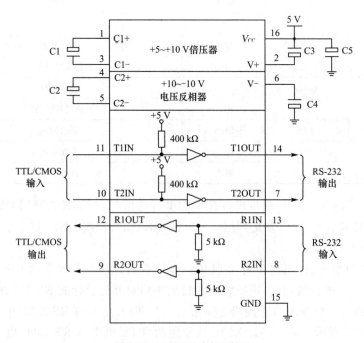

图 6-18　MAX232 内部逻辑图

图 6-18 中,上半部分为电源电压变换器,其作用是将输入的+5V 电源电压转换成 RS-232 输出电平所需的±10 V 电压,C1、C2、C3、C4 是电源变换电路的外接电容,常选用 0.1～1.0 μF 的钽电容。C5 为电源去耦电容,用来消除电源噪声影响,常选用 0.1 μF 的电容。图中下半部分为发送和接收部分,T1IN 和 T2IN 接单片机的串行发送端 TXD,R1OUT 和 R2OUT 接单片机的接收端 RXD;T1OUT 和 T2OUT 接计算机、PLC 等设备串口的接收端 RXD(2 脚)(请注意,不是本机 DB9 座上的 2 脚),R1IN 和 R2IN 接计算机、PLC 等设备串口的发送端 TXD(3 脚)。

(3)USB 接口的双机通信电路

USB 是 Universal Serial Bus 的缩写,是英特尔、康柏、IBM、Microsoft 等公司为了统一外设接口、方便用户使用而提出来的"通用的串行总线"。USB 口是目前计算机中标准的外设扩展口。它用一个 4 针的插头作为标准的插头,常用的 USB 连接器如图 6-19 所示,其引脚分布如图 6-20 所示,各引脚的定义见表 6-11。

图 6-19　常用的 USB 连接器　　　　图 6-20　USB 连接器的引脚

表 6-11　　　　　USB 连接器的引脚功能

引脚	电气符号	功能
1	V_{CC}	+5 V 电源
2	D−	数据−
3	D+	数据+
4	GND	电源地

MCS-51 单片机的串口不是通用的串行总线接口,不能直接挂接在计算机的 USB 口上与计算机进行串行通信。单片机与计算机的 USB 口进行串行通信的一般方法是,用 USB 线与计算机的 USB 口相接,USB 线的另一端接 CH340 等 USB 转串口芯片,将计算机的 USB 口转换成 TTL 电平的串口,然后再按 TTL 电平的双机通信电路连接 CH340 与单片机的串口,单片机与计算机的 USB 口进行串行通信的连接电路如图 6-21 所示。

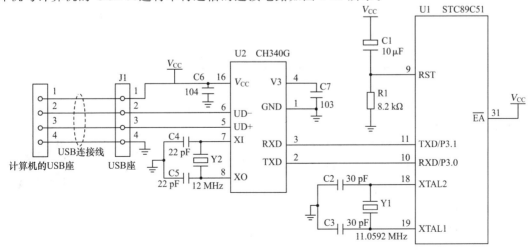

图 6-21　单片机与计算机的 USB 口进行串行通信的连接电路

图 6-21 中，CH340G 是 CH340 的一个品种，它是南京沁恒电子有限公司生产的 USB 口转串口芯片，其引脚分布如图 6-22 所示，各引脚的功能见表 6-12。

采用 CH340G 将 USB 口转换成串口的电路非常简单，仅需使用 CH340G 的 UD－、UD＋、RXD、TXD、XI、XO、V_{CC}、GND、V3 共 9 个引脚。其中，V_{CC}、GND 引脚为 CH340G 提供电源，当供电电压为 5 V 时，V3 对地接一个 0.01 μF 的退耦电容。XI、XO 引脚外接 12 MHz 的晶振，用来产生 CH340G 所需要的 12 MHz 时钟信号，UD＋、UD－分别与 USB 口的 UD＋、UD－相接，RXD、TXD 分别为转换后的串行接收引脚和发送引脚，分别与其他串行通信设备的 TXD 引脚和 RXD 引脚相接。

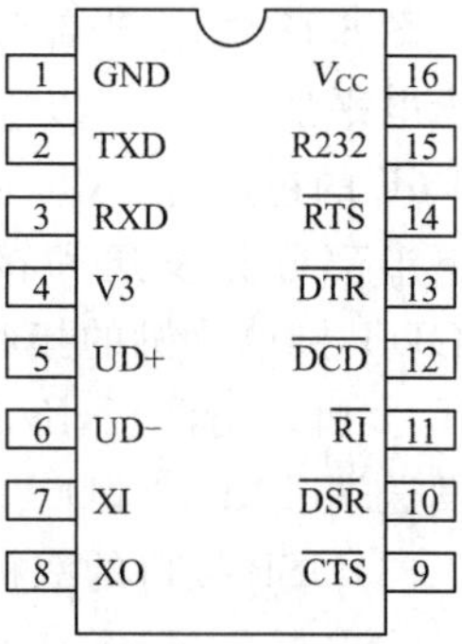

```
     ┌───┐  ┌───┐
 1 ──┤GND     V_CC├── 16
 2 ──┤TXD     R232├── 15
 3 ──┤RXD     RTS ├── 14
 4 ──┤V3      DTR ├── 13
 5 ──┤UD+     DCD ├── 12
 6 ──┤UD-     RI  ├── 11
 7 ──┤XI      DSR ├── 10
 8 ──┤XO      CTS ├──  9
     └────────────┘
```

图 6-22 CH340G 引脚分布图

表 6-12　　　　　　　　　　　　CH340G 引脚功能

引脚号	符号	类型	功能
16	V_{CC}	电源	正电源端，需外接 0.1 μF 的退耦电容
1	GND	电源	电源地，直接与 USB 总线的地相接
4	V3	电源	V_{CC} 接 5 V 电源时此引脚外接 0.01 μF 的退耦电容
7	XI	输入	晶体振荡的输入端，需外接 12 MHz 的晶振及振荡电容
8	XO	输出	晶体振荡的反相输出端，需外接晶振及振荡电容
5	UD＋	USB 信号	USB 信号引脚，直接接 USB 总线的 D＋数据线
6	UD－	USB 信号	USB 信号引脚，直接接 USB 总线的 D－数据线
2	TXD	输出	串行数据输出端
3	RXD	输入	串行数据输入端
9	$\overline{CTS}$	输入	MODEM 联络输入信号，清除发送，低电平有效
10	$\overline{DSR}$	输出	MODEM 联络输出信号，数据装置就绪，低电平有效
11	$\overline{RI}$	输入	MODEM 联络输入信号，振铃指示，低电平有效
12	$\overline{DCD}$	输入	MODEM 联络输入信号，载波检测，低电平有效
13	$\overline{DTR}$	输出	MODEM 联络输出信号，数据终端就绪，低电平有效
14	$\overline{RTS}$	输出	MODEM 联络输出信号，请求发送，低电平有效
15	R232	输入	辅助 RS232 使能，高电平有效

任务实施

1. 搭建硬件电路

为了实现单片机与计算机通信，我们用 CH340G 芯片将计算机的 USB 口转换成 TTL 电平的串口，然后再与单片机的串口相接，其中 USB 转串口电路安置在实验平台上，实训时直接用 USB 线将计算机的 USB 口与实验平台上的 USB 座相接。任务 13 中的硬件电路图如图 6-21 所示。

2. 编写软件程序

任务 13 的软件程序包括计算机的通信程序和单片机程序两部分。

微　课

用计算机控制秒表的制作实践

(1)单片机的程序

任务 13 的程序编写方法是,用局部静态变量 timcnt 记录定时中断的中断次数,用全局变量 entime 控制是否允许对 timcnt 加 1 计数。在 T0 定时中断服务函数中对 entime 进行判断,若 entime＝1,则对 timcnt 进行加 1 计数,若 entime＝0,则不对 timcnt 加 1。然后再判断 timcnt 是否计满 1 s,并做相应处理。在串行接收中断服务函数中,对接收数据进行判断,若接收数据为 0x00(暂停秒表),则将 entime 位清 0。若接收数据为 0x01(启动秒表),则将 entime 位置 1。若接收数据为 0x02(秒表清 0),则将 entime 位清 0,并将变量 timcnt、second 都清 0。

按照任务要求,单片机的串口应设置成方式 1,选用定时/计数器 T1 做发送和接收的波特率发生器,由表 6-8、表 6-9 可知,T1 应设置成方式 2、定时模式,计数初值为 0xfa,并且禁止 T1 中断。任务 13 单片机程序的流程图如图 6-23 所示。

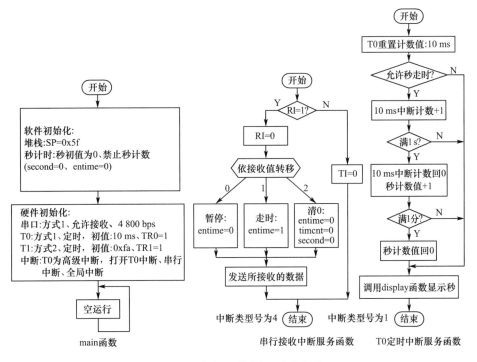

图 6-23　任务 13 单片机程序流程图

单片机的程序代码如下:

```
/* * * * * * * * * * * * * * * * * * * * * * * * * * * * * * * * * * * * * * *
任务 13    用计算机控制秒表
* * * * * * * * * * * * * * * * * * * * * * * * * * * * * * * * * * * * * * */
#include <reg51.h>
#define PortS P1                      //数码管段选口
#define PortB P2                      //数码管位选口
#define uchar unsigned char
sbit PTen=P2∧0;                       //十位位选脚
sbit PSin=P2∧1;                       //个位位选脚
//全局变量定义
uchar data second;                    //在 data 区定义全局变量 second
uchar code ledcode[]={0x3f,0x06,0x5b, //在 code 区建立数码管的笔型码表 ledcode
```

```
0x4f,0x66,0x6d,0x7d,0x07,0x7f,0x6f};        //笔型码表续(C51的语句可以分多行书写)
bit entime;
//函数说明
void display(uchar td,uchar sd);
void Send8Bit(unsigned char m);
/* * * * * * * * * * * * * * * * * * * * * * * * * * * * * * * * * * * * * * * *
函数 main()
* * * * * * * * * * * * * * * * * * * * * * * * * * * * * * * * * * * * * * * * /
void main(void)
{   SP= 0x5f;
    second= 0;                                  //软件初始化:秒计数器赋初值 0
    SCON= 0x50;
    TMOD= 0x21;                                 //T1:方式 2、定时,T0:方式 1、定时
    TL1= TH1= 0xfa;
    TL0= (65536- 9216)% 256;
    TH0= (65536- 9216)/256;
    ET0= 1;
    ES= 1;
    EA= 1;
    TR0= 1;
    TR1= 1;
    while(1)
    {   ;   }
}
/* * * * * * * * * * * * * * * * * * * * * * * * * * * * * * * * * * * * * * * *
函数 Send8Bit()
功能:串口发送 8 位数据
参数:m 为待发送的字节数据
* * * * * * * * * * * * * * * * * * * * * * * * * * * * * * * * * * * * * * * * /
void Send8Bit(unsigned char m)
{
    SBUF= m;                                    //待发送的数据写入 SBUF,启动发送
    while(TI==0);                               //等待发送结束
    TI= 0;                                      //将 TI 位清 0,为下次发送做准备
}


/* * * * * * * * * * * * * * * * * * * * * * * * * * * * * * * * * * * * * * * *
函数 SerialISR()
功能:串行接收中断服务函数
* * * * * * * * * * * * * * * * * * * * * * * * * * * * * * * * * * * * * * * * /
void SerialISR() interrupt 4 using 1          //串行中断服务函数:中断类型号为 4
{   uchar rdat;                                //定义局部变量 rdat:保存接收数据
```

```
    if(RI==1)                        //若是接收引起中断,则进行接收处理(if函数体)
    {   RI=0;                        //将 RI 位清 0
        rdat=SBUF;                   //读取新接收到的数据
        switch(rdat)                 //对接收数据进行解释处理
        {   case 01: entime=1;break;     //为 01 时,启动秒表
            case 02: second=0;       //为 02 时,秒表清 0,并停止秒计数
            case 0: entime=0;        //为 00 时,停止秒计数
            default: break;          //为其他值,则什么也不做
        }                            //解释处理结束
        Send8Bit(rdat);              //将接收数据发送回计算机显示
    }                                //接收处理结束
    else TI=0;                       //若是发送引起中断,则将 TI 清 0
}                                    //串行接收中断服务函数结束
/* * * * * * * * * * * * * * * * * * * * * * * * * * * * * * * * * * * * *
函数 T0ISR()
功能:T0 定时中断服务函数
* * * * * * * * * * * * * * * * * * * * * * * * * * * * * * * * * * * * */
void T0ISR() interrupt 1 using 2        //T0 中断服务函数:中断类型号为 1
{
    static unsigned char timcnt=0;
    TL0=(65536-9216)% 256;           //T0 重赋计数初值
    TH0=(65536-9216)/256;
    if(entime==1)                    //若允许秒计时,则处理if函数体
    {   timcnt+ + ;                  //10 ms 中断次数加 1
        if(timcnt>=100)              //计满 1 s,则处理以下两行语句
        {   timcnt=0;second+ + ;     //10 ms 中断次数计数值清 0,秒计数值加 1
            if(second>=60) second=0; //若满 1 分,则秒计数值回 0
        }                            //计满 1 s,处理结束
    }                                //允许秒计时处理结束
    display(second/10,second% 10);   //调用 display 函数显示秒
}                                    //T0 中断服务结束
/* * * * * * * * * * * * * * * * * * * * * * * * * * * * * * * * * * * * *
函数 display(uchar td,uchar sd)
功能:显示 2 位数
参数:
td:十位数
sd:个位数
返回值:无
* * * * * * * * * * * * * * * * * * * * * * * * * * * * * * * * * * * * */
void display(uchar td,uchar sd)
{
    static unsigned char WCnt=0;
    PortB=0xff;                      //熄灭所有数码管
    switch(WCnt)
```

```
    {
        case 0:
            PortS= ledcode[td];          //段选口输出十位数的笔型码
            PTen= 0;                     //点亮十位数码管
            break;
        case 1:
            PortS= ledcode[sd];          //段选口输出个位数的笔型码
            PSin= 0;                     //点亮个位数码管
            break;
    }
    WCnt+ + ;
    if(WCnt> 1) WCnt= 0;
}
```

(2)计算机端通信程序

计算机端通信程序可以用 VB、VC 编写,但是最简单的方法是直接使用串口调试工具软件。本任务中,我们使用 STC_ISP 下载软件中的"串口助手"作为计算机端的通信软件。用"串口助手"与单片机通信的方法如下:

①编写单片机端的程序,再用 USB 线将计算机的某个 USB 口与实验平台上的 USB 口相接。

②按照项目 1 中介绍的方法安装好 USB 转串口的驱动程序并将单片机端的程序下载至单片机中。

③单击 STC-ISP 窗口右边的"串口助手"标签名,窗口的右边将会出现如图 6-24 所示的"串口助手"页面。

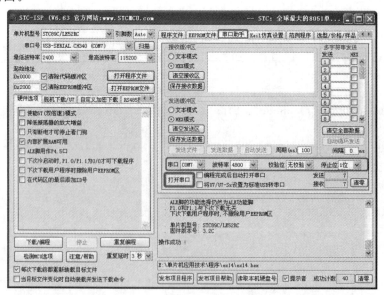

图 6-24 STC_ISP 自带串口助手工具

④在"串口助手"标签中,单击"串口"下拉列表框,在展开的列表项中选择 USB 所映射的串口编号(方法参见项目 1),再在"波特率""校验位""数据位""停止位"下拉列表框中分别选择与单片机通信的波特率、数据校验方式、数据位的长度、停止位的位数,然后单击"打开串口"

按钮,此时"串口助手"标签中的"发送文件""发送数据"和"自动发送"3 个按钮呈可用状态。

【说明】

图 6-24 设置的是计算机串行通信波特率和帧格式,其设置原则如下:

串口号为 USB 映射的串口编号,"波特率""校验位""数据位""停止位"要与单片机串口程序中所用的波特率、校验位数、数据位数、停止位数相同。本任务中,计算机的 USB 映射的串口编号为 COM7,单片机的串口使用方式 1,其帧格式是 8 位数据位、1 位停止位、1 位起始位、无校验位,另外,串口的波特率为 4 800 bps,所以在图 6-24 中应依次选择 COM7、4800、无校验、8 位数据位、1 位停止位。

⑤在"发送缓冲区"文本框中输入数据 1,单击"发送数据"按钮,秒表就开始走时,同时在"接收缓冲区"文本框中会显示单片机回送来的接收数据"01"。如图 6-25 所示。

图 6-25 发送控制数据

⑥单击"清空发送区"按钮,在"发送缓冲区"文本框中输入数据 0,单击"发送数据"按钮,这时秒表停止走时,"接收缓冲区"文本框中会显示单片机回送来的接收数据"00"。按上述方法输入数据 2,秒表就清 0。

❀ 应用总结与拓展

1. 指针变量的定义

在 C51 中,变量的地址叫作变量的指针。指针是 C51 的一种特殊的数据类型,指针变量的作用是用来存放其他变量的地址。指针变量必须先定义后使用。C51 中指针变量的定义格式如下:

数据类型 [存储类型 1] *[存储类型 2] 指针变量名;

各参数的作用如下:

①指针变量名:指针变量的标志符,其命名规则与一般变量相同。

②存储类型 2:与一般变量中的"存储类型"相同,用来规定在何种存储区内为指针变量分配存储空间。此项为可选项,缺省时编译系统将根据用户选定的存储模式按默认的方式为指针变量分配存储空间。

③ *:指针类型说明符,用来说明后面的变量是一个指针变量。

④数据类型:规定指针变量用来存放哪一种类型变量的地址,即指针变量所指向的变量的类型。例如,若指针变量用来存放 unsigned char 型变量的地址,则数据类型应该选择 unsigned char。这时,我们称所定义的指针变量是用来指向 unsigned char 型变量的。

⑤存储类型 1:指针变量所指向变量的存储类型。此项为可选项,缺省时所定义的指针变量为一般指针变量。若带此项,所定义的指针变量为基于存储器的指针变量。一般指针变量占 3 个字节,而基于存储器的指针变量只占 1 个字节(存储类型 1 为 data、idata、pdata 时)或者 2 个字节(存储类型 1 为 code、xdata 时)。

例如:

```
unsigned char *p;
```

定义一个指向 unsigned char 型变量的一般指针变量 p,p 占 3 个字节,由编译器根据用户选择的存储模式按默认方式给变量 p 分配存储空间,p 用来存放 unsigned char 型变量的地址。

```
unsigned int *data ap;
```

定义一个指向 unsigned int 型变量的一般指针变量 ap,ap 位于 data 区,占 3 个字节,ap 用来存放 unsigned int 型变量的地址。

```
unsigned char xdata *bp;
```

定义一个指向位于 xdata 区、unsigned char 型变量的指针变量 bp,bp 为基于存储器的指针变量,占 2 个字节,由编译器根据用户选择的存储模式按默认方式给变量 bp 分配存储空间,bp 用来存放位于 xdata 区的 unsigned char 型变量的地址。

```
unsigned int idata *data cp;
```

定义一个指向位于 idata 区、unsigned int 型变量的基于存储器的指针变量 cp,cp 位于 data 区,占 1 个字节,cp 用来存放位于 idata 区 unsigned int 型变量的地址。

2. 与指针变量相关的运算符

(1)取地址运算符 &

取地址运算符 & 用来获取变量的地址,即来获取变量的指针,取地址运算符 & 是一个单目运算符,结合方向是左结合,其格式如下:

```
&变量名
```

(2)指针运算符 *

指针运算符 * 用来间接访问指针变量所指向的变量,指针运算符 * 也是一个单目运算符,结合方向也是左结合,其格式如下:

```
*指针变量名
```

例如:

```
unsigned char a,b,*ap;    //1 定义无符号字符型变量 a、b 和指向无符号变量的指针变量 ap
ap=&a;                    //2 取变量 a 的地址并赋给指针变量 ap,使 ap 指向变量 a
*ap=4;                    //3 常数 4 赋给 ap 所指向的变量,即赋给 a
b=*ap+4;                  //4 ap 所指向的变量加 4 后赋给 b,等价于 b=a+4;
```

【注意】

· 运算符"*"在不同场合具有不同的含义:

定义指针变量时,char *ap 中的"*"为指针变量说明符。

进行指针运算时,b=*ap 中的"*"为指针运算符。

· 运算符"*""&"为同级别运算符,其运算级别与算术运算符"++"和"--"相同。

· 设 a 为一个变量,ap 为指向变量 a 的指针变量,即 ap=&a,则有以下关系:

*ap 与 a 等价

&*ap 等价于 &a

*&a 等价于 *ap,也等价于 a

3. 一维数组的指针与指向一维数组的指针变量

数组的指针即数组的地址。在 C51 中数组名代表的是数组的地址,也是数组的首元素地址。

设有下列定义:

```
unsigned int a[10];        //定义有 10 个元素的无符号整型数组 a[]
unsigned int *pa;          //定义指向无符号整型变量的指针变量
```

一维数组中有关指针及指向一维数组的指针变量有如下特点:

①a 是数组 a[]的首地址,也是第一个元素 a[0]的首地址。

②元素 a[i]的首地址为 &a[i]。

③a+i 代表的是元素 a[i]的首地址,其实际地址为 a+i×d,其中 d 是数组中每个元素在存储器中所占字节数,对于字符型 d=1,对于整型 d=2,对于长整型和浮点型 d=4。

④指针变量 pa 没赋值时,pa 不指向任何变量,程序中不能引用指针变量 pa。

⑤指针变量 pa 指向数组 a[],可以用以下语句实现:

```
pa=a; 或者 pa=&a[0];
```

⑥指针变量 pa 指向元素 a[i],可以用以下语句实现:

```
pa=&a[i]; 或者 pa=a+i;
```

若先使指针变量 pa 指向数组 a[](即 pa=a;),则有以下特点:

①pa+i 是元素 a[i]的地址。

②*(pa+i)代表元素 a[i]。

③pa++(或者 pa+=1):使指针变量的值增加 1 个元素的长度,即使指针变量指向数组中下一个元素 a[1]。若再执行 b=*pa,则取 a[1]的值并赋给变量 b。

④*pa++:等价于*(pa++),因为++与*同级别,但结合方向是从右向左。其作用是先得到 pa 所指向元素的值,然后再使 pa 指向下一个元素。

⑤*++pa:等价于*(++pa)。其作用是先使 pa 指向下一个元素,然后取 pa 所指向元素的值。

⑥(*pa)++:pa 所指向元素自加 1。

⑦通过指针变量访问数组中的元素比下标法引用数组中的元素程序效率要高。

例如,下面的程序中各语句的功能和语句执行后程序中各变量的值如语句后的注释所示:

```
void main(void)
{    unsigned char idata b,a[10]={1,2,3,4,5,6,7,8,9,10};      //定义变量 b 及数组 a[]
     unsigned char idata *ap;            //定义指向 idata 区 unsigned char 型变量的指针变量
     ap=a;                               //ap 指向数组 a。ap=&a[0]
     b=*ap;                              //将 ap 所指元素的值赋给 b。b=a[0]=1,ap 不变,ap=&a[0]
     ap++;                               //ap 指向下一个元素 a[1]。ap=&a[1]
     b=*(ap+4);                          /*将 ap 所指元素(a[1])之后的第 4 个元素(a[5])的值赋给 b。
                                           b=a[5]=6,ap 不变*/
     b=a+4;                              //将元素 a[4]的地址值赋给变量 b。b=&a[4]
     b=*(a+4);                           //将元素 a[4]的值赋给 b。b=5
```

```
    b= * (ap++);              /*将 ap 所指元素 a[1]的值赋给 b,然后使 ap 指向下一个元素
                                a[2]。b= a[1]= 2,ap= &a[2]* /
    b= * (++ap);              /*先使 ap 指向下一个元素 a[3],再将 ap 所指元素的值赋给 b。
                                b= a[3]= 4,ap= &a[3]* /
    b= (* ap)++;              /*将 ap 所指元素的值赋给 b,再将 ap 所指元素值加 1。b= 4,
                                a[3]= 5,ap 不变,ap= &a[3]* /
    ap+ = 2;;                 //ap 指向 a[5]
    b= * ap;                  //b= a[5]= 6
}
```

求无符号字符型数组 a[10]中各元素之和并将和值存入整型变量 sum 中的程序代码如下：

```
# define uchar unsigned char    //宏定义:uchar 代表 unsigned char
# define uint unsigned int       //宏定义:uint 代表 unsigned int
void main(void)                  //main 主函数:无返回值,无参数
{   uchar idata * data pa;        //在 data 区定义指向 idata 区 uchar 型变量的指针变量 pa
    uchar idata a[10]= {2,4,6,8,10,12,14,16,18,20};   //在 idata 区定义 uchar 型数组,并初始化
    uint idata sum= 0;            //在 idata 区定义无符号整型变量 sum 并初始化 sum
    for(pa=a;pa< a+ 10;pa++ )     //见代码说明的讲解
    { sum+ = * pa; }              //sum 与 pa 所指向元素相加后再赋给 sum
}
```

【代码说明】

for 语句中,第一个表达式"pa＝a"用来给指针变量赋初值,使指针变量 pa 指向数组的首元素。第二个表达式"pa＜a+10"用来判断指针变量是否指向数组尾。数组 a[10]中最后一个元素是 a[9],a+9 代表它的首地址,这里的加 9 是增加 9 个元素的长度。第 3 个表达式"pa++"用来使指针变量的值增加一个元素的长度,即指向下一个元素。在使用指针和数组时,要特别注意数组名加上一个常数与指针变量加上一个常数的含义。

习 题

1. 串口工作在方式 1,用 T1 做波特率发生器,BR ＝_____,RXD 引脚的功能是_____,TXD 引脚的功能是_____。

2. 串口工作在方式 1,发送和接收数均用查询方式,则发送数据时查询的是_____位,接收数据时查询的是_____位。在初始化程序中需要设置_____、_____、_____、_____和_____5 个特殊功能寄存器的值,还要将 TCON 的_____位_____。

3. 方式 2 的波特率 BR=_____,帧格式的特点是_____。

4. 串口用方式 2 发送数据时,发送的第 9 位应写入_____中,采用方式 3 接收数据时,接收机中应从_____中读取第 9 位接收数据。

5. 单片机的 f_{osc} =11.0592 MHz,串口工作在方式 3,用中断方式以 2 400 bps 的波特率接收数据,串口采用高级中断,请写出其初始化程序。

6. 单片机的 f_{osc} =11.0592 MHz,以 10 位的帧格式、2 400 bps 的波特率,用查询方式将无符号字符型数组 sdat[10]中的 10 个数据发送出去。请画出流程图,并编写程序代码。

7. 单片机的 f_{osc} =12 MHz,以 10 位的帧格式、4 800 bps 的波特率,用中断方式接收 5 个

数据并保存在数组 sdat[5]中,串行中断采用高级中断。请画出流程图,并编写程序代码。

8. 单片机的 $f_{osc} = 11.0592$ MHz,串口工作在方式1下以4 800 bps 的波特率与计算机进行串行通信,单片机每接收一个数据后,将此数据发送回计算机中显示,并用 P1 口外接的发光二极管显示该数(发光二极采用低电平有效控制)。请根据上述功能提示将下列程序补充完整。

```c
#include <reg51.h>
void init_serial(void)
{   SCON= 0x50;
    TMOD= 0x20;
    TL1= TH1= 0xfa;
    ES= 1;
    EA= 1;
    TR1= 1;
}
void main(void)
{
    init_serial();          //串口初始化
    while(1)
    {  ; }
}
void sentdat(unsigned char m)
{   _____
    _____
    _____
    _____
}
void serial_ISR(void) interrupt _____ using 1
{   unsigned char sdat;
    if(RI==1)
    {   _____
        _____
        _____
        _____
    }
    else
    {   _____
    }
}
```

9. 画出 TTL 电平传输的双机通信电路图。

10. 按下列要求定义指针变量 dp:

(1)dp 为指向无符号字符型变量的一般指针变量。

(2)dp 位于 idata 区,为指向无符号字符型变量的指针变量。

(3)dp 为指向 idata 区中无符号字符型变量的指针变量。

（4）dp 位于 data 区，为指向 idata 区中无符号字符型变量的指针变量。

11. 若 3 个指针变量 ap、bp、cp 的定义如下：

```
char * ap;
int data * bp;
char xdata * idata cp;
```

ap 的长度为_____字节，bp 的长度为_____字节，cp 的长度为_____字节。

12. 若有如下定义：

```
unsigned int data * idata ap;
unsigned int data arr[5];
```

（1）ap 指向数组 arr[]首元素的语句是_____。

（2）语句"a=* ap++;"的含义是_____。该语句执行后，ap 的值增加_____。

（3）if(_____<_____)可以判断 ap 是否指向数组 arr[]尾。

13. 下面程序运行时，若数组 arr[]的首地址为 0x0b，请写出程序中各变量的值。

```
void main(void)
{   unsigned int idata m,arr[]={9,8,7,6,5,4};      //定义变量 m 及数组 arr[]
    unsigned int idata * ap;                //功能是_____。
    ap=arr;                     // m=_____,ap=_____,ap 指向_____。
    m=* (+ + ap);               // m=_____,ap=_____,ap 指向_____。
    m=* (ap+ + )+ (* ap)+ + ;   // m=_____,ap=_____,ap 指向_____。
    m=* (- - ap);               // m=_____,ap=_____,ap 指向_____。
    m=arr+ 3;                   // m=_____,ap=_____,ap 指向_____。
    m=* (arr+ 3);               // m=_____,ap=_____,ap 指向_____。
    m=* (ap+ 2);                // m=_____,ap=_____,ap 指向_____。
    ap+ =2;                     // m=_____,ap=_____,ap 指向_____。
    m=* (ap- - );               // m=_____,ap=_____,ap 指向_____。
}
```

14. 用指针求无符号字符型数组 a[5]中各元素之积，并存入整型变量 product 中。假定这 5 个元素之积小于 65 536。

✿ 扩展实践

在任务 13 的基础上增加 S0、S1、S2 三个键。S0 键做启动键，按 S0 键，启动秒表走时，秒表在当前显示秒数的基础上计时。例如，当前数码管显示的是 05，按 S0 键后，秒表在 5 秒的基础上计时，依次显示 06,07……S1 键为停止键，按 S1 键，秒表停止走时，显示时间一直保持不变。S2 键为清 0 键，按 S2 键，秒表停止走时，显示数值为 0。上电时，秒表停止计时，数码管显示 0 秒。

项目7　单片机应用系统扩展实践

任务14　制作数字电压表

任务要求

单片机的 $f_{osc} = 11.0592$ MHz,用三总线方式扩展并行 A/D 转换芯片 ADC0804,在 ADC0804 的模拟量输入端（V_{IN+}、V_{IN-} 端）加入 0~5 V 的直流电压。单片机采用方式 1 以 4 800 bps 的波特率与计算机进行串行通信,将当前的模拟量输入电压发送到计算机中进行显示。

相关知识

任务 14 涉及的新知识主要有单片机的三总线、C51 中外部端口的访问方法、A/D 转换器的基本知识、并行 ADC0804 的应用特性、数字滤波、标度转换等。

1. 单片机的三总线

单片机的三总线是指单片机的数据总线、地址总线和控制总线。单片机片外扩展数据存储器、并行 I/O 接口芯片或者程序存储器（简称"外部扩展芯片"）时,需要使用三总线。单片机的三总线形成电路如图 7-1 所示。

微课

单片机的三总线及
外部端口的访问方法

从图 7-1 可以看出,单片机的三总线构成方式如下:

数据总线:由 P0 口的 8 根线构成,P0.0~P0.7 分别对应数据总线中的 D0~D7。单片机的数据总线为双向三态总线。单片机的外部并行扩展芯片时,P0.0~P0.7 引脚直接与扩展芯片的数据引脚 D0~D7 相接。此时,单片机的 P0 口不能做普通的并行 I/O 口使用。

控制总线:由 $\overline{RD}$、$\overline{WR}$、$\overline{PSEN}$ 三根线构成。其中,$\overline{PSEN}$ 为程序存储器读控制线。单片机片外扩展程序存储器时,$\overline{PSEN}$ 线与程序存储器的输出允许脚（一般为 $\overline{OE}$ 脚或 $\overline{RD}$ 脚）相接。

$\overline{RD}$ 为片外扩展数据存储器或并行 I/O 接口芯片时的读控制线,$\overline{WR}$ 为片外扩展数据存储器或并行 I/O 接口芯片时的写控制线。单片机片外扩展数据存储器或并行 I/O 接口芯片时,这两根控制线分别与接口芯片的读写控制引脚相接。此时,单片机的 P3.6、P3.7 引脚不能做 I/O 口使用。

地址总线:共 16 根,分别为 A0~A15。其中高 8 位地址线 A8~A15 由 P2 口直接引出,此时,P2 口不能做普通的并行 I/O 口使用。低 8 位地址线 A0~A7 由 P0 经 74LS373 锁存而形成,由 74LS373 的 Q0~Q7 引脚输出。

74LS373 是地址锁存器,用来从 P0 口的输入/输出信号中分离出低 8 位地址 A0~A7。

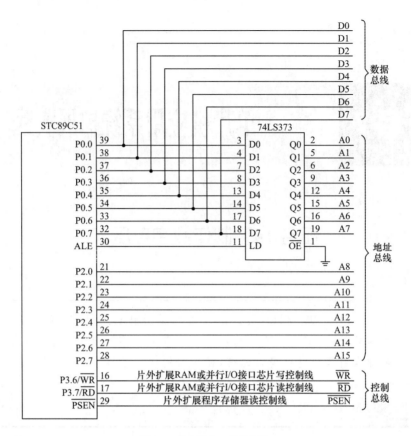

图 7-1　单片机的三总线电路

74LS373 的内部由 8 个独立的 D 锁存器组成,$\overline{OE}$引脚是 8D 锁存器的控制端,LD 是 8D 锁存器的时钟输入端,D0～D7 是 8D 锁存器的输入端,Q0～Q7 是 8D 锁存器的输出端。74LS373 的控制逻辑见表 7-1。

表 7-1　74LS373 的控制逻辑

$\overline{OE}$	LD	Q	说　明
0	0	Q^{n-1}	输出不变,为锁存时刻的输入信号
0	1	D	输出随输入变化而变化
0	⌐	锁存	锁存输入信号
1	×	高阻	输出为高阻态

由表 7-1 可以看出,$\overline{OE}$=0 时,若 LD 端出现下降沿,74LS373 会将输入端的信号锁存,而且在 LD=0 期间输出一直保持不变。

单片机访问外部扩展芯片时,P2 口输出高 8 位地址 A8～A15。P0 口分时地输出低 8 位地址 A0～A7 和输入/输出所读写的数据。ALE 引脚输出地址锁存控制信号,并且在 P0 口输出低 8 位地址期间,ALE 引脚上会出现由高到低的下降沿,P0 口输入/输出数据时,ALE 引脚的信号为下降沿之后的低电平。

将单片机的 ALE 引脚与 74LS373 的 LD 相接,单片机的 P0.0～P0.7 引脚与 74LS373 的 D0～D7 相接,74LS373 的$\overline{OE}$引脚接地,单片机访问外部扩展芯片时,74LS373 会将低 8 位地址锁存并从 Q0～Q7 引脚输出,保证了 P0 口输入/输出数据时 16 位的地址 A0～A15 均存在。

【说明】

①在实际应用中,考虑到布线方便,在使用 74LS373 时,一般是将 74LS373 的 D0～D7 交叉后再与单片机的 P0.0～P0.7 相接,其连接电路如图 7-2 所示。

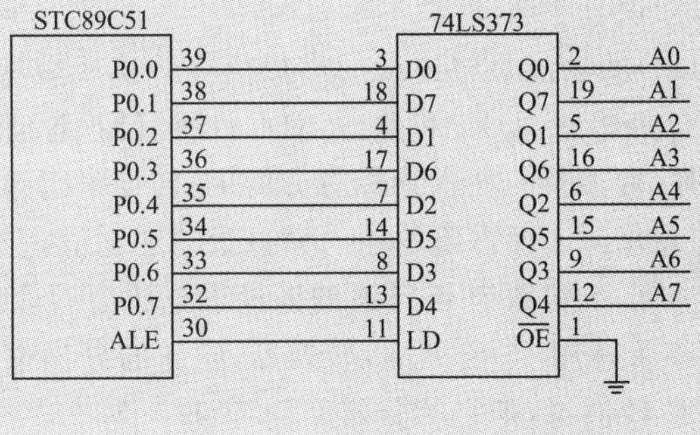

图 7-2　74LS373 与单片机的实用连接电路

②用三总线方式扩展外部芯片时,如果接口芯片不使用单片机的低 8 位地址线,单片机的三总线电路中可省去地址锁存电路,其具体的实例可参考后续的 ADC0804 与单片机的接口电路。

③现代单片机中一般都集成有一定容量的程序存储器,有的还集成有一定容量的扩展数据存储器。例如,STC89C51 中集成有 512 B 的扩展数据存储器和 4 KB 的程序存储器,STC89C516RD＋单片机中集成有 1 280 B 的扩展数据存储器和 64 KB 的程序存储器。在实际使用中,应通过适当选择单片机的型号来避免在单片机外部扩展数据存储器和程序存储器,这样可以减少电路中的器件数,提高系统的可靠性,节省硬件成本,同时也避免了用三总线扩展外部芯片的问题。

④并行扩展外部芯片时,单片机的 P0 口、P2 口以及 P3.6、P3.7 均不能做普通的 I/O 口使用,单片机中真正能做并行 I/O 口使用的只有 P1 口。现代的单片机应用系统中,外围扩展主要是串行扩展,一般是在需要高速输入/输出数据时才采用并行扩展。

2. C51 中外部端口的访问方法

MCS-51 单片机中,外部端口与外部扩展数据存储器采用统一编址,即每个外部 I/O 端口占用一个存储单元的地址。C51 对外部端口的访问方法是,将外部端口视作片外数据存储器的一个存储单元,采用绝对存储器访问宏对端口进行访问。在 C51 中,访问外部端口的具体方法如下:

①根据硬件电路找出端口的地址。其具体方法,我们将在可编程并行接口芯片 ADC0804 的应用特性中介绍。

②在程序的开头处将存储器访问宏的宏定义头文件 absacc. h 包含到程序文件中。其语句如下:

```
#include <absacc.h>
```

③在程序的开头处用下列宏定义语句定义外部端口:

```
#define 端口名 XBYTE[端口地址]
```

其中,XBYTE 是 absacc. h 头文件中定义的一个宏名字,定义中的方括号“[]”是一种书写形式,并不是可选项的表示。

例如,若 ADC0804 芯片的地址为 0x7fff,则 ADC0804 端口的定义如下:

```
#define padc0804 XBYTE[0x7fff]
```

上述定义的含义是,padc0804 代表外部数据存储器的 0x7fff 字节单元。

④在程序中,把“端口名”视作无符号字符型变量的变量名,需要对外部端口写数时,直接

对"端口名"赋值;需要从外部端口中读取数据时,直接用"端口名"参与运算。例如:

```
padc0804= 0xff;        //写端口:向 ADC0804 写入数据 0xff
x=padc0804;            //读端口:从 ADC0804 中读取 A/D 转换值并保存至变量 x 中
```

3. A/D 转换器的基本知识

A/D 转换器(简称 ADC)的功能是将连续的模拟信号转换成数字信号。按照器件与微处理器的接口形式,ADC 可分为串行 ADC 和并行 ADC,按照转换原理可分为双积分式和逐次逼近式。选择 ADC 芯片时,常涉及的技术指标有分辨率、转换时间等。

分辨率:表示输出数字量增减 1 所需要的输入模拟量的变化值,它反映了 ADC 能够分辨最小的量化信号的能力。设 ADC 的位数为 n,转换的满量程电压为 U,则其分辨率为 $U/(2^n-1)$。例如,满量程电压为 5 V,如果是用 10 位 ADC 转换器,则它的分辨率为 5000 mV/$(2^{10}-1)\approx$ 5 mV,如果是用 12 位 ADC 转换器,则它的分辨率为 5000 mV/$(2^{12}-1)\approx1$ mV。可见 ADC 的位数越多,其分辨率就越高。

转换时间:指从启动 ADC 进行 A/D 转换开始到转换结束并得到稳定的数字量输出为止所需要的时间。转换时间的快慢将会影响 ADC 与 CPU 交换数据的方式。

4. 并行 ADC0804 的应用特性

(1)引脚功能

ADC0804 是 Philips 公司生产的 8 位逐次逼近型的并行 A/D 转换器,广泛地应用于单片机应用系统中。ADC0804 有 SO-20、DIP20 几种封装形式,其引脚分布如图 7-3 所示,各引脚的功能如下:

$\overline{CS}$引脚(1 脚):芯片选择引脚,低电平有效。该引脚与$\overline{WR}$引脚、$\overline{RD}$引脚一起控制着 A/D 转换的启动与转换结果的输出。

$\overline{WR}$引脚(3 脚):写控制引脚。当$\overline{CS}$=0 时,$\overline{WR}$引脚上的脉冲控制着 A/D 转换的启动。$\overline{WR}$引脚上出现下降沿时,ADC0804 复位,$\overline{INTR}$引脚输出高电平,$\overline{WR}$为低电平时,ADC0804 保持复位状态,$\overline{WR}$引脚上出现由低到高的上升沿信号时,启动 ADC0804 进行 A/D 转换,转换结束后$\overline{INTR}$引脚自动输出低电平。

图 7-3　ADC0804 的引脚分布

$\overline{RD}$引脚(2 脚):读转换结果控制引脚,低电平有效。一次 A/D 转换结束后,当$\overline{CS}$=0 时,若$\overline{RD}$=0,则 ADC0804 将转换结果从 D0～D8 引脚输出,同时使$\overline{INTR}$引脚复位成高电平。

$\overline{INTR}$引脚(5 脚):中断请求输出引脚,低电平有效。ADC0804 复位后$\overline{INTR}$引脚为高电平,当 ADC0804 结束了一次 A/D 转换后$\overline{INTR}$引脚自动变成低电平,用来指示一次 A/D 转换结束。当$\overline{CS}$=0、$\overline{RD}$=0 时,$\overline{INTR}$引脚自动复位成高电平。在实际应用中,该引脚常与单片机的外部中断输入引脚相接(采用中断方式读取 A/D 转换结果时)或者与单片机的某根 I/O 口线相接(采用查询方式读取 A/D 转换结果时)。

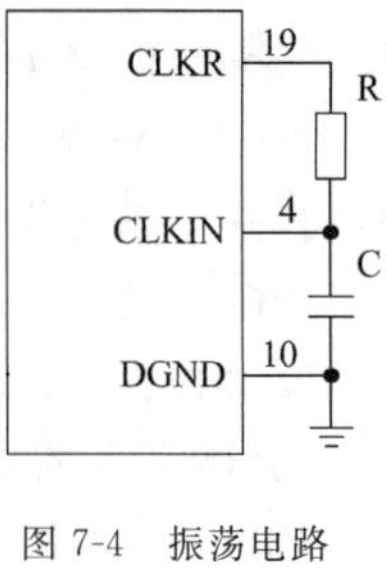

CLKIN、CLKR 引脚(4 脚、19 脚):时钟信号输入、输出引脚。ADC0804 内部集成有振荡电路,CLKIN 为内部振荡电路的输入端,CLKR 为内部振荡电路的输出端,在 CLKIN 和 CLKR 引脚间接上如图 7-4 所示的 RC 电路后,内部振荡电路就会产生 A/D 转换所需要的时钟信号。其中时钟信号的频率 f_{CLK}=1/1.7RC。不用内部振荡器时,需从 CLKIN 引脚输入 1 k～30 kHz 的时钟信号,ADC0804 才能进行 A/D 转换。

图 7-4　振荡电路

V_{IN+}、V_{IN-}(6 脚、7 脚):模拟信号输入引脚。

AGND(8 脚):模拟地。

V_{REF}(9 脚):二分之一参考电压输入引脚。该点的电压决定着 A/D 转换的输出值 adval,其关系如下:

$$adval = \frac{(V_{IN+}) - (V_{IN-})}{2 \times V_{REF}} \times 255$$

DGND(10 脚):数字地。

D0~D7(18~11 脚):数字量输出引脚。

V_{CC}(20 脚):电源引脚,接+5 V 电源。

(2)ADC0804 与单片机的接口电路

①接口电路

根据 ADC0804 的引脚功能,ADC0804 与单片机的接口电路如图 7-5 所示。

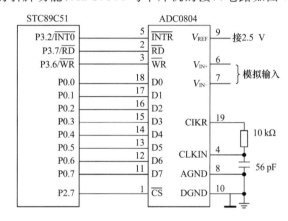

图 7-5 ADC0804 与单片机的接口电路

图中,ADC0804 的数据口线 D0~D7 接在单片机的数据总线上,$\overline{INTR}$引脚与单片机的$\overline{INT0}$引脚相接,$\overline{RD}$引脚、$\overline{WR}$引脚分别与单片机的$\overline{RD}$引脚、$\overline{WR}$引脚相接,$\overline{CS}$引脚接在单片机地址总线的高位地址线 A15 上。由于 ADC0804 没有与单片机的低 8 位地址线相接,图中省去了地址锁存器 74LS373。

②端口地址分析

采用三总线扩展并行芯片时,端口地址的分析方法如下:

第 1 步:从芯片与单片机地址总线的连接电路中找出与芯片的片选引脚相接的地址线以及与芯片的端口地址脚相接的地址线。

第 2 步:将未参与芯片选择控制也没参与端口选择控制的地址线所对应的地址位用任意值表示。

第 3 步:根据芯片的操作功能,找出芯片及其端口被选中时地址线上的地址码。

第 4 步:将 2、3 步中的地址码按照从 A15 到 A0 的顺序排列,并用 1 或者 0 表示可为任意值的地址位,写出 16 位的地址码,此地址码就是端口的地址。

在图 7-5 所示电路中,ADC0804 的片选引脚$\overline{CS}$与单片机地址总线的 A15 线(图中单片机的 P2.7 引脚)相接,不存在其他引脚与单片机的地址线相接的问题。$\overline{CS}$=0 时,ADC0804 就被选中,ADC0804 的地址值为:0××× ×××× ×××× ××××B。用 1 表示任意值位,ADC0804 的地址值为 0111111111111111B=0x7fff。

在图 7-5 中,单片机访问 ADC0804 的地址定义如下:

```
#include <absacc.h>                    //包含宏定义头文件 absacc.h
#define padc0804 XBYTE[0x7fff]    /*定义 ADC0804端口,端口名为 padc0804,端口地址为
                                        0x7fff*/
```

(3)ADC0804 的访问方法

从 ADC0804 中获取一次 A/D 转换的结果包括启动 A/D 转换、等待转换结束和读取转换结果 3 个阶段,访问 ADC0804 的程序必须严格遵守 ADC0804 的访问时序(详见前述的$\overline{CS}$、$\overline{WR}$、$\overline{RD}$ 和 INTR引脚功能或者 ADC0804 使用手册中的时序图)。

①启动 A/D 转换

启动 A/D 转换的方法是,向 ADC0804 的端口写入任意数。设 ADC0804 的端口名为 padc0804,启动 ADC0804 进行 A/D 转换的程序如下:

```
padc0804=0xff;             //启动 ADC0804进行 A/D 转换
```

程序中,赋值符号右边的数可为任意数。

由 ADC 的访问时序可知,在$\overline{CS}=0$ 的条件下,$\overline{WR}$引脚上出现上升沿,就启动 ADC0804 进行 A/D 转换。在图 7-5 所示电路中,单片机向 ADC0804 的端口地址(0x7fff)写入任意数,单片机的 A15 引脚会出现一个低电平,A14~A0 引脚全部为高电平。在 A15=0 期间,单片机的$\overline{WR}$引脚上的电平变化为先出现由高到低的下降沿,再出现一个低电平,然后出现由低到高的上升沿,如图 7-6 所示。单片机向 ADC0804 的端口地址写入任意数的时序满足启动 ADC0804 进行 A/D 转换时$\overline{CS}$、$\overline{WR}$引脚的时序要求,因此,上述程序可实现启动 ADC0804 进行 A/D 转换的功能。

②读取 A/D 转换结果

读取 A/D 转换结果的方法是,直接从 ADC0804 的端口地址中读数。设 ADC0804 的端口名为 padc0804,读取 A/D 转换结果并保存在变量 adval 中的程序如下:

```
adval=padc0804;             //读 A/D 转换结果,并保存到变量 adval 中
```

由 ADC 的访问时序可知,在$\overline{CS}=0$ 的条件下,$\overline{RD}$引脚上出现低电平,ADC0804 就会将当前的 A/D 转换结果从 D7~D0 脚输出,同时将$\overline{INTR}$引脚复位至高电平。在图 7-5 所示电路中,单片机从 ADC0804 的端口地址(0x7fff)读数时,单片机的 A15 引脚会出现一个低电平,A14~A0 引脚全部为高电平。在 A15=0 期间,单片机的$\overline{RD}$引脚上会出现一个低电平,在$\overline{RD}$为低电平期间,单片机会读取 D7~D0 上的数据,如图 7-7 所示。单片机读取 ADC0804 端口地址的时序刚好能满足 ADC0804 输出数据的时序要求。

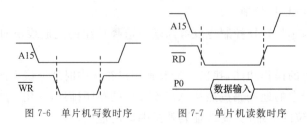

图 7-6 单片机写数时序   图 7-7 单片机读数时序

需要注意的是,为了读取正确的 A/D 转换值,必须在 ADC0804 结束了 A/D 转换之后,即$\overline{INTR}$引脚变为低电平时,才能读取转换结果。

③采用中断方式访问 ADC0804

访问 ADC0804 可以用中断方式访问,也可以用查询方式访问。采用中断方式访问时,

ADC0804 的 $\overline{\text{INTR}}$ 与单片机的外部中断（$\overline{\text{INT0}}$或者$\overline{\text{INT1}}$）引脚相接，外部中断采用下降沿触发，A/D 转换结束后，$\overline{\text{INTR}}$引脚会出现下降沿，触发外部中断，然后在中断服务函数中读取 A/D 转换结果。以图 7-5 所示电路为例，采用中断方式访问 ADC0804 的流程图如图 7-8 所示。

程序代码如下：

```
#include <reg51.h>
#include <absacc.h>
#define padc0804 XBYTE[0x7fff]          //定义 ADC0804 的端口地址
unsigned char adval;                     //定义全局变量 adval
void main(void)                          //main 函数
{    IT0=1;                              //INT0采用下降沿触发
     /*其他软硬件初始化*/
     padc0804=0xff;                      //启动 A/D 转换
     while(1)
     {/*其他事务处理*/}
}
void init0(void) interrupt 0 using 1
{    adval=padc0804;                     //读 A/D 转换结果并保存到 adval 中
     padc0804=0xff;                      //再次启动 A/D 转换
}
```

④采用查询方式访问 ADC0804

采用查询方式访问时，ADC0804 的 $\overline{\text{INTR}}$ 与单片机的某根 I/O 口线相接，在程序中不断查询该 I/O 口线的状态，仅当该 I/O 口线为低电平时才读取 A/D 转换结果。以图 7-5 所示电路为例，采用查询方式访问 ADC0804 的流程图如图 7-9 所示。

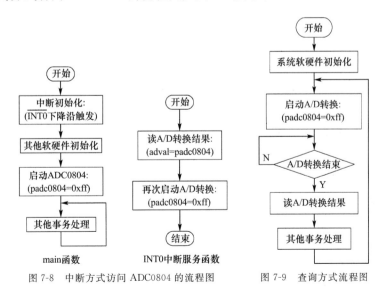

图 7-8　中断方式访问 ADC0804 的流程图　　　图 7-9　查询方式流程图

程序代码如下：

```
#include <reg51.h>
#include <absacc.h>
#define padc0804 XBYTE[0x7fff]          //定义 ADC0804 端口地址
```

```
sbit INTR= P3∧2;              //定义 INTR 引脚
unsigned char adval;
void main(void)
{   /*此处放系统软硬件初始化代码*/
    while(1)
    {   padc0804= 0xff;        //启动 A/D 转换
        INTR =1;               //端口写 1,准备读端口
        while(INTR ==1);       //等待 INTR 引脚变成低电平
        adval= padc0804;       //读 A/D 转换值并保存至 adval 中
        /*此处放其他事务处理代码*/
    }
}
```

5. 数字滤波

ADC 的模拟量输入有可能夹杂着各种干扰信号,这些干扰信号叠加在模拟信号中后,会使 A/D 的转换结果偏离其真实值。数字滤波的作用就是用软件程序滤除这些干扰信号,使 A/D 转换结果回归真实值。常用的数字滤波算法有程序判断滤波、中值滤波、算术平均值滤波、去极值滤波、加权平均滤波、滑动平均值滤波、低通滤波等,数字电压表中常用滑动平均值滤波。

AD 采集数据的处理

滑动平均值滤波的设计思想是,将本次 A/D 转换值与过去连续的 $n-1$ 次 A/D 转换值一起求平均值,用该平均值作为本次的 A/D 转换的使用值。其实现方法是,在 idata 区定义一个数组 adarr 和一个指针变量 fp,adarr、fp 均为全局变量。数组 adarr 依次存放 n 个 A/D 转换值,fp 指向数组 adarr 中最后一个赋值的元素,每获得一个新的 A/D 转换值时就将该值存放到 fp 所指向的元素中,即更新数组中最老的 A/D 转换值,并调整指针变量 fp 的值,使其指向数组中下一个元素,若当前指针指向的是数组中最后一个元素,则将其指向数组的首元素。这样数组中始终是最近 n 个新的 A/D 转换值,然后对这 n 个元素求平均值。通常情况下,n 值取 2^k,这样可以采取将和值右移 k 位的办法实现除法运算,以便提高运算速度。滑动平均值滤波程序的流程图如图 7-10 所示。

滑动平均值滤波程序如下:

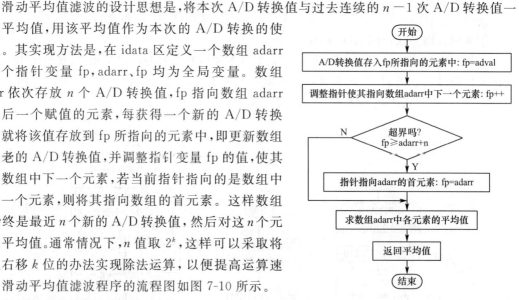

图 7-10　滑动平均值滤波程序流程图

```
//常量及全局变量定义
#define N 8
uint idata adarr[N];
uint idata * idata fp;
//main 函数
void main(void)
{   ……
    fp= adarr;                    //指针变量 fp 指向数组的首元素
```

```
    ......
}
//数字滤波函数
uint filt(uint adval)              //1 滑动平均值滤波函数
{   uint sum= 0;                   //2 定义局部变量 sum:数组中元素的和,初值为 0
    uint idata * idata tp;         //3 定义指针变量 tp,用于计算数组中元素和
    * fp= adval;                   //4 当前的 A/D 转换值存入 fp 所指向的元素
    fp++;                          //5 调整 fp 使其指向数组 adarr 中的下一元素
    if(fp>= adarr+N) fp= adarr;    //6 若调整后 fp 超界,则使其指向数组 adarr 的首元素
    for(tp= adarr;tp< adarr+N;tp++)
                                   //7 求数组中各元素之和并存入 sum 中,这里要注意各元素之和
    { sum+= * tp; }                //8 是否大于 sum,若大于,则需将 sum 定义成更大容量的类型
    sum= sum/N;                    //9 求平均值
    return sum;                    //10 返回平均值
}                                  //11 函数结束
```

6. 标度转换

标度转换的作用是,将 ADC 的输出值转换成被测物理量的实际值,以便于后续程序的处理。标度转换程序的编写方法是,根据传感器的输出特性,找出被测物理量与 A/D 转换值之间的关系式,然后按照此关系式编写转换程序。例如采用图 7-11 所示电路测量输入电压 V_x,则标度转换的作用是,将 A/D 转换值变换成对应的 V_x 值。

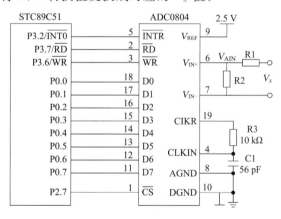

图 7-11　电压测量电路

在图 7-11 中,$V_{AIN} = \dfrac{R2}{R1+R2} \times V_x$, $adval = \dfrac{V_{AIN}}{2V_{REF}} \times 255$

所以,被测物理量 V_x 与 A/D 转换值 adval 之间的关系为:

$$V_x = \dfrac{R1+R2}{R2} \times \dfrac{2V_{REF}}{255} \times adval$$

若 $R1 = R2 = 5.1\ k\Omega$, $V_{REF} = 2\ 500\ mV$,则 $V_x = 10\ 000 \times adval/255(mV)$

标度转换程序如下:

```
uint adval,vx;
......
vx= adval* 10000L/255;
```

程序中,数值 10 000 的后面加上了字母 L,表示 10 000 是长整型数,若省去字母 L,则运算结果出错。其原因是,adval 是无符号的整型变量,保存的是 ADC0804 的转换值,其范围为 0~255。在 C51 中,整型数与整型数的运算结果仍是整型,当 adval>6 时,adval * 10 000 的结果会大于整型的最大值 65 535,从而出现溢出,结果错误。但是,adval * 10 000L 的结果为长整型,不会发生结果溢出的现象。

❋ 任务实施

1. 搭建硬件电路

任务 14 的硬件电路如图 7-12 所示。

图中可调电阻 VR2 两端加入的电压为 5 V,ADC0804 的 V_{IN-} 接地,V_{IN+} 接 VR2 的滑线端,调节 VR2,可使 V_{IN+}、V_{IN-} 之间的输入电压在 0~5 V 变化。ADC0804 的 V_{REF} 接可调电阻 VR1 的滑线端,调节 VR1 可改变 A/D 转换的参考电压。在任务 14 中,我们调节 VR1 使 V_{REF}=2.5 V。

数字电压表的
制作实践

2. 编写软件程序

(1)流程图

根据硬件电路,测量电压 V_x 与 A/D 转换值 adval 之间的关系为:

$$V_x = adval \times 2 \times V_{REF}/255 = adval \times 5000/255 (mV)$$

任务 14 中,我们采用查询方式获取 A/D 采集值,再进行数字滤波,然后将 A/D 转换值转换成电压值。为了方便观察,我们用 T1 做波特率发生器,每隔 0.5 s 将当前电压发送到计算机中进行显示,任务 14 的流程图如图 7-13 所示。

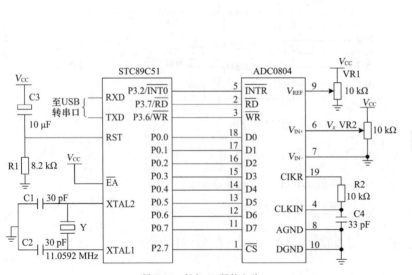

图 7-12 任务 14 硬件电路

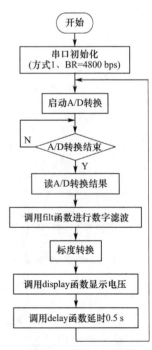

图 7-13 任务 14 流程图

(2)程序代码

任务 14 的程序代码如下:

```
//任务 14    制作数字电压表
#include <reg51.h>                    //1 包含特殊功能寄存器定义文件 reg51.h
#include <absacc.h>                   //2 包含绝对地址宏定义文件 absacc.h
#define N 16                          //3 宏定义:N 代表常数 16(数字滤波中 AD 值的个数)
#define uchar unsigned char           //4 宏定义:uchar 代表 unsigned char
#define uint unsigned int             //5 宏定义:uint 代表 unsigned int
#define padc0804 XBYTE[0x7fff]        //6 ADC0804 端口地址定义
sbit INTR=P3∧2;                       //7 INTR 引脚定义
uchar idata adarr[N];                 //8 定义数组 adarr(保存 N 个 A/D 转换值,做数字滤波用)
uchar idata * idata fp;               //9 定义指针 fp(指向当前 A/D 转换值存放的位置)
uchar filt(char);                     //10 filt 函数说明(数字滤波函数)
void display(uint);                   //11 display 函数说明(显示电压值)
void delay(void);                     //12 delay 函数说明(延时 0.5 s)
void main(void)                       //13
{   uchar adval;                      //14 adval:A/D 采集值
    uint vx;                          //15 vx:当前电压值,单位:mV
    SCON=0x40;                        //16 串口工作方式 1,禁止接收
    TMOD=0x20;                        //17 T1:方式 2(波特率发生器)
    TH1=TL1=0xfa;                     //18 设置 T1 的计数初值 BR=4800 bps
    TR1=1;                            //19 启动 T1
    fp=adarr;                         //20 指针初始化:第 1 个 A/D 值存入数组 adarr 的首元素中
    while(1)                          //21
    {   padc0804=0xff;                //22 启动 A/D 转换
        INTR=1;                       //23 端口写 1,准备读端口
        while(INTR==1);               //24 等待INTR引脚变成低电平
        adval=padc0804;               //25 读 A/D 转换值并保存至 adval 中
        adval=filt(adval);            //26 数字滤波,结果仍存入 adval 中
        vx=adval* 5000L/255;          //27 标度转换:将 A/D 值转换成电压值并存入 vx 中
        display(vx);                  //28 显示电压值
        delay();                      //29 延时 0.5 s
    }                                 //30
}                                     //31
void display(uint vx)                 //32
{   unsigned char a[5],i;             //33
    a[3]=vx% 10;                      //34 求个位值
    vx=vx/10;                         //35 缩小 10 倍
    a[2]=vx% 10;                      //36 求十位值
    vx=vx/10;                         //37 缩小 10 倍
    a[1]=vx% 10;                      //38 求百位值
    vx=vx/10;                         //39 缩小 10 倍
    a[0]=vx% 10;                      //40 求千位值
    a[4]=0x5a;                        //41 分隔符
    for(i=0;i<5;i++)                  //42 用串口发送 5 个数据,最后的一个数为分隔符 0x5a
```

```
    {   SBUF=a[i];                  //43 发送一个数
        while(TI==0);               //44 等待发送结束
        TI=0;                       //45 发送中断请求标志清 0,为下次发送做准备
    }                               //46
}                                   //47
uchar filt(uchar adval)             //48 滑动平均值滤波函数
{   /*详见前面的 filt 函数体*/ }        //49
void delay(void)                    //50 延时 0.5 s 函数
{   unsigned long i;                //51
    for(i=0;i<30000;i++);}          //52
```

应用总结与拓展

单片机的三总线由数据总线、地址总线和控制总线组成。从 P0 口直接引出的 8 根线是数据总线,P0 口经地址锁存器 74LS373 锁存输出的 8 根线是地址总线的低 8 位地址线,由 P2 口直接引出的 8 根线是地址总线的高 8 位地址线。单片机只有 3 根控制线,片外程序存储器的读控制线是 $\overline{PSEN}$,片外扩展数据存储器或者并行 I/O 接口芯片的读控制线是 $\overline{RD}$,写控制线是 $\overline{WR}$。程序存储器与片外数据存储器采用独立编址,它们用不同的控制线控制存储器的访问,即使它们的地址相同,也不会出现访问混淆。片外数据存储器与并行 I/O 接口芯片的访问控制线相同,它们采用统一编址,一个 I/O 端口占用一个外部存储单元的地址。采用三总线方式扩展 I/O 接口芯片时,要注意 I/O 接口芯片的地址选取,不能将 I/O 接口芯片的地址设计在片外实际扩展的数据存储器的地址范围内。

面向三总线扩展芯片的方法是,芯片的数据引脚接在数据总线上,读写控制引脚与控制总线上的读写线相接,芯片的片选引脚接在地址总线的高位地址线上,芯片的端口地址引脚接在地址总线上的低位地址线上。对于无片选引脚的简单芯片,可用门电路将地址总线上的某根高位地址线与读写控制线组合,用地址信号与读写控制信号的组合信号控制芯片的读写操作。

用三总线方式扩展芯片时,无论 P0、P2 口是否接有芯片,这 2 个口均不能做普通的 I/O 口使用,P3.6、P3.7 分别做读写控制线,它们也不能做普通的 I/O 口使用。

C51 采用绝对存储器访问宏对端口进行访问,存储器访问宏的定义位于头文件 absacc.h 中。用 C51 程序访问外部端口时,需要在程序的开头处将头文件 absacc.h 包含至程序文件中,并在程序的开头处用宏定义语句"♯define 端口名 XBYTE[地址]"对端口进行定义。在 C51 程序中,访问外部端口的方法是,把"端口名"当作无符号的字符型变量的变量名,直接对其读数或者写数。

ADC0804 是 8 位的并行 A/D 转换芯片,单片机可以用中断方式或者查询方式访问 ADC0804,但访问必须遵守 ADC0804 的访问时序。以三总线方式扩展 ADC0804 时,启动 A/D 转换的方法是,向 ADC0804 的端口地址写入任意数,读取 A/D 转换结果的方法是,在 $\overline{INTR}$ 引脚为低电平时,从 ADC0804 的端口地址中读数。

滑动平均值滤波是一种常用的数字滤波程序,其实现方法是,用环形队列保存最新的 N 次 A/D 转采集值,然后用这 N 次采集值的平均数作为本次 A/D 采集值。数字滤波可以有效地滤除夹杂在模拟信号中的干扰信号。

习　题

1. 单片机的三总线是指_____总线、_____总线和_____总线。单片机片外扩展_____芯片、_____芯片或者_____芯片时,需要使用三总线。

2. MCS-51 单片机是 8 位的单片机,8 位数据总线的形成方法是_____,单片机有_____根地址线,其低 8 位地址线的形成方法是_____,高 8 位地址线的形成方法是_____。

3. MCS-51 单片机有_____根控制线。片外扩展 RAM 的读控制线是_____,并行 I/O 接口芯片的写控制线是_____,片外程序存储器的读控制线是_____。

4. 请画出 MCS-51 单片机的三总线形成电路。

5. 在实际应用中,地址锁存器 74LS373 的 D0～D7 脚一般是交叉后与单片机的 P0.0～P0.7 相接,请画出 74LS373 与单片机的实用连接电路。

6. 若 C51 程序中要访问外部端口,则需要在程序的开头处将头文件_____包含至程序中,其语句是_____。

7. 端口 porta 的地址为 0xfffc,定义端口的语句是_____。

8. 采用三总线扩展 I/O 芯片时,芯片的数据引脚接在_____总线上,芯片的片选引脚接在_____上,芯片的端口地址引脚接在_____上,芯片的读控制引脚接在_____上,写控制引脚接在_____上。

9. 采用并行方式扩展外部接口芯片时,P0 口_____做普通 I/O 口使用,P2 口_____做普通 I/O 口使用。

10. 某应用系统需要用 ADC 采集外部模拟信号,已知输入 ADC 的电压范围为 0～4 V,要求 ADC 能分辨 1 mV 的输入电压,应选_____位的 ADC。

11. 请画出 ADC0804 与单片机的接口电路。

12. 8255A 是常用的可编程并行 I/O 接口芯片,它与单片机的接口电路如图 7-14 所示。8255A 的控制功能见表 7-2,请分析 8255A 的 PA 口、PB 口、PC 口以及命令口的地址。

表 7-2　　　　　　　　　8255A 的控制功能

$\overline{CS}$	A1	A0	功能说明
0	0	0	选择 PA 口
0	0	0	选择 PB 口
0	1	0	选择 PC 口
0	1	0	选择命令口
1	×	×	访问无效

13. ADC0804 与单片机的接口电路如图 7-15 所示,请按要求完成下列各题。

(1) 分析 ADC0804 的端口地址,并用 C51 定义 ADC0804 的端口。

(2) 请写出启动 A/D 转换的程序。

(3) 读取 A/D 转换结果,并保存在变量 adval 中。

(4) 用中断方式访问 ADC0804,所读得的 A/D 转换值保存在全局变量 adval 中,请编写完整的程序。

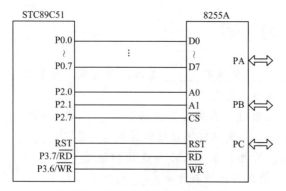

图 7-14　8255A 与单片机的接口电路

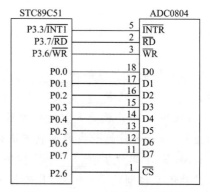

图 7-15　ADC0804 与单片机的接口

(5)用查询方式访问 ADC0804,所读得的 A/D 转换值保存在全局变量 adval 中,请编写完整的程序。

(6)用定时/计数器 T0 控制 A/D 转换的周期,每隔 10 ms 进行一次 A/D 转换,用中断方式读取 A/D 转换值,所读得的结果保存在全局变量 adval 中,请编写完整的程序。

14.任务 14 的程序代码中,第 27 行代码为"vx＝adval * 5000L/255;",数值 5000 后面加上字母"L"所代表的含义是什么?为什么要加上字母"L"?

15.试述滑动平均值滤波的设计思想和实现方法。

16.某应用系统中需用滑动平均值算法对 A/D 转换值进行数字滤波,A/D 转换值为 12 位,参与平均值计算的 A/D 值为 8 个,试编写其数字滤波程序。

17.标度转换程序的作用是什么?如何实现线性标度转换?

扩展实践

单片机的 f_{osc}＝11.0592 MHz,以三总线方式扩展并行接口芯片 ADC0804,ADC0804 的模拟输入端外接 0～5 V 的模拟电压,单片机以中断方式访问 ADC0804,单片机的串口外接两片 HC595,用 HC595 控制 4 位数码管,用数码管显示当前输入的模拟电压。

任务 15　制作液晶显示的数字电压表

任务要求

单片机的 f_{osc}＝11.0592 MHz,用 I/O 端口扩展并行 A/D 转换芯片 ADC0804 和液晶显示器 1602,在 ADC0804 的模拟输入端输入 0～5 V 的模拟电压,用液晶显示器实时显示 ADC0804 所输入的模拟电压。

相关知识

任务 15 涉及的新知识主要有用 I/O 端口扩展并行接口芯片、字符型液晶显示器 1602 的应用特性等。

1.用 I/O 端口扩展并行接口芯片

单片机除了可以用三总线方式扩展并行接口芯片外,还可以用 I/O 端口模拟三总线扩展并行接口芯片。当单片机片外扩展的并行接口芯片不多时(一般在 8 片以内),并且片外不扩

展程序存储器和并行数据存储器时,一般采用 I/O 端口扩展并行接口芯片,以节省单片机的
I/O 口线。

(1)接口电路

设并行接口芯片的数据输入/输出引脚为 D0~D7,端口地址引脚为 A0、A1(例如 8255A
芯片,参考任务 14 中的习题),读控制引脚为 $\overline{RD}$,写控制引脚为 $\overline{WR}$,片选引脚为 $\overline{CS}$,用 I/O 端
口扩展并行接口芯片的电路如图 7-16 所示。

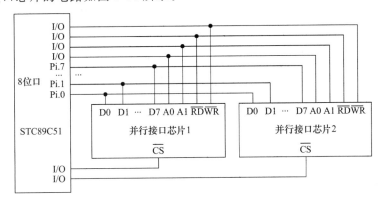

图 7-16 用 I/O 端口扩展并行接口芯片

从图 7-16 可以看出,单片机用 I/O 端口扩展并行接口芯片时,其接口电路的连接方法
如下:

①单片机用一个并行口充当数据口,各接口芯片的数据输入/输出引脚分别并接在一起,
然后接至这个并行口上。其中,各接口芯片的 Dj 引脚接在一起,再与单片机的 P$i.j$ 脚相接
($j=0,1,\cdots,7$)。

②单片机用几根 I/O 口线充当低位地址线,各接口芯片的端口地址引脚分别并接在一
起,然后分别接至这几根 I/O 口线上。

③单片机用某根 I/O 口线充当读控制线,各接口芯片的读控制引脚 $\overline{RD}$ 并接在一起,然后
接至这根 I/O 口线上。

④单片机用某根 I/O 口线充当写控制线,各接口芯片的写控制引脚 $\overline{WR}$ 并接在一起,然后
接至这根 I/O 口线上。

⑤单片机用几根 I/O 口线充当高位地址线,分别与各个接口芯片的片选引脚 $\overline{CS}$ 相接,一
根 I/O 口线接一个芯片的片选引脚。

例如,STC89C51 单片机用 P1 口充当数据口,采用 I/O 端口的方式扩展 ADC0804 和
8255A 的接口电路如图 7-17 所示。图中,P2.0、P2.1 分别充当读写控制线,P2.3、P2.4 充当
低位地址线,P2.2、P2.5 充当高位地址线。

(2)访问程序

用 I/O 端口扩展并行接口芯片时,需要用软件模拟三总线时序,写芯片操作程序的编写
方法如下:

①先产生片选信号:将与接口芯片片选引脚相接的 I/O 口线置为低电平。

②产生地址信号(若接口芯片无地址引脚,则跳过此步):按照接口芯片的操作原理,将与
接口芯片的端口地址引脚相接的 I/O 口线置为高电平或者低电平,使接口芯片的端口选中。
在图 7-17 中,如果是向 8255A 的 PA 口写数,则 P2.3=0,P2.4=0,如果是向 PB 口写数,则

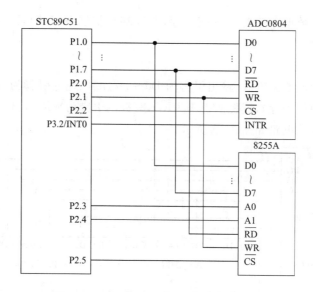

图 7-17　用 I/O 端口扩展 ADC0804 和 8255A

P2.3＝1,P2.4＝0(参考任务 14 习题中的 8255A 工作原理)。

③写入数据:将待写入的数据写入并行口。

④产生写控制信号:在与写控制引脚相接的 I/O 口线上产生由高至低、再由低至高的脉冲信号。

⑤撤销片选:将与接口芯片片选引脚相接的 I/O 口线置为高电平。

在图 7-17 中,单片机将数据 m 写入 ADC0804 的程序如下:

```
#define P_DATA P1              //定义数据口
sbit RD_0804=P2∧0;            //定义读控制线
sbit WR_0804=P2∧1;            //定义写控制线
sbit CS=P2∧2;                 //定义片选线
void wr0804(uchar m)
{    CS=0;                     //片选置 0,选中 ADC0804
     P_DATA=m;                 //数据写入数据口
     WR_0804=0;                //产生写控制下降沿
     WR_0804=1;                //产生写控制上升沿
     CS=1;                     //片选置 1,撤销片选
}
```

读芯片操作程序的编写方法如下:

①先产生片选信号:将与接口芯片片选引脚相接的 I/O 口线置为低电平。

②产生地址信号(若接口芯片无地址引脚,则跳过此步):同写操作的第 2 步。

③产生读控制下降沿:将与接口芯片读控制引脚相接的 I/O 口线置为低电平。

④读取数据:从数据口中读取数据至指定的变量中。

⑤产生读控制上升沿:将与接口芯片读控制引脚相接的 I/O 口线置为高电平。

⑥撤销片选:将与接口芯片片选引脚相接的 I/O 口线置为高电平。

在图 7-17 中,单片机从 ADC0804 中读取 A/D 转换结果的程序如下:

```
uchar rd0804(void)
{   uchar m;              //定义变量
    P_DATA= 0xff;         //数据口写 1,准备读数
    CS= 0;                //片选置 0,选中 ADC0804
    RD_0804= 0;           //产生读控制下降沿
    m= P_DATA;            //从数据口中读数至 m 中
    RD_0804= 1;           //产生读控制上升沿
    CS= 1;                //片选置 1,撤销片选
    return m;             //返回所读取的值
}
```

2. 字符型液晶显示器 1602 的应用特性

液晶显示器(LCD)分字符型液晶显示器和图形液晶显示器两类。1602 液晶显示器是常用的字符型液晶显示器,其控制器是日立公司生产的 HD44780 及其兼容芯片,驱动芯片为 HD44100 及其兼容芯片,可显示 2×16 个字母、数字、符号等字符,每行 16 个字符,每个字符由 5×7 点阵组成。目前市面上的 1602 液晶显示器已经模块化,包括液晶显示片、HD44780 芯片和 HD44100 芯片等,如图 7-18 所示。其中,HD44780 也是其他字符型液晶显示器中常用的控制器,研究 1602 液晶显示器的应用主要是研究控制器 HD44780 的应用控制。

(a)正面图　　　　　　　　(b)背面图

图 7-18　1602 液晶显示器

(1)1602 液晶显示模块的引脚功能及其与单片机的接口电路

控制器 HD44780 共有 80 个引脚,但在 1602 液晶显示模块上,这 80 个引脚中绝大多数引脚用于与液晶显示片和驱动芯片相连,并没有对用户开放,用户也不必深究,只有与单片机和外部电源相接的少数几个引脚才以模块引脚的形式对外开放(参考图 7-18),供用户搭建电路之用。1602 液晶显示模块的引脚分布如图 7-19 所示,各引脚的功能见表 7-3,采用 I/O 端口控制 1602 液晶显示模块的电路如图 7-20 所示。

表 7-3　　　　　　　　　　1602 液晶显示模块的引脚功能

引脚	符号	功能	说明
1	V_{SS}	电源地	有些模块的 1 脚为正电源,2 脚为地
2	V_{DD}	正电源,接 5 V±10% 的正电源	
3	VO	反视度调整电压,常用可调电阻分压获得	
4	RS	寄存器选择控制端。1:选择数据寄存器,0:选择指令寄存器	
5	R/$\overline{W}$	读/写选择控制端。1:从 1602 中读数,0:向 1602 写数	
6	E	使能控制端。1:允许对 1602 进行读写操作,0:禁止访问 1602	
7～14	DB0～DB7	双向数据总线的第 0 位～第 7 位	
15	LED+	背光显示电源的正极,接+5 V	
16	LED−	背光显示电源的负极,接地	

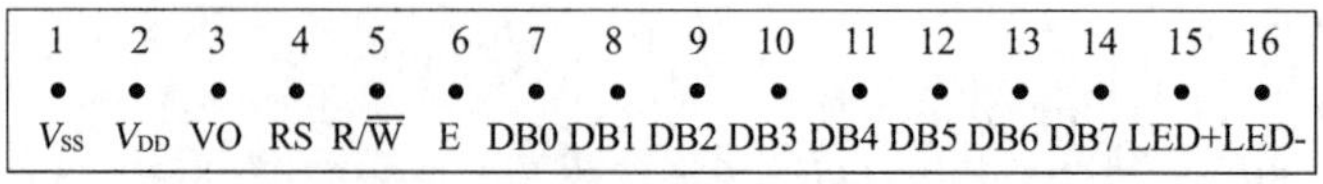

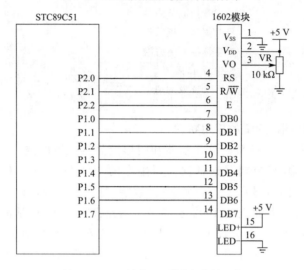

图 7-19　1602 液晶显示模块的引脚分布

图 7-20　1602 液晶显示模块的控制电路

由图 7-20 可以看出,采用 I/O 端口扩展 1602 液晶显示器时,电路的连接方法是,液晶显示器的数据口与单片机的某个并行口相接,液晶显示器的 RS、R/$\overline{W}$、E 引脚分别与单片机的三根 I/O 口线相接,5 V 电源经可调电阻分压后给液晶显示器提供反视度电压,液晶显示器的背光电源显示接 5 V 电源。

（2）HD44780 的编程结构

从编程的角度来看,HD44780 的内部主要由数据显示 RAM(DDRAM)、字符发生器 ROM(CGROM)、字符发生器 RAM(CGRAM)、指令寄存器(IR)、数据寄存器(DR)、忙标志(BF)和地址计数器(AC)等部分组成,如图 7-21 所示,各部分的功能如下:

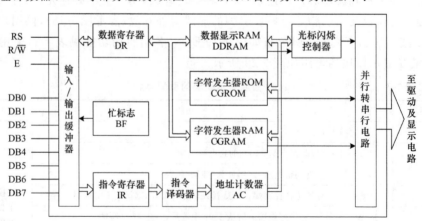

图 7-21　HD44780 的编程结构

①数据显示 RAM(DDRAM):用来存放待显示字符的 ASCII 码。HD44780 共有 80 个字节的数据显示 RAM,每个字节对应液晶屏上的一个字符位,最多可控制液晶屏显示 4 行共 80 个字符,每行 20 个字符。数据显示 RAM 的地址与字符在液晶屏上显示的位置关系如图 7-22 所示。

列 行	0	1	2	3	···	12	13	14	15	16	17	18	19
0	0x00	0x01	0x02	0x03	···	0x0c	0x0d	0x0e	0x0f	0x10	0x11	0x12	0x13
1	0x40	0x41	0x42	0x43	···	0x4c	0x4d	0x4e	0x4f	0x50	0x51	0x52	0x53
2	0x14	0x15	0x16	0x17	···	0x20	0x21	0x22	0x23	0x24	0x25	0x26	0x27
3	0x54	0x55	0x56	0x57	···	0x60	0x61	0x62	0x63	0x64	0x65	0x66	0x67

图 7-22　数据显示 RAM 的地址与字符显示位置的关系

在 1602 液晶显示器中,显示字符共 32 个,占 2 行(行号为 0、1),每行 16 个字符(列号为 0~15)。HD44780 的数据显示 RAM 中,只有 32 个字节对 1602 液晶显示器有效,它们的地址为 0x00~0x0f、0x40~0x4f。其中,0x00~0x0f 单元对应第 0 行的第 0~15 字符位,0x40~0x4f 单元对应第 1 行的第 0~15 字符位(参考图 7-22 中的阴影部分)。

要在 1602 液晶显示器的某个字符位置处显示指定的字符,需向 HD44780 的对应地址单元写入所要显示字符的 ASCII 码。例如,字母"A"的 ASCII 码为 0x41,在 1602 液晶显示器的第 0 行第 0 列处显示字母"A"时,就必须向数据显示 RAM 的 0x00 单元中写入数据 0x41。但是,向 0x10 单元写入数据 0x41,1602 液晶显示器上并不显示字母"A",因为地址 0x10 在 1602 液晶显示器上无对应的字符位置。

②字符发生器 ROM(CGROM):其功能相当于数码管显示中的字符笔型码表。用来存放 192 个 5×7 的点阵字模,包括阿拉伯数字、常用的符号、英文大小写字母和日文假名等,字模的排列方式与标准的 ASCII 码相同。单片机向 DDRAM 中写入数据 m,HD44780 就会以 m 为依据到 CGROM 中读取对应的点阵字模,并控制相关电路在液晶屏上进行显示。

③字符发生器 RAM(CGRAM):功能类似于 CGROM,用来存放用户自造字符的点阵字模,共 64 个字节,地址范围为 0x00~0x3f。其中每 8 个字节存放 1 个 5×7 点阵字模,共可存放 8 个用户自造字符的点阵字模。CGRAM、CGROM 都是用来存放字符的点阵字模,它们的区别是,CGROM 为只读存储器,其中的数据由芯片生产厂商事先填写好,用户只能读取不能改写,CGRAM 为随机存储器,其中的点阵字模由用户根据需要来编写。

④指令寄存器(IR):用来存放单片机写入的指令代码。当 RS=0、R/$\overline{\text{W}}$=0,E 引脚信号由 1 变 0 时,HD44780 就会把 DB0~DB7 引脚上的数据传送至 IR 中。

⑤数据寄存器(DR):暂存单片机与 HD44780 所交换的数据,包括单片机要写入 CGRAM、DDRAM 的数据和单片机从 CGRAM、DDRAM 中所要读取的数据,其功能类似于双向多路缓冲器。

⑥忙标志(BF):用来指示 HD44780 的当前工作状态。BF=1 时,表示 HD44780 当前正在处理数据,不能接收单片机发来的指令和数据;BF=0 时,表示 HD44780 当前空闲,可以接收单片机发来的指令和数据。在实际应用中,向 HD44780 写数之前需要检查 BF 的状态,仅当 BF=0 时才能向 HD44780 写数。

⑦地址计数器(AC):记录单片机所访问 DDRAM 或者 CGRAM 单元的地址,具备自动加 1 或者减 1 功能。AC 的加 1 或减 1 功能可由命令设置,其具体方法参见 HD44780 的访问命令。

(3)HD44780 的访问命令

HD44780 共用 11 条命令,用来控制数据的传输操作、屏幕和光标的操作。

①清屏命令

命令的格式如下：

E	RS	R/$\overline{W}$	DB7	DB6	DB5	DB4	DB3	DB2	DB1	DB0
1	0	0	0	0	0	0	0	0	0	1

执行该命令后，DDRAM 的内容全部更新为 0x20(空格的 ASCII 码)，液晶显示的内容被清除，地址计数器(AC)的值设置为 0，光标移至左上角(第 0 行第 0 列处)。

②光标归位命令

命令的格式如下：

E	RS	R/$\overline{W}$	DB7	DB6	DB5	DB4	DB3	DB2	DB1	DB0
1	0	0	0	0	0	0	0	0	1	×

其中，"×"表示任意值(下同)。

执行该命令后，光标移至左上角；地址计数器(AC)的值设置为 0；DDRAM 的内容不变，即液晶显示的内容不变。

③设置字符进入模式命令

命令的格式如下：

E	RS	R/$\overline{W}$	DB7	DB6	DB5	DB4	DB3	DB2	DB1	DB0
1	0	0	0	0	0	0	0	1	I/D	S

I/D、S 位的含义如下：

I/D：设置数据写入 DDRAM 或者 CGRAM 后，地址计数器的值是递增还是递减。I/D＝0：AC 递减；I/D＝1：AC 递增。

S：设置屏幕上的字符是否移动。S＝0：数据写入 DDRAM 后，显示字符不移动；S＝1：数据写入 DDRAM 后，显示字符向左(I/D＝1)或者向右(I/D＝0)移动一格，光标位置不变。I/D 位与 S 位组合的含义见表 7-4。

表 7-4　　　　　　　　　　　　设置字符进入模式命令

I/D	S	命令代码	功　能
0	0	0x04	数据写 DDRAM 后 AC 值减 1，字符全部不动，光标左移一格
0	1	0x05	数据写 DDRAM 后 AC 值减 1，字符全部右移一格，光标不动
1	0	0x06	数据写 DDRAM 后 AC 值加 1，字符全部不动，光标右移一格
1	1	0x07	数据写 DDRAM 后 AC 值加 1，字符全部左移一格，光标不动

④显示器开关命令

命令的格式如下：

E	RS	R/$\overline{W}$	DB7	DB6	DB5	DB4	DB3	DB2	DB1	DB0
1	0	0	0	0	0	0	1	D	C	B

D、C、B 位的含义如下：

D：显示屏打开/关闭控制位。D＝1：打开显示屏；D＝0：关闭显示屏。

C:光标显现控制位。C=1:光标出现在地址计数器所指的位置;C=0:不显示光标。

B:光标闪烁控制位。B=1:光标出现后会闪烁;B=0:光标不闪烁。

⑤显示光标移位命令

命令的格式如下:

E	RS	R/$\overline{\text{W}}$	DB7	DB6	DB5	DB4	DB3	DB2	DB1	DB0
1	0	0	0	0	0	1	S/C	R/L	×	×

S/C、R/L 位的含义见表 7-5。

表 7-5　　　　　　　　　　　　显示光标移位命令

S/C	R/L	功能
0	0	光标左移一格
0	1	光标右移一格
1	0	字符和光标同时左移一格
1	1	字符和光标同时右移一格

⑥功能设置命令

命令的格式如下:

E	RS	R/$\overline{\text{W}}$	DB7	DB6	DB5	DB4	DB3	DB2	DB1	DB0
1	0	0	0	0	1	DL	N	F	×	×

DL、N、F 的含义如下:

DL:数据长度选择位。DL=1:每次数据传输为 8 位(DB7~DB0);DL=0:每次数据传输为 4 位,使用 DB7~DB4 位分两次传输一个完整的字符数据。

N:显示屏为单行或双行选择。N=1:双行显示;N=0:单行显示。

F:大小字符显示选择。F=1:用 5×10 点阵字符显示(有些产品无此功能);F=0:用 5×7 点阵字符显示。

⑦CGRAM 地址设置命令

命令的格式如下:

E	RS	R/$\overline{\text{W}}$	DB7	DB6	DB5	DB4	DB3	DB2	DB1	DB0
1	0	0	0	1	A5	A4	A3	A2	A1	A0

其中,A5~A0 为所要访问的 CGRAM 单元的地址。

⑧DDRAM 地址设置命令

命令的格式如下:

E	RS	R/$\overline{\text{W}}$	DB7	DB6	DB5	DB4	DB3	DB2	DB1	DB0
1	0	0	1	A6	A5	A4	A3	A2	A1	A0

其中,A6~A0 为所要访问的 DDRAM 单元的地址。

⑨读忙标志和 AC 计数值命令

命令的格式如下:

E	RS	R/$\overline{W}$	DB7	DB6	DB5	DB4	DB3	DB2	DB1	DB0
1	0	1	BF	A6	A5	A4	A3	A2	A1	A0

该命令是在 RS=0 的条件下从 HD44780 中读取数据,所读数据的最高位为 BF,低 7 位为地址计数器(AC)的值,其值表示 CGRAM 或者 DDRAM 的地址,至于到底是哪一种地址值则取决于最后一次写入的地址设定指令。若最后一次写入的为 DDRAM 地址设定指令,则 AC 的值为 DDRAM 的地址。

⑩写数据至 CGRAM 或者 DDRAM 中命令

命令的格式如下:

E	RS	R/$\overline{W}$	DB7	DB6	DB5	DB4	DB3	DB2	DB1	DB0
1	1	0	D7	D6	D5	D4	D3	D2	D1	D0

命令中 D7~D0 为待写的数据。该命令用在设定 CGRAM 地址或者设定 DDRAM 地址命令之后,用来将指定的数据写入 AC 计数器所指定的地址单元中。

⑪从 CGRAM 或者 DDRAM 中读数命令

命令的格式如下:

E	RS	R/$\overline{W}$	DB7	DB6	DB5	DB4	DB3	DB2	DB1	DB0
1	1	1	D7	D6	D5	D4	D3	D2	D1	D0

命令中 D7~D0 为所读得的数据。该命令用在设定 CGRAM 地址或者设定 DDRAM 地址命令之后,用来读取 AC 计数器所指定的地址单元中的数据。

(4)HD44780 的操作时序

所谓操作时序,是指单片机对接口芯片进行读写操作时,接口芯片的各控制引脚、地址引脚、数据引脚等引脚的状态及其出现的时间关系,包括上升沿、下降沿出现的先后次序,间隔的时间,数据线上出现数据的时刻等。芯片的操作时序是编写芯片访问程序的依据。HD44780 的访问操作包括写指令、写数据、读 BF 和 AC 计数值(以下简称为读 BF)、读数据 4 种操作。其中,读 BF 与读数据为读操作,它们的时序基本相同,其差别仅仅是所选择的寄存器不同而已,即 RS 引脚的状态不同而已。读操作的时序图如图 7-23 所示。

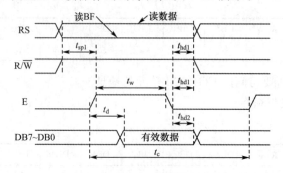

图 7-23 HD44780 的读操作时序

其中,在数据有效时 RS 为 0 的时序为读 BF 时序,其 RS 的初态为 1;在数据有效时 RS 为 1 的时序为读数据时序,其 RS 的初态为 0。图中各时间参数见表 7-6。

表 7-6　　　　　　　　　**HD44780 的读时序参数**

符号	含义	最小值	最大值	单位
t_c	使能周期	1000		ns
t_w	使能脉冲宽度	450		ns
t_{sp1}	地址建立时间	140		ns
t_{hd1}	地址保持时间	10		ns
t_d	数据延迟时间		320	ns
t_{hd2}	数据保持时间	10		ns

图 7-23 和表 7-6 传达了以下信息：

①读操作之前，E 为低电平，$R/\overline{W}$ 可为任意状态，若是读 BF 和 AC 计数值，RS 为高电平，若是读数据，RS 为低电平。

②RS 有效时（读 BF：RS＝0，读数据：RS＝1），$R/\overline{W}$ 为高电平，RS 有效后至少要过 t_{sp1} 时间才能产生 E 信号的上升沿。因此，进行读操作时，单片机应先将 $R/\overline{W}$ 置为高电平，然后置 RS 信号，延时 t_{sp1} 时间后再产生 E 信号的上升沿。

③在 E 信号的上升沿，HD44780 将内部数据输送到数据引脚上，由于存在数据延迟，E 信号上升 t_d 时间后，数据线上出现有效数据。单片机产生 E 信号上升沿后应延时 t_d 时间才能从数据线上读取数据。

④使能脉冲宽度 t_w 的最小值为 450 ns，单片机产生 E 信号上升沿后至少要延迟 t_w 时间才能产生 E 信号的下降沿。

⑤E 信号下降沿后，至少要过 t_{hd1} 时间才能复位 RS 信号（读 BF：RS＝1，读数据：RS＝0）。复位 RS 时，$R/\overline{W}$ 为高电平。RS 复位后，$R/\overline{W}$ 可为任意态。因此，E 信号下降沿后可以不设置 $R/\overline{W}$ 的状态。

根据读操作时序图，单片机从 HD44780 中读取 BF 和 AC 计数值的流程图如图 7-24 所示，在图 7-20 所示电路中，单片机读取 BF 及 AC 计数值的程序如下：

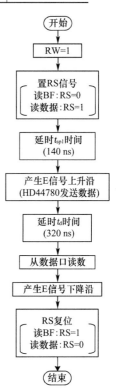

图 7-24　读数流程图

```
#define PD1602 P1          //1602 的数据口
sbit RS1602= P2∧0;         //1602 的寄存器选择端 RS
sbit RW1602= P2∧1;         //1602 的读写控制端 RW
sbit EN1602= P2∧2;         //1602 的使能控制端 E
uchar rd1602bf(void)
{   uchar m;               //1 定义局部变量 m
    RW1602= 1;             //2 读数据
    RS1602= 0;             //3 选择寄存器(BF 位与 AC)
    EN1602= 1;             //4 产生 E 信号上升沿,HD44780 发送数据
    PD1602= 0xff;          //5 数据口写 1,准备读数据
    m= PD1602;             //6 从数据读数据
    EN1602= 0;             //7 产生 E 信号下降沿
    RS1602= ! RS1602;      //8 复位 RS
    return m;              //9 返回所读取的值
}
```

将程序中的第 3 行代码改为"RS1602＝1；"，上述程序就变成了读 DDRAM 或者 CGRAM 数据程序。

写指令和写数据为写操作，它们的时序基本相同，其差别也仅仅是所选择的寄存器不同而已，即 RS 引脚的状态不同。写操作的时序图如图 7-25 所示。

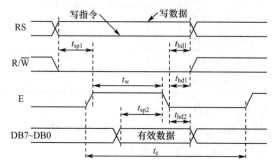

图 7-25 HD44780 的写操作时序

其中，在数据有效时 RS 为 0 的时序为写指令时序，其 RS 的初态为 1；在数据有效时 RS 为 1 的时序为写数据时序，其 RS 的初态为 0。图中各时间参数见表 7-7。

表 7-7 HD44780 的写时序参数

符号	含义	最小值	最大值	单位
t_c	使能周期	1000		ns
t_w	使能脉冲宽度	450		ns
t_{sp1}	地址建立时间	140		ns
t_{hd1}	地址保持时间	10		ns
t_{sp2}	数据建立时间	195		ns
t_{hd2}	数据保持时间	10		ns

图 7-25 和表 7-7 传达了以下信息：

①写操作之前，E 为低电平，R/$\overline{\text{W}}$ 可为任意状态，若是写指令，RS 为高电平，若是写数据，RS 为低电平。

②RS 有效时(写指令：RS＝0，写数据：RS＝1)，R/$\overline{\text{W}}$ 为低电平，RS 有效后至少要过 t_{sp1} 时间才能产生 E 信号的上升沿。因此，进行写操作时，单片机应先将 R/$\overline{\text{W}}$ 置为低电平，然后置 RS 信号，延时 t_{sp2} 时间后再产生 E 信号的上升沿。

③E 信号的下降沿时刻 HD44780 将 DB0～DB7 引脚上的数据传送到内部寄存器，由于数据线上建立数据需要 t_{sp2} 时间，单片机应先将待写入的数据发送到数据线上，延时至少 t_{sp2} 时间才能产生 E 信号的下降沿。

④E 信号下降沿后，至少要过 t_{hd1} 时间才能复位 RS 信号(写指令：RS＝1，写数据：RS＝0)。复位 RS 时，R/$\overline{\text{W}}$ 为低电平。RS 复位后，R/$\overline{\text{W}}$ 可为任意状态。

⑤使能周期 t_c 的最小值为 1000 ns，脉冲宽度 t_w 的最小值为 450 ns。单片机产生 E 信号上升沿后至少要过 450 ns 才能产生 E 信号的下降沿；E 信号下降沿后，至少要过 $t_c - t_w$ 时间才能再次产生的上升沿(此时为再次访问 HD44780)。如果单片机的速度过快，指令周期小于 450 ns，必须在产生 E 信号上升沿和下降沿之间适当地加入若干条"_nop_()；"语句，以保证 E 信号的脉冲宽度和周期符合要求。

由于 E 信号的上升沿对应于单片机访问 HD44780 时刻,在实际应用中,如果两次访问 HD44780 的时间间隔大于 $t_c - t_w = 550$ ns,则只需注意 E 信号高电平持续的时间,可以不考虑 E 信号低电平持续的时间。

根据写操作时序图,单片机写 HD44780 的流程图如图 7-26 所示。

在图 7-20 所示电路中,单片机的指令周期大于 450 ns,可以省去图 7-26 中各延时框。由于 HD44780 允许访问的条件是 BF=0,在实际编写写数程序时还需在图 7-26 所示的流程框前加上对 BF 的判断,仅当 BF=0 时才执行图 7-26 所示流程图的程序。单片机向 HD44780 写入数据 m 的程序如下:

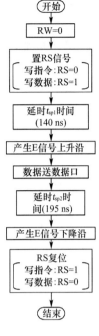

图 7-26　写数流程图

```
void wr1602dat(uchar m)
{   while(rd1602bf()&0x80);      //等待 HD44780 空闲(BF=0)
    RW1602= 0;                   //1 写数据
    RS1602= 1;                   //2 选择数据寄存器
    EN1602= 1;                   //3 产生 E 信号上升沿,允许访问芯片
    PD1602= m;                   //4 数据写入数据口
    EN1602= 0;                   //5 产生 E 信号下降沿,HD44780 接收数据
    RS1602= 0;                   //6 复位 RS
}
```

单片机向 HD44780 写入命令 cmd 的程序如下:

```
void wr1602cmd(uchar cmd)
{   while(rd1602bf()&0x80);         //等待 HD44780 空闲(BF=0)
    RW1602= 0;                      //1 写数据
    RS1602= 0;                      //2 选择指令寄存器
    EN1602= 1;                      //3 产生 E 信号上升沿,允许访问芯片
    PD1602= cmd;                    //4 数据写入数据口
    EN1602= 0;                      //5 产生 E 信号下降沿,HD44780 接收数据
    RS1602= 1;                      //6 复位 RS
}
```

(5)1602 液晶显示器的应用程序

1602 液晶显示器的应用程序主要包括初始化液晶显示器、设置字符的显示位置、显示字符等,这些程序是通过调用 HD44780 的读写程序来实现的。

①初始化液晶显示器程序

程序的主要功能是,选择数据传输的位数、显示屏的行数、显示字符点阵的大小,字符进入的模式,光标的起始位置,然后打开显示屏。程序编写的方法是,调用 wr1602cmd() 函数向 HD44780 写入命令 6、命令 3、命令 1 和命令 4。初始程序如下:

```
void initlcd(void)
{   wr1602cmd(0x38);      //命令 6,功能设置。8 位数据传输,双行显示,5*7 点阵
    wr1602cmd(0x06);      //命令 3,输入模式设置。AC 地址增加,显示屏不移动
    wr1602cmd(0x01);      //命令 1,清 0 显示。0x01:复位显示
    wr1602cmd(0x0c);      //命令 4,显示开关设置。0x0c:打开显示屏,禁止光标闪烁显示
}
```

②设置显示起始位置程序

程序的主要功能是,按照图 7-22 的对应关系,将字符在屏幕上显示的位置坐标转换成 DDRAM 的地址,然后组合成 DDRAM 地址设置命令,并向 HD44780 写入该命令。程序代码如下:

```
void setpos(uchar x,uchar y)
{                              //x:行坐标,值为 0~15,y:列坐标,值为 0~1
    x=x&0x0f;                  //容错,行坐标为 0~15,高 4 位无效
    y=y&0x01;                  //容错,列坐标为 0~1,高 7 位无效
    if(y)x=x+0x40;             //计算显存地址,也可以是 x=y* 0x40+ x
    wr1602cmd(x|0x80);         //形成 DDRAM 地址设置命令(命令 8),并写入 HD44780
}
```

③显示字符程序

显示字符程序的实质是向 DDRAM 的单元中写入待显示字符的 ASCII 码。程序编写的方法是,先定义一个数组 distr[],然后将待显示字符的 ASCII 码存入数组中,需要显示字符时,就将数组中各元素的值写入 DDRAM 中。需要注意的是,在调用显示字符程序之前,需要先用 setpos( )函数设置字符显示的位置。例如,在液晶显示屏的(0,0)位置处开始显示 "china"的程序如下:

```
void display(uchar * str);        //显示字符函数说明
uchar distr[17]={"china"};        //定义显示数组,初始字符为 china
void main(void)                   //main 函数
{   initlcd();                    //初始化液晶显示屏
    setpos(0,0);                  //设置显示位置
    display(distr);               //调用 display 函数显示 distr 中的字符
    while(1);                     //死循环
}
//——————————————————————————————————
// 显示字符程序
void display(uchar * str)
{   uchar * tp;                   //定义指针变量 tp
    for(tp= str;* tp! =0;tp++)    //指针指向数组首元素,若当前元素非空,则执行循环体
    wr1602dat(* tp);              //循环体:将指针所指元素的值写入 DDRAM 中
}
```

🌸 任务实施

1.搭建硬件电路

任务 15 的硬件电路如图 7-27 所示。

电路中,单片机的 P2 口充当数据口,分别与 ADC0804 的 D0~D7 脚以及 1602 液晶模块的 DB0~DB7 脚相接。P1.0~P1.2 分别充当 ADC0804 的片选线、读控制线和写控制线,P1.3~P1.5 分别做 1602 液晶模块的寄存器选择控制线、读写控制线和使能控制线。其中,1602 模块的 RS 引脚也可以直接与 ADC0804 的读或者写控制引脚相接。电路中其他关于 ADC0804 的电路与任务 14 中的电路相同,在此不再赘述。

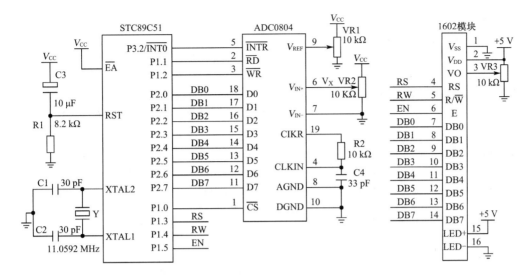

图 7-27　任务 15 硬件电路图

2. 编写软件程序

(1)流程图

任务 15 的程序框架与任务 14 相同。但在任务 15 中,ADC0804 采用 I/O 端口控制,而不是三总线控制,电压值采用的是液晶显示,而不是通过串口回送至计算机中显示。任务 15 的流程图如图 7-28 所示。

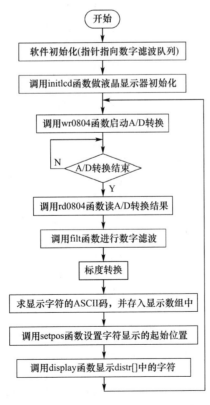

图 7-28　任务 15 流程图

(2)程序代码

任务 15 的程序代码如下：

```
#include <reg51.h>                //1 包含特殊功能寄存器定义头文件 reg51.h
#define uchar unsigned char       //2 宏定义:uchar 代表 unsigned char
#define uint unsigned int         //3 宏定义:uint 代表 unsigned int
#define N 8                       //4 宏定义:N 代表常数 8(数字滤波中 AD 值的个数)
#define P_DATA P2                 //5 宏定义:P_DATA 代表 P2(ADC0804 数据口)
#define PD1602 P2                 //6 宏定义:P_DATA 代表 P2(1602 液晶显示器的数据口)
sbit CS=P1∧0;                     //7 ADC0804 的片选线定义,接 P1.0
sbit RD_0804=P1∧1;                //8 ADC0804 的读控制线定义,接 P1.1
sbit WR_0804=P1∧2;                //9 ADC0804 的写控制线定义,接 P1.2
sbit INTR=P3∧2;                   //10 ADC0804 的INTR引脚定义,接 P3.2
sbit RS1602=P1∧3;                 //11 1602 的 RS 端定义,接 P1.3
sbit RW1602=P1∧4;                 //12 1602 的读写控制端RW的定义,接 P1.4
sbit EN1602=P1∧5;                 //13 1602 的使能控制端 E 的定义,接 P1.5
uchar idata adarr[N];             //14 定义数组(做数字滤波用,保存 N 个 AD 值)
uchar idata * idata fp;           //15 定义指针变量(指向当前 AD 值存放的位置)
uchar distr[]={"Volt:0000mV"};    //16 定义显示字符数组,并赋初值
uchar filt(char);                 //17 函数说明(数字滤波,代码详见任务 14)
void wr0804(uchar m);             //18 函数说明(向 ADC0804 写数,代码详见任务 15 相关知识)
uchar rd0804(void);               //19 函数说明(从 ADC0804 读数,代码详见任务 15 相关知识)
void initlcd(void);               //20 函数说明(初始化 1602,代码详见任务 15 相关知识)
uchar rd1602bf(void);             //21 函数说明(读 1602 的 BF,代码详见任务 15 相关知识)
void wr1602dat(uchar m);          //22 函数说明(向 1602 写数,代码详见任务 15 相关知识)
void wr1602cmd(uchar cmd);        //23 函数说明(向 1602 写命令,代码详见任务 15 相关知识)
void setpos(uchar x,uchar y);     //24 函数说明(设置显示位置,代码详见任务 15 相关知识)
void display(uchar * str);        //25 函数说明(显示字符,代码详见任务 15 相关知识)
void main(void)                   //26 main 函数
{   uint volt;                    //27 定义变量 volt(当前电压值)
    uchar adval;                  //28 定义变量 adval(A/D 转换值)
    SP=0x5f;                      //29 定义堆栈
    fp=adarr;                     //30 指针变量 fp 指向数组的首元素
    initlcd();                    //31 初始化 1602 液晶显示器
    while(1)                      //32 死循环
    {   wr0804(0xff);             //33 向 ADC0804 写入 0xff:启动 A/D 转换
        INTR=1;                   //34 INTR端口写 1,准备读端口
        while(INTR==1);           //35 等待INTR引脚变成低电平
        adval=rd0804();           //36 读 A/D 转换值并保存至 adval 中
        adval=filt(adval);        //37 调用 filt 函数进行数字滤波,结果存入 adval 中
        volt=adval* 5000L/255;    //38 将 A/D 值转换成电压值,并存入 volt
        distr[8]=volt% 10+0x30;   //39 求电压值的个位数,转换成 ASCII 码后存显示数组中
        volt=volt/10;             //40 缩小 10 倍
        distr[7]=volt% 10+0x30;   //41 求电压值的十位数,转换成 ASCII 码后存显示数组中
```

```
    volt=volt/10;              //42 缩小 10 倍
    distr[6]=volt%10+0x30;     //43 求电压值的百位数,转换成 ASCII 码后存显示数组中
    volt=volt/10;              //44 缩小 10 倍
    distr[5]=volt%10+0x30;     //45 求电压值的千位数,转换成 ASCII 码后存显示数组中
    setpos(0,0);               //46 设置字符显示的起始位置:0 行 0 列处
    display(distr);            //47 显示字符串"Volt:xxxxmV"
    }                          //48 死循环结束
}                              //49 main 函数结束
//——————————————————————————
//filt、wr0804、rd0804、rd1602bf、wr1602dat、wr1602cmd、
//initlcd、setpos、display 9 个子函数代码(略)
```

【说明】

①为了节省篇幅,我们省略了程序中所需要的 filt、wr0804、rd0804、rd1602bf、wr1602dat、wr1602cmd、initlcd、setpos、display 9 个函数的详细代码。实验时,请读者在上述代码后加上这 9 个子函数,其中 filt 函数的代码详见任务 14,其他 8 个函数的代码详见本任务的"相关知识"部分。

②程序中第 39 行代码的功能是求电压值的个位数,并转换成对应的 ASCII 码,然后保存至显示数组中。在 ASCII 码表中,字符"0"的 ASCII 码为 0x30,"1"的 ASCII 码为 0x31,…,"9"的 ASCII 码为 0x39。所以将一个数字加上 0x30,就得到了该数字字符的 ASCII 码。

应用总结与拓展

用 I/O 端口扩展并行接口芯片是单片机应用系统常用的扩展方法,扩展并行接口芯片时,用单片机的一个并行 I/O 口充当数据口,用几根 I/O 口线分别充当读、写控制线和片选线、地址线,然后用软件模拟产生三总线时序。编写读、写程序时要特别注意读数和写数的时刻。单片机写数时,先模拟产生片选信号、地址选择信号,然后写入数据,再产生写控制脉冲,最后撤销片选信号,写数发生在产生写控制脉冲的下降沿之前。读数时,先模拟产生片选信号、地址选择信号,然后产生读控制脉冲的下降沿,再读取数据,最后产生读控制脉冲的上升沿,并撤销片选信号,读数发生在读脉冲下降沿之后。

1602 液晶显示的控制芯片是 HD4480,它也是其他字符型液晶显示器中常用的控制芯片,内含有 80 字节的 DDRAM,可控制液晶显示器显示 4×20 个字符。在 1602 液晶显示中它控制液晶显示器显示 2×16 个字符,向 HD44780 的不同地址单元中写入字符的 ASCII 码,液晶显示屏的对应位置上就可以显示不同的字符,对 1602 液晶显示器的应用编程实际上是对控制器 HD44780 的应用编程,编写 HD44780 的控制程序的依据是 HD44780 的读写时序,因此必须认真领会时序图的真正含义,要特别注意有效数据出现的条件和出现的时刻以及持续的时间。

习　题

1.简述用 I/O 端口扩展并行接口芯片的硬件连接方法。

2.画出用 I/O 端口扩展 ADC0804 和 8255A 的硬件电路图。

3.简述用 I/O 端口扩展并行接口芯片时读数程序的编写方法,并编写图 7-17 所示电路中单片机从 8255A 的 PA 口读数的程序。

4.简述用 I/O 端口扩展并行接口芯片时写数程序的编写方法,并编写图 7-17 所示电路中单片机向 8255A 的 PB 口写数的程序。

5.液晶显示器分为_____和_____2 种类型,1602 液晶显示器是_____型的液晶显示器,可显示_____行字符,每行_____个字符。

6.画出单片机用 I/O 端口控制 1602 液晶显示器的电路图。

7.1602 液晶显示器的控制芯片是_____,它可以控制液晶显示器最多显示_____行,共_____个字符。

8.在 1602 液晶显示器的第 1 行第 2 列处显示字符"A"的方法是,向 HD44780 _____存储器的_____单元中写入数据_____,该数据是字符"A"的_____。

9.仔细阅读从 HD44780 读数的时序图,根据读数时序图画出单片机从 HD44780 读数的流程图,并编写读 DDRAM 程序和读 BF 程序。

10.仔细阅读向 HD44780 写数的时序图,根据写数时序图画出单片机向 HD44780 写数的流程图,并编写写 DDRAM 程序和写命令程序。

11.任务 15 的程序代码中,第 39 行代码为"distr[8]＝volt％10＋0x30;"。其中,"volt％10"的功能是什么?为什么要加上 0x30?

⚙ 扩展实践

单片机的 f_{osc} ＝11.0592 MHz,以 I/O 端口方式扩展并行接口芯片 ADC0804 和 1602 液晶显示器,ADC0804 的模拟输入端外接 0～5 V 的模拟电压,单片机以中断方式访问 ADC0804,用液晶显示器显示当前输入的模拟电压。请设计硬件电路,并编写软件程序。

任务 16　制作波形发生器

⚙ 任务要求

单片机的 f_{osc} ＝11.0592 MHz,用 P1.0、P1.1、P1.2 三根 I/O 端口线分别充当 SPI 总线的数据线、时钟线和片选线,外接带有 SPI 总线接口的串行 D/A 转换芯片 TLC5615,用单片机控制 TLC5615 产生频率为 10 Hz、最大值为 4 V、最小值为 0 V 的正弦波。

⚙ 相关知识

任务 16 涉及的新知识主要有 D/A 转换器的基础知识、带有 SPI 总线接口的 D/A 转换芯片 TLC5615 的应用特性等。

1.D/A 转换器的基础知识

D/A 转换器的功能是将数字量转换成与数字量成比例的模拟量,常用 DAC 表示。按照待转换数字的位数可分为 8 位、10 位、12 位等类型;按照输出模拟量的类型可分为电流输出型和电压输出型;按照 DAC 与微处理器的接口形式可分为串行 DAC 和并行 DAC。并行 DAC 占用的数据线多,输出速度快,但价格高;串行 DAC 占用的数据线少,方便隔离,性价比高,速度相对慢一些。就目前的使用情况来看,工程上偏向于选用串行 DAC。在选择 DAC 芯片时,常涉及以下 3 个技术参数:

(1)分辨率:输入数字量变化 1 时,对应的输出模拟量的变化量。分辨率反映了输出模拟量的最小变化值。设 DAC 的数字量的位数为 n,则 DAC 的分辨率＝满量程电压/ (2^n-1)。

对于同等的满量程电压,DAC 的位数越多,则分辨率越高。因此,分辨率也常用 DAC 的数字量的位数来表示。

(2)转换时间:从数字量输入至 DAC 开始到 DAC 完成转换并输出对应的模拟量所需要的时间。转换时间反映了 DAC 的转换速度。

(3)满刻度误差:数字量输入为满刻度(全 1)时,实际输出的模拟量与理论值的偏差。

【说明】

现代增强型 51 单片机内一般集成有 PWM 口,例如 S7C15 系列的 51 单片机中就集成有 16 位的 PWM 口,在 PWM 口上外接 RC 电路就可以构成 DAC 转换器,用户可以适当选择单片机的型号来避免在单片机外部扩展 DAC。

2.带有 SPI 接口的 D/A 转换器 TLC5615 的应用特性

TLC5615 是 TI 公司生产的 10 位串行电压输出型 D/A 转换器,数据更新率高达 1.21 MHz,采用+5 V 单电源供电,最大功耗为 1.75 mW,具有简化的 SPI 总线接口,转换结果采用缓冲电压输出,可变输出电压为 0~5 V,最大线性误差为±1/2LSB。

(1)TLC5615 的引脚功能

TLC5615 有 DIP8 和 SOP8 两种封装形式,其引脚分布如图 7-29 所示。各引脚的功能见表 7-8。

表 7-8　　　　　　　　　　　TLC5615 的引脚功能

引　脚	符　号	功　　　能
1	D_{IN}	串行数据输入脚
2	SCLK	时钟输入脚
3	$\overline{CS}$	片选引脚。低电平时,对 TLC5615 访问有效,上升沿更新内部 DAC
4	D_{OUT}	串行级联数据输出脚
5	AGND	模拟信号地
6	REFIN	参考电压输入脚
7	V_{OUT}	D/A 转换电压输出
8	V_{DD}	+5 V 电源输入

(2)TLC5615 与单片机的接口电路

TLC5615 与单片机的接口电路如图 7-30 所示。

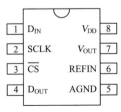

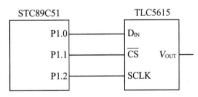

图 7-29　TLC5615 引脚分布　　　图 7-30　TLC5615 与单片机的接口电路

由图 7-30 可以看出,TLC5615 与单片机的连接方法是,TLC5615 的 SCLK(时钟)脚、D_{IN}(数据输入)脚、$\overline{CS}$(片选)脚分别与单片机的 I/O 口线相接。

(3)TLC5615 的内部结构

TLC5615 由 16 位移位寄存器、10 位 DAC 寄存器、D/A 转换器 DAC、2 倍电压放大器、控制逻辑等部分组成,其内部结构如图 7-31 所示。

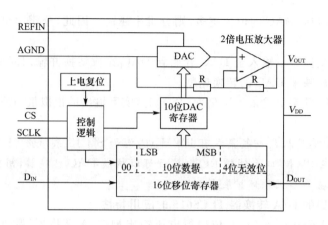

图 7-31　TLC5615 内部结构

从图 7-31 可以看出：

①16 位移位寄存器是 TLC5615 与外部交换数据的寄存器,在$\overline{\text{CS}}$、SCLK 的作用下,D_{IN}引脚输入的数据被移入 16 位移位寄存器,同时将移位寄存器内部的数据从 D_{OUT}引脚移出。数据移位的方向是高位在先低位在后。

②在 16 位移位寄存器中,高 4 位无效,可为任意数,低 2 位为 0,中间的 10 位($D2 \sim D11$位)为 DAC 转换代码。单片机向 TLC5615 写数时(数据移入 TLC5615),每次写入的数据可为 $12 \sim 16$ 位中的任意一种形式,常用的是一次写入 12 位或者 16 位;如果要同时向 TLC5615 写数和读数,则每次传输的数位必须是 16 位。

③设 10 位转换数位于变量 daval 中,采用 12 位移位输入数据时,应先将 daval 左移 6 位,以保证 daval 中有效的 D/A 转换数据的最高位位于 daval 的最高位。12 位传输后刚好位于图 7-31 移位寄存器的 MSB 位。其实现代码如下：

```
daval= daval< < 6;                //获取采用 12 位移位输入的正确数据
```

采用 16 位输入数据时,应先将 daval 左移 2 位(为什么？请思考),其实现代码如下：

```
daval= daval< < 2;                //获取采用 16 位移位输入的正确数据
```

④TLC5615 内部带有 2 倍电压放大器,设 REFIN 引脚输入的参考电压为 V_{REF},10 位的 DAC 转换代码的值为 daval,则 TLC5615 的转换输出电压 V_{OUT} 为：

$$V_{\text{OUT}} = 2 \times V_{\text{REF}} \times \frac{\text{daval}}{2^{10} - 1} = V_{\text{REF}} \times \frac{2 \times \text{daval}}{1023}$$

由于输出电压 V_{OUT} 的最大值为 5 V,在实际应用中,参考电压的输入值不得高于 2.5 V。

(4)TLC5615 的操作时序

所谓操作时序,是指单片机对接口芯片进行读写操作时,接口芯片的各引脚信号之间的时序关系。包括上升沿、下降沿出现的先后次序、间隔的时间、数据线上出现数据的时刻及先后次序等。芯片的时序图是编写芯片访问程序的依据。TLC5615 的时序图如图 7-32 所示,图中各参数的含义见表 7-9。

微课

TLC5615 操作时序
及访问程序

图 7-32 和表 7-9 传达了以下信息：

①$\overline{\text{CS}} = 1$ 时,D_{IN} 引脚上的数据不能移入 TLC5615,只有 $\overline{\text{CS}} = 0$ 时,数据才能移入 TLC5615;$\overline{\text{CS}}$出现上升沿时,TLC5615 将内部 16 位移位寄存器中的 DAC 转换代码(移位寄存器中的 $D2 \sim D11$ 位)传输至 10 位的 DAC 寄存器,并更新 DAC。

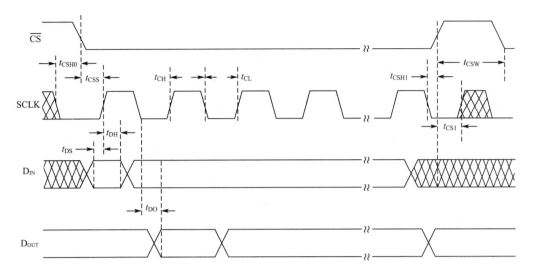

图 7-32 TLC5615 的工作时序

表 7-9 **TLC5615 时序参数**

参数	含 义	值			单位
		最小	典型	最大	
t_{CSS}	片选建立时间	1			ns
t_{CSH0}	SCLK 下降沿到片选下降沿保持时间	1			ns
t_{CSH1}	SCLK 下降沿到片选上升沿保持时间	0			ns
t_{CH}	SCLK 高电平宽度	25			ns
t_{CL}	SCLK 低电平宽度	25			ns
t_{DS}	D_{IN} 建立时间	45			ns
t_{DH}	D_{IN} 保持时间	0			ns
t_{DO}	D_{OUT}(级联输出)传输延时时间			50	ns
t_{CSW}	片选高电平宽度	20			ns
t_{CS1}	片选上升沿到 SCLK 上升沿建立的时间间隔	50			ns

②$\overline{CS}$ 的下降沿之前,SCLK 为低电平,SCLK 的下降沿与 $\overline{CS}$ 下降沿的时间间隔为 t_{CSH0}(至少为 1 ns);$\overline{CS}$ 上升沿之前 SCLK 也为低电平,SCLK 的下降沿与 $\overline{CS}$ 下降沿的时间间隔 t_{CSH1}(至少为 0 ns)。在启动数据传输时,应先产生 SCLK 下降沿,延时 t_{CSH0} 时间后再产生 $\overline{CS}$ 的下降沿,在结束数据传输时,应先产生 SCLK 下降沿,延时 t_{CSH1} 时间后再产生 $\overline{CS}$ 上升沿。

③$\overline{CS}=0$ 时,在 SCLK 的上升沿 TLC5615 将 D_{IN} 引脚上的数据移入内部移位寄存器,D_{IN} 数据的建立时间为 t_{DS}。所以向 TLC5615 写数时,应先将数位写入 D_{IN} 引脚上,延时 t_{DS} 时间后,再产生 SCLK 的上升沿。

④$\overline{CS}=0$ 时,在 SCLK 的下降沿 TLC5615 将移位寄存器的最高位移至 D_{OUT} 引脚上,D_{OUT} 的数据建立时间为 t_{DO}(最大 50 ns)。从 TLC5615 中读取数据时,应先产生时钟下降沿,延时 t_{DO} 时间后,再从 D_{OUT} 引脚上读数。

⑤TLC5615 的移位的次序为高位在先,低位在后。将 daval 中的数据写入 TLC5615 时,每发送 1 位数据后应将 daval 中的数据左移 1 位;从 TLC5615 读取数据时,每接收 1 位数,应

将保存接收数据的变量左移 1 位。

⑥时钟(SCLK)的高低电平持续时间的最小值为 25 ns。时钟上升沿后,至少要过 25 ns 才能产生时钟的下降沿;时钟的下降沿后,至少要过 25 ns 才能产生时钟的上升沿。如果单片机的速度过快,指令周期小于 25 ns,必须在产生时钟的上升沿、下降沿的语句之间适当地加入若干条"_nop_();"语句进行延时,以保证时钟脉冲的宽度符合要求。

(5)TLC5615 的访问程序

TLC5615 的访问程序必须按照 TLC5615 的操作时序来编写,其方法是用软件模拟产生正确的片选信号和时钟信号,并在恰当的时间将待写入的数据发送到 D_{IN} 线上或者从 D_{OUT} 线上读取 TLC5615 所输出的数据。按照 TLC5615 的操作时序图,采用 12 位方式传输,将 m 中的 10 位 D/A 转换数据写入 TLC5615 的流程图如图 7-33 所示,将 m 中的 D/A 转换数据写入 TLC5615,同时将 TLC5615 中前次转换的数据读入 n 中的流程图如图 7-34 所示。

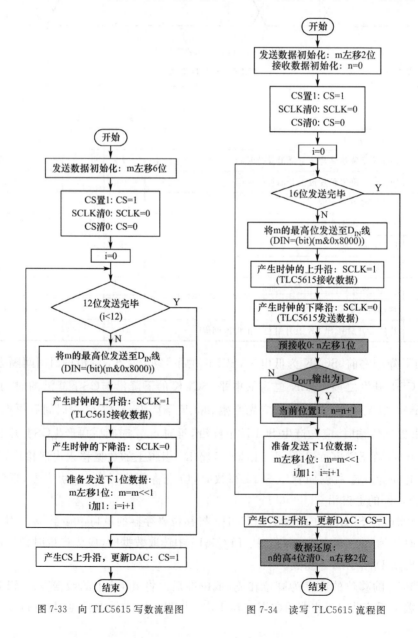

图 7-33 向 TLC5615 写数流程图　　　　图 7-34 读写 TLC5615 流程图

【说明】

图 7-33、图 7-34 所示的流程图是在单片机的指令周期大于 50 ns 的条件下设计的,如果单片机的指令周期小于 50 ns,则需要在上述流程图的各框之间适当地插入若干个"_nop_();"语句进行延时,以满足表 7-9 中各时序参数的时间要求。

设 TLC5615 各引脚口线的定义如下:

```
sbit DIN= P1∧0;
sbit CS= P1∧1;
sbit SCLK= P1∧2;
sbit DOUT= P∧3;
```

采用 12 位方式传输,将 m 中的 D/A 转换数据写入 TLC5615 的程序如下:

```
void TLC5615(uint m)          //1 TLC5615 访问函数。m 为 D/A 转换代码值
{  uchar i;                   //2 定义局部变量。i 为循环次数计数器
   m=m<<6;                    /*3 m 左移 6 位形成写入 TLC5615 的 12 位移位数据(低 2 位
                                 为 00)*/
   CS=1;                      //4 片选置高电平
   SCLK=0;                    //5 时钟清 0
   CS=0;                      //6 产生片选下降沿
   for(i=0;i<12;i++)          //7 循环 12 次。循环体为语句 8~语句 11
   {  DIN= (bit)(m&0x8000);   //8 m 的最高位传送至数据线 D_{IN} 上
      SCLK=1;                 //9 产生时钟上升沿
      SCLK=0;                 //10 产生时钟下降沿,形成一个完整的时钟信号
      m=m<<1;                 //11 m 左移 1 位,准备写下 1 位数
   }                          //12 循环体结束
   CS=1;                      //13 产生片选上升沿,更新 DAC
}                             //14 函数结束
```

同时读写 TLC5615 的程序如下:

```
uint tlc5615(uint m)          //1 TLC5615 访问函数。m 为 D/A 转换代码值,返回值为整型
{  uchar i,n;                 //2 定义局部变量。i 为循环次数计数器,n 保存接收值
   m=m<<2;                    //3 m 左移 2 位形成写入 TLC5615 的 16 位移位数据(低 2 位为 00)
   CS=1;                      //4 片选置高电平
   SCLK=0;                    //5 时钟清 0
   CS=0;                      //6 产生片选下降沿
   for(i=0;i<16;i++)          //7 循环 16 次。循环体为语句 8~语句 11
   {  DIN= (bit)(m&0x8000);   //8 m 的最高位传送至数据线 D_{IN} 上
      SCLK=1;                 //9 产生时钟上升沿
      n=n<<1;                 //10 接收数据左移 1 位,假定接收位为 0
      SCLK=0;                 //11 产生时钟下降沿,形成一个完整的时钟信号
      DOUT=1;                 //12 端口置 1,准备读端口
      if(DOUT)n++;            //13 TLC5615 输出为 1,则将当前接收位置 1
      m=m<<1;                 //14 m 左移 1 位,准备写下 1 位数
   }                          //15 循环体结束
   CS=1;                      //16 产生片选上升沿,更新 DAC
   n= (n&0x0fff)>>2;          //17 接收数据还原:高 4 位清 0 后再右移 2 位
   return n;                  //18 返回接收值
}                             //19 函数结束
```

【说明】

在实际应用中,如果仅需向 TLC5615 写入 D/A 转换数,一般采用 12 位数据传输方式,以提高数据访问速度,仅当需同时向 TLC5615 读写数据时才采用 16 位数据传送方式,以保证数据传输的完整性。

任务实施

1.搭建硬件电路

任务 16 的硬件电路如图 7-35 所示。图中,TLC5615 的参考电压取自可调电阻 VR 的滑线端,调节 VR 使 TLC5615 的参考电压为 2 V,这样,当 daval=1023 时,TLC5615 的输出电压为最大值 4 V。

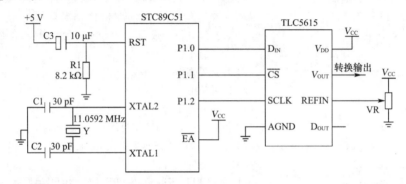

图 7-35　任务 16 硬件电路

2.编写软件程序

(1)流程图

编写波形发生器程序的一般方法和步骤是,①写出波形函数的关系式,②根据波形函数的关系式写出对应的 D/A 转换值随时间变化的关系式,③将一个周期等分为 N 个时间片段,并设每个时间片段的时长为 t_0,则对应的周期为 Nt_0,一个周期内共划分有 $N+1$ 个时间点,④ 求出 $t=nt_0(n=0$、1、2、$\cdots$、$N-1$) 共 N 个时间点的 D/A 转换值,⑤ 每隔 t_0 时间向 DAC 写入 $t=nt_0$ 时间点的 D/A 转换值。其中,t_0 的长短决定了波形的频率,N 值的大小决定了输出波形的平滑度,N 值一定,t_0 越长,输出波的频率越低,t_0 一定,N 值越大,一个周期内输出点越多,输出波形越平滑。

任务 16 中,正弦波的周期 $T=100$ ms,最大值 $V_{max}=4$ V,最小值 $V_{min}=0$ V,其波形函数为 $V=\dfrac{V_{max}+V_{min}}{2}+\dfrac{V_{max}-V_{min}}{2}\sin(\dfrac{2\pi}{T}t)$,TLC5615 的参考电压为 2 V,$V_{max}$、$V_{min}$ 对应的 D/A 转换值分别为 $damax=1023$,$damin=0$,产生正弦波的 D/A 的转换值随时间变化的关系式为:

$$daval=\dfrac{da\max+da\min}{2}+\dfrac{da\max-da\min}{2}\sin(\dfrac{2\pi}{T}t)=\dfrac{1023}{2}+\dfrac{1023}{2}\sin(\dfrac{2\pi}{T}t)$$

将一个周期等分为 100 个片段,则每个时间片段的时长 $t_0=T/100=1$ ms,$t=nt_0$ 时间点的 D/A 转换值为:

$$daval=\dfrac{1023}{2}+\dfrac{1023}{2}\sin(\dfrac{2\pi}{T}t)=[1+\sin(\dfrac{2\pi}{Nt_0}\times nt_0)]\times\dfrac{1023}{2}=(1+\sin\dfrac{\pi n}{50})\times\dfrac{1023}{2}$$

每隔 1 ms 向 TLC5615 依次写入 $n=0$、1、$\cdots$、99 的 D/A 转换值,TLC5615 的 V_{OUT} 引脚就会输出任务 16 所要求的正弦波。其中,各时间点的 D/A 转换值可以事先计算好,然后存放在数组 SINWAV[100] 中,在需要输出时通过查表获得,其具体的方法可参考任务 10 中字符笔型表的建立方法,另一种方法是在程序中通过上式计算获得。1 ms 的延时可以用定时中断实现,也可以用软件延时来实现。本任务中,各时间点的 D/A 转换值我们用程序计算法实现,1 ms 的延用用 T0 中断来实现,任务 16 的流程图如图 7-36 所示。

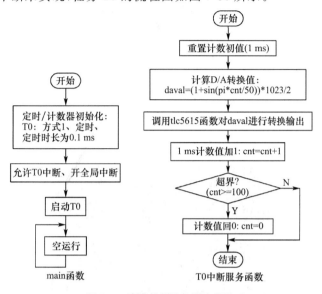

图 7-36　制作波形发生器流程图

（2）程序代码

任务 16 的程序代码如下:

```
#include <reg51.h>              //1 包含 reg51.h 文件:因程序中要使用特殊功能寄存器
#include <math.h>               //2 包含 math.h 文件:因程序中要使用 sin 函数
#define uchar unsigned char     //3 用 uchar 代表 unsigned char
#define uint unsigned int       //4 用 uint 代表 unsigned int
#define PI 3.1415926            //5 常数定义,用 PI 代表 3.1415926
sbit DIN = P1^0;                //6 TLC5615 引脚定义:DIN 接 P1.0
sbit CS = P1^1;                 //7 CS 接 P1.1
sbit SCLK = P1^2;               //8 SCLK 接 P1.2
void tlc5615(uint);             //9 函数说明
//- - - - - - - - - - - - - - - - - - - - - - - - - - - - - - - - - - -
void main()                     //10
{   TMOD= 0x01;                 //11 T0 初始化,定时模式、方式 2(自动重装初值)
    TL0= (65536- 922)% 256;     //12 T0 赋初值,1 ms
    TH0= (65536- 922)/256;      //13 T0 赋初值,1 ms
    ET0=1;                      //14 开 T0 中断
    EA=1;                       //15 开全局中断
    TR0=1;                      //16 启动 T0
    while(1) ;                  //17 CPU 空运行
}                               //18
//- - - - - - - - - - - - - - - - - - - - - - - - - - - - - - - - - - -
void tim0(void) interrupt 1 using 1     //19 T0 中断服务函数
{   static uchar cnt= 0;        //20 定义静态局部变量,cnt:0.1 ms 中断次数
```

```
    uint daval;                //21 D/A 转换值
    TL0= (65536- 922)% 256;    //22 重置初值,1 ms
    TH0= (65536- 922)/256;     //23
    daval= (sin(PI* cnt/50)+ 1)* 1023/2;    //24 计算当前的 D/A 转换值
    tlc5615(daval);            //25 调用 tlc5615 函数,对当前 D/A 转换值进行 D/A 转换
    cnt+ + ;                   //26 中断次数加 1
    if(cnt> 99) cnt=0;         //27 若中断次数达到 100 次(已产生了一个周期的正弦波)则回 0
}                              //28
//- - - - - - - - - - - - - - - - - - - - - - - - - - - - - - - - - -
void tlc5615(uint m)          //29 D/A 转换程序
{   /* 详见 TLC5615 访问程序中的程序代码* / }
```

上述程序所产生的波形如图 7-37 所示。

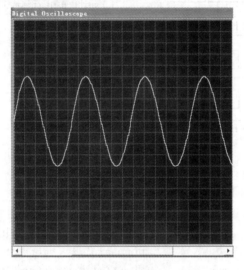

图 7-37 波形发生器运行的结果

【程序说明】

程序中,第 24 行代码不可写成"daval=1023/2+1023/2 * sin(PI * cnt/50);"。其原因是,"1023/2"是 2 个整型数相除,其结果是 511,按上式计算,daval 的最大值为 1022 而不是1023。另外,当 1023/2 * sin(PI * cnt/50)的小数部分大于或等于 0.5 后,由于 daval 是一个整型变量,浮点数赋给整型变量时,将会舍去小数部分,如果按上式计算,其结果将比第 24 行代码计算出来的结果至少小 1。在实际编程中,为了提高计算的精度,当浮点数与其他类型数进行运算时,先进行浮点数运算再进行其他类型数据的运算,运算式子中有除法运算时一般是除法运算放在最后。

✿ 应用总结与拓展

SPI 总线接口

SPI 总线接口是 Motorola 公司推出的一种同步串行外设接口,用于单片机与各种外设以串行方式进行数据通信。SPI 总线接口芯片有很多种,目前已有带有 SPI 接口的键盘、显示接口芯片、A/D 芯片、D/A 芯片、EEPROM 芯片、看门狗芯片等。标准的 SPI 总线有 SCL、MISO、MOSI、$\overline{\text{CS}}$四根,简化的 SPI 总线只有 SCL、$\overline{\text{CS}}$ 和 DIO 三根,它将 MISO、MOSI 线合并成 DIO 线。SPI 总线中各线的功能见表 7-10。学习 SPI 总线接口主要是学习芯片与单片机

的连线方法和芯片控制程序的编写方法。

表 7-10　　　　　　　　　　　　SPI 总线中各线的功能

线　名	功　能
SCL	串行时钟线。传送由单片机产生的时钟信号,控制 SPI 接口芯片内部的移位寄存器的移位操作,使数据传输同步
$\overline{\text{CS}}$	片选线。控制芯片的选择,低电平有效
MISO(或 DIO)	主机输入、从机输出数据线。用于传输从芯片传往单片机的数据
MOSI(或 DIO)	主机输出、从机输入数据线。用于传输从单片机传往芯片的数据

（1）接口电路

具有 SPI 接口的单片机扩展 SPI 接口芯片的连接电路如图 7-38 所示。

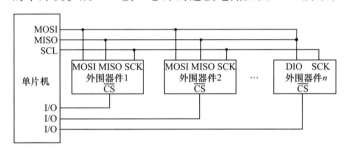

图 7-38　具有 SPI 接口的单片机外部扩展电路图

从图 7-38 可以看出,带有 SPI 接口的单片机扩展 SPI 接口芯片的连接方法是,在单片机中用若干根 I/O 端口线做芯片的片选线,分别与各芯片的 $\overline{\text{CS}}$ 线相接,单片机的 SCL 脚、MOSI 脚、MISO 脚分别与各 SPI 接口芯片的 SCL、MOSI、MISO 引脚相接。如果芯片为简化的 SPI 总线接口,则将芯片的 DIO 引脚既接到单片机的 MISO 引脚上,又接到单片机的 MOSI 引脚上。

无 SPI 接口的单片机扩展 SPI 接口芯片的电路如图 7-39 所示。

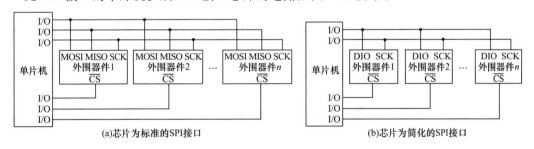

(a)芯片为标准的SPI接口　　　　　　　　　　(b)芯片为简化的SPI接口

图 7-39　无 SPI 接口的单片机扩展 SPI 接口芯片电路

从图 7-39 可以看出,无 SPI 接口的单片机扩展 SPI 接口芯片的连接方法是,各芯片的数据输入/输出脚分别连接在一起,然后接至单片机的某根 I/O 端口线上,各芯片的时钟脚接在一起然后接到单片机另一根 I/O 端口线上,每个芯片的片选引脚单独接一根 I/O 端口线。

（2）访问程序

具有 SPI 接口的单片机扩展 SPI 接口芯片时,SPI 操作由单片机内部的硬件电路完成,使用者仅需设置单片机内部相关的特殊功能寄存器,可以不了解 SPI 的操作过程。由于 SPI 接口不是标准的 MCS-51 单片机的功能部件,而且各单片机的 SPI 特殊功能寄存器的使用方法也不完全相同,本书不准备介绍这种单片机的访问程序编写方法,有兴趣的读者可查阅相关单片机的使用手册。

无 SPI 接口的单片机扩展 SPI 接口芯片时,需要使用者弄清楚 SPI 总线操作时序,然后用软件模拟 SPI 总线时序。编写从芯片中读数程序是根据芯片的发送数据时序图编写的,编写向芯片写数程序是根据芯片接收数据时序图编写的。研究芯片的时序图要注意以下几方面问题:

① $\overline{CS}$ 的下降沿前后的时钟信号(SCLK)状态,$\overline{CS}$ 的上升沿前后的时钟信号的状态。它们是编写初始化读写数据和结束读写数据程序的依据。

② 芯片发送数据时,是在时钟的上升沿或者下降沿将内部移位寄存器中的数据移出,数据出现在数据线上存在时间延迟。编写读数程序时要注意芯片是在何时移出数据,只有在数据线上出现了有效数据后才能从数据线上读数。如果芯片是在上升沿发送数据,则单片机产生时钟上升沿后,再产生时钟下降沿,接着从数据线上读数,如图 7-40 所示。

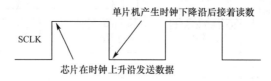

图 7-40　芯片在时钟上升沿发送数据

读 1 位数据的程序段如下:

```
sclk=1;              //产生时钟上升沿,芯片发送数据至数据线(dio)上
m=m<<1;              //预接收 0
sclk=0;              //产生时钟下降沿
if(dio) m++;         //读数据线上数据,若为 1,则接收 1
```

如果芯片是在时钟下降沿发送数据,则单片机产生时钟下降沿后,再产生时钟上升沿,接着从数据线上读数,如图 7-41 所示。

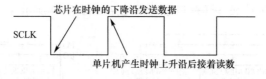

图 7-41　芯片在时钟下降沿发送数据

读 1 位数据的程序段如下:

```
sclk=0;              //产生时钟下降沿,芯片发送数据至数据线(dio)上
m=m<<1;              //预接收 0
sclk=1;              //产生时钟上升沿
if(dio) m++;         //读数据线上数据,若为 1,则接收 1
```

③ 芯片接收数据时,是在时钟的上升沿或者下降沿将数据线上的数据移入内部移位寄存器中的。编写向芯片写数的程序时要注意芯片是何时将数据移入,必须在芯片移入数据之前将单片机所要写的数据写在数据线上(向芯片写数的实例详见本任务的相关知识部分)。如果芯片是在时钟的下降沿从数据线上读数,则单片机产生时钟上升沿后,需把数据写在数据线上,然后产生时钟下降沿。如图 7-42 所示。

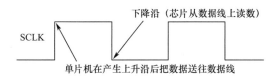

图 7-42 芯片在时钟下降沿接收数据

单片机向芯片写 1 位数据的程序段如下：

```
sclk= 1;                    //产生时钟上升沿
dio= (bit)(m&0x80);         //将 m(char 型)的最高位传送至数据线上
sclk= 0;                    //产生时钟的下降沿(芯片从数据线上读数)
m= m<< 1;                   //m 左移 1 位,为下次发送数据做准备
```

如果芯片是在时钟的上升沿从数据线上读数,则单片机产生时钟下降沿后,需把数据写在数据线上,然后产生时钟上升沿。如图 7-43 所示。

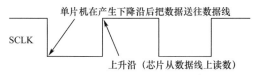

图 7-43 芯片在时钟上升沿接收数据

单片机向芯片写 1 位数据的程序段如下：

```
sclk= 0;                    //产生时钟下降沿
dio= (bit)(m&0x80);         //将 m(char 型)的最高位传送至数据线上
sclk= 1;                    //产生时钟的上升沿(芯片从数据线上读数)
m= m<< 1;                   //m 左移 1 位,为下次发送数据做准备
```

④单片机模拟产生时钟信号(SCLK)时,SCLK 的高低电平持续时间不得小于芯片时钟信号的高低电平持续的最小时间。如果单片机的速度过快,则需要在产生时钟上升沿、下降沿语句之间适当插入若干条"_nop_();"语句进行延时,以保证模拟产生的时钟信号符合要求。

⑤数据位在数据线上出现的先后顺序(即芯片内部移位寄存器移位的方向)决定了程序中对收发数据移位的方向。如果在数据线上是高位在先,则每收发 1 位数后应将保存收发数据的变量左移 1 位(前面所举例子全部为高位在先);如果在数据线上是低位在先,则每收发 1 位数后应将保存收发数据的变量右移 1 位。

⑥一次数据读写的位数(即所需时钟数)决定了循环程序中循环的次数。

习 题

1.画出 TLC5615 与单片机的接口电路图。

2.设 TLC5615 的 10 位转换代码值为 daval,请写出获得写入 TLC5615 中的 12 位数据的程序段,并说明其原理。

3.简述对 TLC5615 编程的注意事项。

4.根据 TLC5615 的工作时序,画出访问 TLC5615 的流程图。

5.请编写访问 TLC5615 的程序。

6.AD7705 是 SPI 接口的 16 位 ADC,其工作时序图如图 7-44 所示,图中的时间参数见表 7-11。请分析 AD7705 时序图所传达的含义。

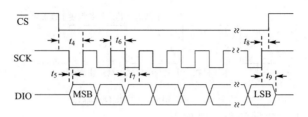

图 7-44　AD7705 时序图

表 7-11　　　　　　　　　　AD7705 时序图中的时间参数

参数	含　义	值			单位
		最小	典型	最大	
t_4	$\overline{CS}$下降沿到建立 SCL 上升沿的时间间隔	120			ns
t_5	SCL 下降沿到数据线上出现有效数据的延迟时间	0		100	ns
t_6	SCL 高电平持续时间	100			ns
t_7	SCL 低电平持续时间	100			ns
t_8	$\overline{CS}$上升沿到 SCL 上升沿之间的时间间隔	0			ns
t_9	SCL 上升沿后总线释放时间	10		100	ns

7. 按照 AD7705 的时序图,请画出单片机从 AD7705 中读数程序的流程图,并编写读数程序(设单片机为 12T 单片机,单片机的 $f_{osc} = 12$ MHz)。

扩展实践

1. 用图 7-35 所示的电路制作一个锯齿波发生器,锯齿波的波形图如图 7-45 所示,请用定时中断方式实现。

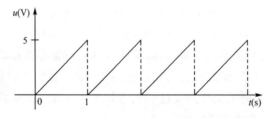

图 7-45　锯齿波的波形图

2. 查阅 MAX515 的技术手册,分析 MAX515 的工作时序,用 MAX515 制作一个三角波发生器,请用定时中断方式编写程序。

任务 17　保存设定数据

任务要求

单片机的 $f_{osc} = 11.0592$ MHz,用 P3.0、P3.1 口线分别充当 I^2C 总线的 SDA 线(数据地址线)和 SCL 线(时钟线),控制 I^2C 总线接口芯片 AT24C02,单片机的 P1、P2 两个并行口控制 6 个数码管的显示,P1 口做段选口,P2 口做位选口,定时/计数器 T1 做扫描定时器,使 6 个数码管扫描显示数据。上电时,6 个数码管分别显示数字 0~5,并将这 6 个显示数据分别加 1

后保存到 AT24C02 的 0x00～0x05 这 6 个单元中。过 5 s 后,系统将保存在 AT24C02 的 0x00～0x05 这 6 个单元中的数据读出并显示。

相关知识

任务 17 涉及的新知识主要有 I²C 总线、AT24C02 的应用特性等。

1. I²C 总线

I²C 总线是 Philips 公司推出的一种两线制串行数据传输总线,由串行时钟线 SCL 和串行数据线 SDA 组成,SCL 线传送时钟信号,SDA 传送数据地址信号,总线传输速度可高达 400 kbps。I²C 总线有多主模式和单主模式 2 种模式,在单片机应用系统中常用单主模式。在单主模式中,单片机为主控器,单片机外部接有一片或者多片 I²C 接口芯片,I²C 接口芯片均为从属设备。

(1)I²C 接口芯片与单片机的接口电路

具有 I²C 接口的芯片很多,有 RAM 芯片、EEPROM 芯片、A/D 芯片、D/A 芯片、显示驱动芯片、时钟芯片、I/O 端口芯片等,有些增强型的单片机也带有 I²C 接口。在 I²C 接口内部,串行时钟线 SCL、串行数据线 SDA 均为漏极开路或集电极开路电路,使用 I²C 接口芯片时,需要在 SDA 线和 SCL 线外接上拉电阻,在传输速率为 10 kHz 时,上拉电阻取 10 kΩ,传输速率为 400 kHz 时,上拉电阻取 1 kΩ。根据单片机是否带有 I²C 接口,I²C 接口芯片与单片机的接口电路有 2 种形式。

①带有 I²C 接口的单片机扩展 I²C 接口芯片

带有 I²C 接口的单片机扩展 I²C 接口芯片的电路如图 7-46 所示。

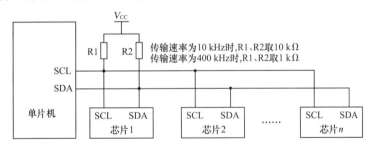

图 7-46 带有 I²C 接口的单片机扩展 I²C 接口芯片电路

由图可以看出,带有 I²C 接口的单片机扩展 I²C 接口芯片时,各芯片的 SDA 线相连,并与单片机的 SDA 脚相接,各芯片的 SCL 线相连,并与单片机的 SCL 脚相接,并且 SCL 线上和 SDA 线上都接有 1 只上拉电阻。这种扩展比较简单,I²C 总线的操作时序由硬件实现,使用者只需读写单片机的相关寄存器就可以了。

②不带 I²C 接口的单片机扩展 I²C 接口芯片

不带 I²C 接口的单片机扩展 I²C 接口芯片的电路如图 7-47 所示。

由图可以看出,不带 I²C 接口的单片机扩展 I²C 接口芯片时,单片机用两根 I/O 端口线分别充当 SCL 线和 SDA 线,外部 I²C 接口芯片的 SCL 脚相接后与单片机的一根 I/O 端口线相连,各 I²C 接口芯片的 SDA 脚相接后与单片机的另一根 I/O 端口线相连,SCL 线与 SDA 线上各接 1 只上拉电阻。这种扩展比较灵活,但要求使用者熟悉 I²C 总线的通信协议和操作时序,用软件模拟 I²C 总线的操作时序,并按 I²C 总线的通信协议进行数据的读和写。

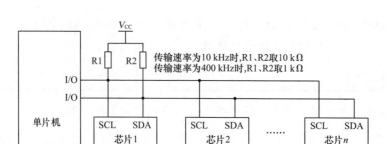

图 7-47　不带 I²C 接口的单片机扩展 I²C 接口芯片电路

(2)I²C 接口芯片的寻址

I²C 接口芯片都有规范的器件地址,用于单片机对接口芯片的寻址。器件地址由 7 位二进制数组成,这 7 位器件地址与 1 位的数据传输方向位构成了 I²C 总线的器件寻址字节 SLA。寻址字节的格式见表 7-12。

表 7-12　　　　　　　　　寻址字节的格式

SLA	D7	D6	D5	D4	D3	D2	D1	D0
	DA3	DA2	DA1	DA0	A2	A1	A0	R/$\overline{\text{W}}$

各位的含义如下:

DA3~DA0:器件地址,是器件固有的地址编码,由器件厂商给定,不同的器件其器件地址不同。常用的 I²C 接口芯片的器件地址见表 7-13。

表 7-13　　　　　　　常用的 I²C 接口芯片的器件地址

种　类	型　号	器件地址
256×8/128×8 静态 RAM	PCF8570/8571	1010
256×8 静态 RAM	PCF8570C	1011
256 字节 EEPROM	PCF8582	1010
256 字节 EEPROM	AT24C02	1010
512 字节 EEPROM	AT24C04	1010
1024 字节 EEPROM	AT24C08	1010
2048 字节 EEPROM	AT24C016	1010
8 位 I/O 端口	PCF8574	0100
8 位 I/O 端口	PCF8574A	0111
4 位 LED 驱动控制器	SAA1064	0111
160 段 LCD 驱动控制器	PCF8576	0111
点阵式 LCD 驱动器	PCF8578/79	0111
4 通道 8 位 A/D,1 路 D/A 转换器	PCF8951	1001
日历时钟(内含 256×8RAM)	PCF8583	1010

A2~A0:器件的引脚地址,是用户搭建电路时将器件的地址引脚 A2、A1、A0 通过接正电源或者接地而形成的地址数据。

R/$\overline{\text{W}}$:数据传输方向位。这 1 位规定了寻址字节之后的数据传输方向。R/$\overline{\text{W}}$＝0:单片机向器件写数,R/$\overline{\text{W}}$＝1 单片机从器件中读取数据。

I²C 总线中没有设置片选信号线,单片机对 I²C 接口芯片的寻址是通过发送寻址字节来实现器件寻址的。其过程如下:

单片机先发送启动信号,以启动 I²C 通信,然后在总线上发送寻址字节,总线上的各 I²C 接口器件在通信成功后接收总线上的寻址字节数据,并与自己的器件地址相比较,如果不同,则不对后续的通信产生响应;如果相同,则根据寻址字节规定的数据传输方向发送或接收后续的数据。

例如,PCF8570 的 A2、A1、A0 三脚接地时,写 PCF8570 的寻址字节数据为 0xa0,单片机发送寻址字节数据时,若发送 0xa0,则表示是对 A2、A1、A0 三脚都接地的 PCF8570 芯片要进行写操作。单片机发送寻址字节数据时,若发送 0xa1,则表示是对 A2、A1、A0 三脚都接地的 PCF8570 芯片要进行读操作。

(3)I²C 总线上的信号定义及其模拟编程

I²C 总线规定了启动信号、停止信号、应答信号、非应答信号以及数据传输的格式。一次完整的数据传输格式如图 7-48 所示。编写 I²C 接口芯片的访问程序时,必须严格遵守这些规定。

①总线空闲状态:SDA、SCL 均为高电平。只有在总线空闲时才能启动数据传输。

②启动信号:启动信号的时序图如图 7-49 所示。

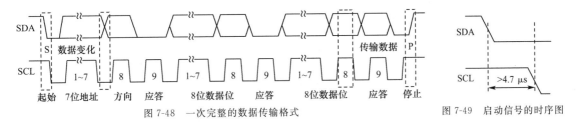

图 7-48 一次完整的数据传输格式　　　　　图 7-49 启动信号的时序图

启动信号的特点是:时钟线 SCL 为高电平时,数据线 SDA 上出现由 1 到 0 的下降沿,并且 SDA 的下降沿与 SCL 的下降沿至少间隔 4.7 μs。假定单片机的 $f_{osc} = 12$ MHz,并且 I²C 接口芯片的 SDA 脚、SCL 脚分别接至单片机的 P1.0、P1.1 脚,即有如下定义:

```
sbit SDA= P1∧0;
sbit SCL= P1∧1;
```

单片机模拟产生启动信号的程序如下:

```
void start(void)
{   SDA=1;              //数据线置高电平
    SCL=1;              //时钟线置高电平
    SDA=0;              //产生 SDA 下降沿
    _nop_();_nop_();_nop_();_nop_();_nop_();     //延时 5 μs
    SCL=0;              //产生 SCL 下降沿,准备传输数据
    _nop_();_nop_();_nop_();_nop_();_nop_();     //延时 5 μs(时钟低电平持续时间)
}
```

③停止信号:停止信号的时序图如图 7-50 所示。

停止信号的特点是,时钟线 SCL 为高电平时,数据线上出现由 0 到 1 的上升沿,并且 SCL 的上升沿与 SDA 的上升沿至少间隔 4.7 μs。单片机模拟产生停止信号的程序如下:

```
void stop()
{    SDA= 0;                                              //数据线清 0
     SCL= 1;                                              //产生 SCL 上升沿
     _nop_();_nop_();_nop_();_nop_();_nop_();             //延时 5 μs
     SDA= 1;                                              //产生 SDA 上升沿
     _nop_();_nop_();_nop_();_nop_();_nop_();             //延时 5 μs
}
```

④应答信号：应答信号的时序图如图 7-51 所示。

应答信号的特点是：在时钟的高电平期间，SDA 线为低电平。应答信号由接收数据的一方产生。单片机产生应答信号的程序如下：

```
void wrack(void)
{    SDA= 0;                                              //1 产生 SDA 下降沿
     _nop_();_nop_();_nop_();_nop_();_nop_();             //2 时钟低电平期 5 μs
     SCL= 1;                                              //3 产生 SCL 上升沿
     _nop_();_nop_();_nop_();_nop_();_nop_();             //4 延时 5 μs(对应时钟的高电平期)
     SCL= 0;                                              //5 产生 SCL 下降沿
}
```

单片机读取 I²C 接口芯片产生的应答信号的程序如下：

```
bit rdack(void)
{    bit ack;                                             //1 定义局部位变量 ack
     SDA= 1;                                              //2 数据线置 1,准备读 SDA 线
     _nop_();_nop_();_nop_();_nop_();_nop_();             //3 延时 5 μs(对应时钟的低电平期)
     SCL= 1;                                              //4 产生 SCL 上升沿
     ack= SDA;                                            //5 读 SDA 线上接口芯片发送的应答信号
     _nop_();_nop_();_nop_();_nop_();_nop_();             //6 延时 5 μs(对应时钟的高电平期)
     SCL= 0;                                              //7 产生 SCL 下降沿
     return ack;                                          //8 返回应答信号
}
```

【说明】

在实际应用中，如果不需要了解应答状况，则可以将读应答函数编写成无返回值的函数，此时可省去函数中的第 1、5、8 句。具体例子可参考任务 16 程序代码中的 rdack 函数。

⑤非应答信号：非应答信号的时序图如图 7-52 所示。

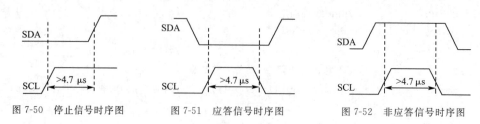

图 7-50　停止信号时序图　　　图 7-51　应答信号时序图　　　图 7-52　非应答信号时序图

非应答信号的特点是，在时钟的高电平期间，SDA 线为高电平。非应答信号由接收数据的一方产生。单片机产生非应答信号的程序如下：

```
void wrnoack(void)
{   SDA=1;                                          //1 产生 SDA 上升沿
    _nop_();_nop_();_nop_();_nop_();_nop_();          //2 时钟低电平期 5 μs
    SCL=1;                                          //3 产生 SCL 上升沿
    _nop_();_nop_();_nop_();_nop_();_nop_();          //4 时钟高电平期 5 μs
    SCL=0;                                          //5 产生 SCL 下降沿
}
```

⑥数据变换规定:数据传输期间,时钟线为高电平(SCL=1)时,数据线(SDA)上的信号必须保持稳定,只有 SCL 为低电平时才允许 SDA 上的数据发生变化。即 SCL=1 时,SDA 线上传输数据;SCL=0 时,SDA 线上变换数据。因此,单片机通过 I^2C 总线从 I^2C 接口芯片读数时,应该在 SCL 高电平期读 SDA 线上的数据,向 I^2C 接口芯片写数时应该在 SCL 低电平期将数据传送至 SDA 线上。

⑦数位传输顺序:数据传输是以字节为单位进行传输的,每个字节均为 8 位,且高位在前,低位在后,每传输 1 个字节,数据接收器必须发送一个应答位或者非应答位。即 1 个字节的传输对应 9 个时钟脉冲,前 8 个对应 8 位数据,第 9 个脉冲对应应答位或非应答位。

单片机向 I^2C 接口芯片写 1 个字节的流程图如图 7-53 所示。

字节写程序如下:

```
void sdbyte(uchar sdat)
{   uchar i;                          //1 定义局部变量 i(循环次数)
    for(i=0;i<8;i++)                  //2 循环 8 次
    {   if(sdat&0x80) SDA=1;          //3 若最高位为 1,则向 SDA 线写 1
        else SDA=0;                   //4 最高位为 0,则向 SDA 线写 0
        SCL=1;                        //5 产生 SCL 上升沿
        _nop_();_nop_();_nop_();_nop_();_nop_();   //6 延时 5 μs(对应时钟的高电平期)
        SCL=0;                        //7 产生 SCL 下降沿
        _nop_();_nop_();_nop_();_nop_();_nop_();   //8 延时 5 μs(对应时钟的低电平期)
        sdat=sdat<<1;                 //9 待发送数据左移 1 位(高位在前)
    }                                 //10 循环体结束
}                                     //11 函数结束
```

【说明】

程序中第 3 句、第 4 句可以用以下语句代替:

SDA=(bit)(sdat&0x80);

单片机从 I^2C 接口芯片读 1 个字节的流程图如图 7-54 所示。

字节读程序如下:

```
uchar rcvbyte(void)                   //1
{   uchar i,m=0;                      //2 i:循环次数、m:接收数据
    for(i=0;i<8;i++)                  //3 循环 8 次
    {   SDA=1;                        //4 数据线置 1,准备读数据线
        SCL=1;                        //5 产生 SCL 上升沿
        m=m<<1;                       //6 预接收 0
        if(SDA) m=m|1;                //7 数据为 1 时,将预接收位置 1
        _nop_();_nop_();_nop_();_nop_();_nop_();   //8 延时 5 μs(对应时钟的高电平期)
        SCL=0;                        //9 产生 SCL 下降沿
```

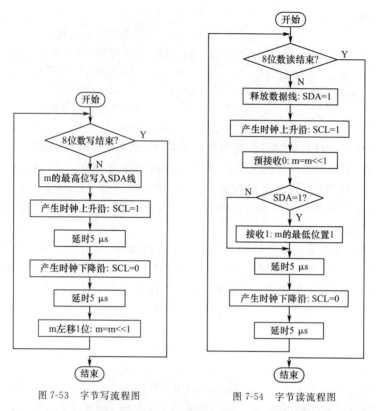

图 7-53　字节写流程图　　　　　图 7-54　字节读流程图

```
        _nop_();_nop_();_nop_();_nop_();_nop_();   //10 延时 5 μs(对应时钟的低电平期)
}                    //11 循环体结束
    return m;        //12 返回接收值
}                    //13 函数结束
```

【代码说明】

上述程序都是在单片机的 $f_{osc}=12\,\mathrm{MHz}$ 的条件下编制的,实际应用中需要根据单片机时钟周期的大小适当地调整程序中所插入的"_nop_();"语句的个数,以保证各上升沿与下降沿之间的时间间隔符合规定的时间要求。

程序中使用了 C51 的内嵌函数 _nop_(),必须在程序文件的开头处用"♯include ＜intrins.h＞"将内嵌函数所在的头文件 intrins.h 包含至程序文件中。

⑧I^2C 总线的起始信号为启动信号,接着传输的是寻址字节和数据字节。在一次数据传输的过程中,寻址字节只有一个,数据字节可为一个或者多个。全部数据传输完毕后,由单片机发送停止信号,以结束一次数据传输。

(4)单片机读写 I^2C 接口芯片的操作格式

单片机对 I^2C 接口芯片的操作包括写数据、读数据和读写数据 3 种。图 7-55~图 7-57 是这 3 种操作方式的图解。

| S | SLA $\overline{W}$ | A | data 1 | A | data 2 | A | …… | data $n-1$ | A | data n | A/$\overline{A}$ | P |

图 7-55　写数据操作格式

| S | SLAR | A | data 1 | A | data 2 | A | …… | data $n-1$ | A | data n | $\overline{A}$ | P |

图 7-56　读数据操作格式

| S | SLAR | A | data 1 | A | data 2 | A | ······ | data n | A | Sr | SLA $\overline{W}$ | A | data1 | A | data 2 | A | ······ | data $n-1$ | A | data n | A/$\overline{A}$ | P |

图 7-57 读写数据操作格式

其中,□表示单片机发送数据,□表示 I^2C 接口芯片发送数据,A 为应答信号,$\overline{A}$ 为非应答信号,S 为启动信号,P 为停止信号,SLA $\overline{W}$ 为写寻址字节,SLAR 为读寻址字节,data 1～data n 为传输的 n 个字节数据,Sr 为重复启动信号。

【说明】

• 在读数据操作中,单片机在发送停止信号之前,应先给 I^2C 接口芯片发送一个非应答信号,以表示读操作结束。在读写操作中,读操作结束后需要再发送一个启动信号,然后再发送写寻址字节,以后按写操作方式进行操作。

• 不同的接口芯片的读写操作方式略有不同,对具体芯片编写读写数据程序时需要查看芯片的使用手册。

2. AT24C02 的应用特性

AT24C02 是 ATMEL 公司生产的带有 I^2C 接口的 EEPROM 存储器,是单片机应用系统中常用的 I^2C 接口芯片。AT24C02 的器件地址为 1010B,片内集成有 256×8 位存储器,写周期最长时间为 5 ms,有工作电压为 1.8 V(V_{CC} =1.8～5.5 V)和 2.7 V(V_{CC} =2.7～5.5 V)两类器件。

(1)AT24C02 的引脚功能

AT24C02 有 TSSOP8、SOIC8、8dBGA2、DIP8 等多种封装形式。其中 TSSOP8、SOIC8、DIP8 封装形式的 AT24C02 的引脚分布如图 7-58 所示。

各引脚的功能如下:

A0～A2:地址引脚。对这 3 个引脚接入正电源或接地就形成了 AT24C02 的引脚地址。

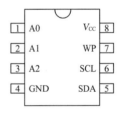

图 7-58 AT24C02 的引脚分布

GND:电源地。

SDA:双向数据传输引脚。读写 AT24C02 的数据经此脚传输,其内部为一个漏极开路电路,在使用时需要接一个上拉电阻。在传输速率为 10 kHz 时,上拉电阻取 10 kΩ;传输速率为 400 kHz 时,上拉电阻取 1 kΩ。

SCL:串行时钟输入引脚。此引脚的内部也是一个漏极开路电路,使用时也需要接一个上拉电阻。SCL 的上升沿,AT24C02 从 SDA 引脚读取数据,SCL 的下降沿,AT24C02 将内部的数据传输至 SDA 引脚上。

WP:写保护引脚。WP 接 GND 时,AT24C02 可被正常读写,WP 接 V_{CC} 时,只允许读,不允许将数据写入 AT24C02,从而保护了其内部数据不被修改。

V_{CC}:正电源引脚。

(2)单片机与 AT24C02 的接口电路

单片机的外部最多可以扩展 8 片 AT24C02,用 P1.0、P1.1 充当 I^2C 总线扩展两片 AT24C02 的电路如图 7-59 所示。

图中,U2、U3 的 WP 引脚均接地,允许单片机对 U2、U3 读写数据。U2、U3 的 SCL 引脚相连后与 P1.0 口线相接,U2、U3 的 SDA 引脚相连后与 P1.1 口线相接。P1.0 口线充当 SCL

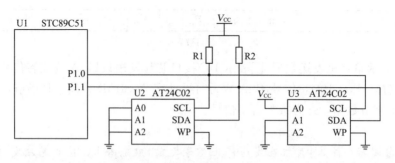

图 7-59　单片机与 AT24C02 的接口电路

线,P1.1 口线充当 SDA 线,SCL、SDA 线上均接有 1 kΩ 的上拉电阻。U2 的引脚地址为 000B,单片机访问 U2 时,读寻址字节为 0xa1(10100001B),写寻址字节为 0xa0(10100000B)。U3 的引脚地址为 001B,单片机访问 U3 时,读寻址字节为 0xa3(10100011B),写寻址字节为 0xa2(10100010B)。

(3)AT24C02 的内部存储器

AT24C02 片内集成有 256 字节的 EEPROM,这 256 个字节存储单元在芯片内部的地址为 0x00～0xff。我们把这些内部存储单元的地址叫作子地址。这 256 个字节的子地址是按每页 8 字节进行组织的,共分 32 页,其中高 5 位地址相同的存储单元为一页。例如 0x00、0x01、…、0x07 单元就属于同一页,而 0x07 单元与 0x08 单元就不属于同一页。

为了便于内部存储单元的寻址,AT24C02 的内部设有一个字节地址寄存器,用来保存当前访问存储单元的地址。字节地址寄存器具有自动加 1 功能,单片机访问 AT24C02 的某个存储单元后,字节地址寄存器的内容就会自动加 1,单片机对 AT24C02 的访问操作不同,字节地址寄存器的加 1 方式不同。

写 EEPROM 时,字节地址寄存器的内容只在页内加 1,即只有低 3 位加 1,高 5 位始终保持不变。例如,单片机向 AT24C02 连续写 2 个 char 型数据时,若第一个数写入 0x07 单元,第一个数写入后字节地址寄存器的内容就会自动变成 0x00,第二个数将被写入 0x00 单元,而不是 0x08 单元。

读 EEPROM 时,字节地址寄存器的内容在整个存储器地址范围内加 1,即 8 位都参与加 1。例如,单片机从 AT24C02 的 0x07 单元开始连续读 2 个字节的内容时,则所读的第一个数是 0x07 单元的内容,读出该数后,字节地址寄存器的内容就会自动变成 0x08,因此,所读的第二个数是 0x08 单元的内容,只有读 0xff 单元后字节地址寄存器的内容才自动变成 0x00。

(4)AT24C02 的工作时序

AT24C02 的工作时序如图 7-60 所示,动态参数见表 7-14。

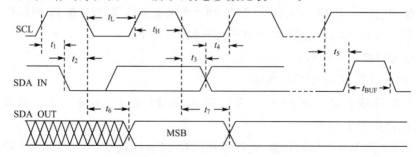

图 7-60　AT24C02 的工作时序图

符号	含　义	1.8 V		2.7 V、5 V		单位
		最小	最大	最小	最大	
t_1	启动信号建立时间	4.7		0.6		μs
t_2	启动信号持续时间	4.0		0.6		μs
t_L	时钟低电平持续时间	4.7		1.2		μs
t_H	时钟高电平持续时间	4.0		0.6		μs
t_3	输入数据保持时间	0		0		μs
t_4	输入数据建立时间	200		100		ns
t_5	停止信号建立时间	4.7		0.6		μs
t_{BUF}	总线空闲最短时间	4.7		1.2		μs
t_6	输出数据有效数据的时间	0.1	4.5	0.1	0.9	μs
t_7	输出数据保持时间	100		50		ns
f_{SCL}	时钟频率		100		400	kHz
t_{WR}	写周期		5		5	ms

表 7-14　　　　　　　　　　　AT24C02 的动态参数

（5）AT24C02 的写操作

AT24C02 提供了字节写和页写 2 种写操作。

字节写的操作格式如图 7-61 所示。单片机发出启动信号 S 后，再发送寻址字节 SLA $\overline{W}$，其中的方向位为 0（写），用于器件的寻址和规定数据的传输方向，单片机收到 AT24C02 发出的应答信号 A 后，再发送子地址 subadd，对 AT24C02 内部存储单元寻址，收到应答信号后再发送待写入的数据 data，收到应答后再产生停止信号 P。

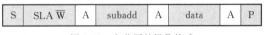

图 7-61　字节写的操作格式

页写也叫多字节写，页写的操作格式如图 7-62 所示。页写与字节写基本类似，所不同的是，单片机传送了第 1 个字节后并不产生停止信号，而是紧接着发送第 2 个字节数据、第 3 个字节数据、…、第 n 个字节数据，然后产生停止信号 P。

图 7-62　页写的操作格式

AT24C02 内部的字节地址寄存器具有自动加 1 功能，所以被写入的 n 个数据将会保存在 AT24C02 内部从 subadd 开始的 n 个连续的单元中。需要注意的是，AT24C02 的字节地址自动加 1 只是低 3 位地址自动加 1，其高 5 位地址始终保持不变，进行页写时必须保证所写的数据的地址在同一页内，如果超过了一页，则后面的数据将会保存在本页低 3 位地址相同的单元中，即出现"翻卷"现象。例如子地址为 0x05，需要写入 5 个数据，则这 5 个数据将会依次保存在 0x05、0x06、0x07、0x00、0x01 这 5 个单元中。页写流程图如图 7-63 所示。

设单片机要将 dp 所指向的 idata 区 n 个字节的数据写入 AT24C02 从 subadd 地址开始的存储单元中，写 n 个字节数据的程序如下：

```
//- - - - - - - 写入 n 个字节数据- - - - - - -
//subadd:AT24C02 子地址
//n:写入字节数
//dp:idata 区待写入数据的首地址
//rdack 为无返回值的读应答信号函数
void wrnb(uchar subadd,uchar n,uchar idata * dp)
{   uchar i;              //定义局部变量 i(循环计数器)
    start();             //产生启动信号
    sdbyte(0x0a0);       //发送写寻址字节
    rdack();             //读 AT24C02 的应答信号
    sdbyte(subadd);      //发送子地址字节
    rdack();             //读 AT24C02 的应答信号
    for(i=0;i<n;i++)     //循环 n 次
    {   sdbyte(* dp);    //写一个字节
        rdack();         //读 AT24C02 的应答信号
        dp++;            //移动指针
    }                    //循环体结束
    stop();              //产生停止信号
}                        //函数结束
```

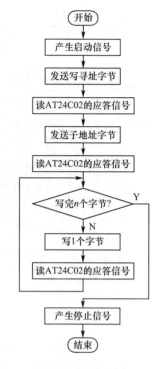

图 7-63　页写流程图

【说明】

在写操作中,AT24C02 接收到停止信号后,就进入内部写周期,用来保存所接收到的数据(字节写:一个字节,页写:多个字节),写周期的时间为 5 ms,在实际使用中,应尽量使用页写,而且两次写操作的时间间隔必须保证在 5 ms 以上。

(6)AT24C02 的读操作

AT24C02 提供了立即地址读、随机地址读、顺序读取 3 种读操作。

立即地址读的操作格式如图 7-64 所示。单片机发出启动信号后再发送读寻址字节,收到应答信号后紧接着接收数据,然后发送一个非应答信号后再产生停止信号。

图 7-64　立即地址读的操作格式

单片机对 AT24C02 进行立即地址读时,单片机所访问的存储单元的地址由 AT24C02 内部字节地址寄存器的内容来确定。如果前次操作是读 0x07 单元,则本次立即地址读所读的是 0x08 单元的内容。如果前次是向 0x07 单元写数,则本次立即地址读所读的是 0x00 单元的内容。

随机地址读实现的是按用户指定的地址读取其内容的操作,随机地址读的操作格式如图 7-65 所示。单片机先发送启动信号,写寻址字节 SLA $\overline{W}$ 和准备访问存储单元的子地址 subadd,收到 AT24C02 应答之后,再重新发送启动信号 S 和读寻址字节 SLAR,通知 AT24C02 后续的数据传送方向是读取数据,在收到 AT24C02 应答后,读取 AT24C02 发出的 8 位数据,然后发送一个非应答信号 $\overline{A}$ 和停止信号 P。

图 7-65　随机地址读的操作格式

【注意】

随机地址读中,单片机需要发送两次启动信号,一个写寻址字节和一个读寻址字节。

顺序地址读也叫多字节读,可以通过立即地址读操作或者随机地址读操作来启动。在立即地址读或者随机地址读中,单片机接收到一个数据后,发出的是应答信号而不是非应答信号,就告诉 AT24C02 当前是要读取多个字节数据,AT24C02 就会将后续地址单元中的数据从 SDA 线上发送给单片机,直至接收到单片机发出的非应答信号为止。在实际应用中一般是用随机地址读操作启动顺序地址读,这种顺序地址读的操作格式如图 7-66 所示。

| S | SLA $\overline{W}$ | A | subadd | A | S | SLAR | A | data 1 | A | …… | data n | $\overline{A}$ | P |

图 7-66　顺序读的操作格式

需要指出的是,在读操作中,每读取一个字节数据,AT24C02 内部的字节地址寄存器的内容就会自动加 1,这里的字节地址加 1 与页写中的字节地址加 1 不同,它的高 5 位也参与加 1,也就是整个字节地址寄存器的内容都参与加 1,只有当其内容为 0xff 之后再加 1 才回 0。所以对 AT24C02 进行顺序地址读时,可以一次性读取 256 个字节的内容。多字节读流程图如图 7-67 所示。

设单片机要将 AT24C02 内部从 subadd 开始的 n 个字节的内容读至 idata 区内 dp 所指向的一片存储区内(数组中),读 n 个字节的程序如下:

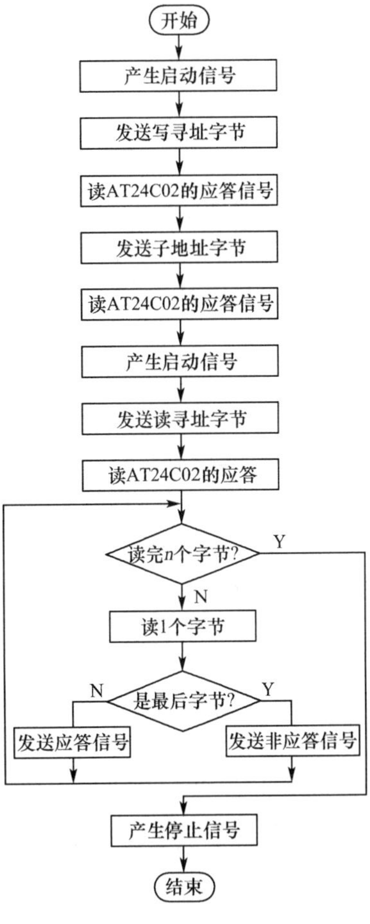

图 7-67　多字节读流程图

```
//- - - - - - 读取 n 个字节- - - - - -
//subadd:AT24C02 的子地址
//n:读字节数
//dp:idata 区首地址
void rdnb(uchar subadd,uchar n,uchar idata * dp)
{    uchar i;              //定义局部变量 i(循环计数器)
     start();             //产生启动信号
     sdbyte(0x0a0);       //发送写寻址字节
     rdack();             //读 AT24C02 的应答信号
     sdbyte(subadd);      //发送子地址字节
     rdack();             //读 AT24C02 的应答信号
     start();             //产生启动信号
     sdbyte(0x0a1);       //发送读寻址字节
     rdack();             //读 AT24C02 的应答信号
     {   * dp=rcvbyte();  //读 1 个字节,并存入 dp 所指向单元
         dp++;            //dp 指向下 1 个接收单元
         if(i<n- 1) wrack(); //若不是读最后 1 个字节,则产生应答信号
         else wrnoack();  //是读最后 1 个字节,则产生非应答信号
     }                    //循环体结束
     stop();              //产生停止信号
}                         //函数结束
```

任务实施

1. 搭建硬件电路

任务 17 中,单片机既要向 AT24C02 写数,又要从 AT24C02 中读数,我们将 AT24C02 的 WP 引脚接地。任务 17 的硬件电路如图 7-68 所示。

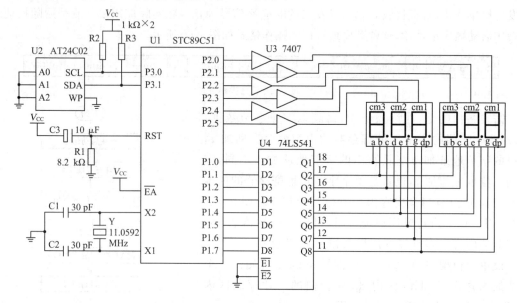

图 7-68　任务 17 硬件电路图

由硬件电路图可以看出,AT24C02 的 A0、A1、A2 三脚接地,AT24C02 的引脚地址为 000B。单片机访问 AT24C02 时,写寻址字节为 0xa0,读寻址字节为 0xa1。

在 MFSC-2 实验平台上用 8 芯扁平线将 J3 与 J15 相接,用 8 芯扁平线将 J6 与 J12 相接,用 3 芯线将 J4 的 P3.0、P3.1 脚分别与 J8 的 5 脚、6 脚相接,就构成了上述电路。

2. 编写软件程序

(1)流程图

任务 17 的流程图如图 7-69 所示。

(2)程序代码

任务 17 的程序代码如下:

```
//任务 17   保存设定数据
#include <reg51.h>                //1
#include <intrins.h>             //2
#define DCOUNT 6                  //3 定义数码管的个数为 6 个
#define portled_S P1              //4 数码管的段选口为 P1
#define portled_B P2              //5 数码管的位选口为 P2
#define uchar unsigned char       //6
sbit SDA=P3∧0;                    //7 串行数据线
sbit SCL=P3∧1;                    //8 串行时钟线
uchar idata disdat[6];            //9 数码管的显示数组
uchar data wcnt;                  //10 数码管扫描显示位置计数器
uchar code led[]={0x3f,0x06,0x5b,0x4f,0x66,0x6d,0x7d,0x07,0x7f,0x6f};   //11
```

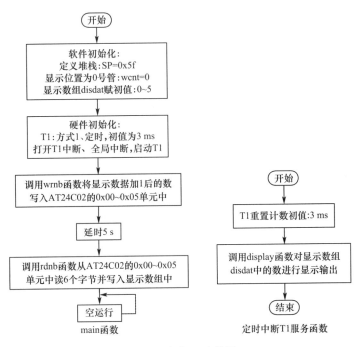

图 7-69 任务 17 流程图

```
uchar code ledctrl[]={0x0fe,0x0fd,0x0fb,0x0f7,0x0ef,0x0df};        //12
void display(void);            //13
void start(void);              //14
void stop(void);               //15
void rdack(void);              //16
void wrack(void);              //17
void wrnoack(void);            //18
void sdbyte(uchar);            //19
uchar rcvbyte(void);           //20
void rdnb(uchar,uchar,uchar idata * );      //21
void wrnb(uchar,uchar,uchar idata * );      //22
//- - - - - - - - - - - - - main 函数- - - - - - - - - - - - - -
void main(void)                //23
{   uchar idata rdwrdat[6];     //24 rdwrdat[6]:保存 AT24C02 的读写数据
    uchar i,j,k;                //25
    SP=0x5f;                    //26
    wcnt=0;                     //27
    for(i=0;i<6;i++)disdat[i]=i;     //28 显示数据赋初值
    TMOD=0x10;                  //29
    TL1=(65536- 2764)%256;      //30 T1 赋计数初值:3 ms
    TH1=(65536- 2764)/256;      //31
    ET1=1;                      //32
    EA=1;                       //33
    TR1=1;                      //34
    for(i=0;i<6;i++)rdwrdat[i]=disdat[i]+1;     //35 各显示数据加 1
```

```
        wrnb(0x00,0x06,rdwrdat);              /* 36 rdwrdat 中的 6 个数保存在 AT24C02 的 0x00~
                                                   0x05 单元中 * /
        for(k=0;k<25;k++)                     //37 延时 5 s
            for(j=0;j<200;j++)                //38
                for(i=0;i<250;i++) {;}        //39
        rdnb(0x00,0x06,disdat);               /* 40 将 AT24C02 的 0x00~0x05 单元中的数读至
                                                   disdat 数组中 * /
        while(1) {   ;   }                    //41
    }                                         //42
//- - - - - - - - - - - - - 定时中断 T1 服务程序- - - - - - - - - - - -
    void tim1() interrupt 3 using 1           //43
    {   TL1=(65536- 2764)% 256;              //44 T1 赋计数初值:3 ms
        TH1=(65536- 2764)/256;               //45
        display();                            //46
    }                                         //47
//- - - - - - - - - - - - 写入 n 个字节数据- - - - - - - - - - - -
    //subadd:AT24C02 子地址
    //n:写入字节数
    //dp:idata 区待写入数据的首地址
    void wrnb(uchar subadd,uchar n,uchar idata * dp)   //48
    {   uchar i;                              //49 定义局部变量 i(循环计数器)
        start();                              //50 产生启动信号
        sdbyte(0x0a0);                        //51 发送写寻址字节
        rdack();                              //52 读 AT24C02 的应答信号
        sdbyte(subadd);                       //53 发送子地址字节
        rdack();                              //54 读 AT24C02 的应答信号
        for(i=0;i<n;i++)                      //55 循环 n 次
        {   sdbyte(* dp);                     //56 写一个字节
            rdack();                          //57 读 AT24C02 的应答信号
            dp++;                             //58 移动指针
        }                                     //59 循环体结束
        stop();                               //60 产生停止信号
    }                                         //61 函数结束
//- - - - - - - - - - - - 读取 n 个字节- - - - - - - - - - - -
    //subadd:AT24C02 的子地址
    //n:读出字节数
    //dp:idata 区首地址
    void rdnb(uchar subadd,uchar n,uchar idata * dp)   //62
    {   uchar i;                              //63 定义局部变量 i(循环计数器)
        start();                              //64 产生启动信号
        sdbyte(0x0a0);                        //65 发送写寻址字节
        rdack();                              //66 读 AT24C02 的应答信号
        sdbyte(subadd);                       //67 发送子地址字节
        rdack();                              //68 读 AT24C02 的应答信号
```

```
    start();                        //69 产生启动信号
    sdbyte(0x0a1);                  //70 发送读寻址字节
    rdack();                        //71 读 AT24C02 的应答
    for(i=0;i<n;i++)                //72 循环 n 次
    {   * dp=rcvbyte();             //73 读一个字节,并存入 dp 所指向单元
        dp++;                       //74 dp 指向下一个接收单元
        if(i<n-1) wrack();          //75 若不是读最后 1 个字节,则产生应答信号
        else wrnoack();             //76 是读最后 1 个字节,则产生非应答信号
    }                               //77 循环体结束
    stop();                         //78 产生停止信号
}                                   //79 函数结束
//- - - - - - - - - - - - 发送启动信号- - - - - - - - - - - -
void start(void)                    //80
{   SDA=1;                          //81 数据线置高电平
    SCL=1;                          //82 时钟线置高电平
    SDA=0;                          //83 产生 SDA 下降沿
    _nop_();_nop_();_nop_();_nop_();_nop_();     //84 延时 5 μs
    SCL=0;                          //85 产生 SCL 下降沿,准备传输数据
    _nop_();_nop_();_nop_();_nop_();_nop_();     //86 延时 5 μs(时钟低电平持续时间)
}                                   //87 函数结束
//- - - - - - - - - - - - 发送停止信号- - - - - - - - - - - -
void stop()                         //88
{   SDA=0;                          //89 数据线清 0
    SCL=1;                          //90 产生 SCL 上升沿
    _nop_();_nop_();_nop_();_nop_();_nop_();     //91 延时 5 μs
    SDA=1;                          //92 产生 SDA 上升沿
}                                   //93 函数结束
//- - - - - - - - - - - - 读应答信号- - - - - - - - - - - -
void rdack(void)                    //94
{   SDA=1;                          //95 数据置 1,释放数据线,准备读 SDA 线
    _nop_();_nop_();_nop_();_nop_();_nop_();     //96 延时 5 μs(对应时钟的低电平期)
    SCL=1;                          //97 产生 SCL 上升沿
    _nop_();_nop_();_nop_();_nop_();_nop_();     //98 延时 5 μs(对应时钟的高电平期)
    SCL=0;                          //99 产生 SCL 下降沿
}                                   //100 函数结束
//- - - - - - - - - - - - 写应答信号- - - - - - - - - - - -
void wrack(void)                    //101
{   SDA=0;                          //102 产生 SDA 下降沿
    _nop_();_nop_();_nop_();_nop_();_nop_();     //103 时钟低电平期 5 μs
    SCL=1;                          //104 产生 SCL 上升沿
    _nop_();_nop_();_nop_();_nop_();_nop_();     //105 延时 5 μs(对应时钟的高电平期)
    SCL=0;                          //106 产生 SCL 下降沿
}                                   //107 函数结束
```

```
//- - - - - - - - - - - -写非应答信号- - - - - - - - - - - -
void wrnoack(void)                    //108
{   SDA=1;                            //109 产生 SDA 上升沿
    _nop_();_nop_();_nop_();_nop_();_nop_();    //110 时钟低电平期 5 μs
    SCL=1;                            //111 产生 SCL 上升沿
    _nop_();_nop_();_nop_();_nop_();_nop_();    //112 时钟高电平期 5 μs
    SCL=0;                            //113 产生 SCL 下降沿
}                                     //114 函数结束
//- - - - - - - - - - -发送 1 个字节- - - - - - - - - - - -
void sdbyte(uchar sdat)               //115
{   uchar i;                          //116 定义局部变量 i(循环次数)
    for(i=0;i<8;i++)                  //117 循环 8 次
    {   if(sdat&0x80) SDA=1;          //118 若最高位为 1,则向 SDA 线写 1
        else SDA=0;                   //119 最高位为 0,则向 SDA 线写 0
        SCL=1;                        //120 产生 SCL 上升沿
        _nop_();_nop_();_nop_();_nop_();_nop_();    //121 延时 5 μs(对应时钟的高电平期)
        SCL=0;                        //122 产生 SCL 下降沿
        _nop_();_nop_();_nop_();_nop_();_nop_();    //123 延时 5 μs(对应时钟的低电平期)
        sdat=sdat<<1;                 //124 待发送数据左移 1 位(传送方向为高位在先)
    }                                 //125 循环体结束
}                                     //126 函数结束
//- - - - - - - - - - -接收 1 个字节- - - - - - - - - - - -
uchar rcvbyte(void)                   //127
{   uchar i,m=0;                      //128 定义局部变量 i(循环次数)、m(接收数据)
    for(i=0;i<8;i++)                  //129 循环 8 次
    {   SDA=1;                        //130 数据线置 1,准备读数据线
        SCL=1;                        //131 产生 SCL 上升沿
        m=m<<1;                       //132 预接收 0
        if(SDA) m=m|1;                //133 若数据线上为 0,预接收位改为 1
        _nop_();_nop_();_nop_();_nop_();_nop_();    //134 延时 5 μs(对应时钟的高电平期)
        SCL=0;                        //135 产生 SCL 下降沿
        _nop_();_nop_();_nop_();_nop_();_nop_();    //136 延时 5 μs(对应时钟的低电平期)
    }                                 //137 循环体结束
    return m;                         //138 返回接收值
}                                     //139 函数结束
//- - - - - - - - - - -显示子程序- - - - - - - - - - - -
void display(void)                    //140
{   portled_S=0;                      //141 段选口消隐输出
    portled_B=ledctrl[wcnt];          //142
    portled_S=led[disdat[wcnt]];      //143
    wcnt++;                           //144
    wcnt=wcnt% DCOUNT;                //145
}                                     //146
```

❉ 应用总结与拓展

I²C 总线是两线制串行数据传输总线。无 I²C 接口的单片机扩展 I²C 接口芯片时,只需用两根 I/O 端口线充当串行时钟线 SCL 和串行数据线 SDA,用软件模拟 I²C 的时序以及接口芯片的操作方式。搭建电路时,各 I²C 接口芯片的 SCL 脚相接后与单片机的一根 I/O 端口线相连,SDA 脚相接后再与单片机的另一根 I/O 端口线相连,SCL、SDA 线上各接 1 只 1~10 kΩ 的上拉电阻。

I²C 总线中没有片选线,单片机对 I²C 接口芯片寻址是通过发送寻址字节来实现的。寻址字节由 4 位的器件地址、3 位的引脚地址和 1 位的读写方向位组成。其中,器件地址由 I²C 委员统一分配,不同类型的器件具有不同的器件地址,引脚地址由用户搭建电路时选定。

I²C 总线中规定了启动信号、停止信号、应答信号和非应答信号的时序,在模拟编程时必须严格遵守这些信号的时序规定,特别是要注意 SCL 的上升沿、下降沿与 SDA 的上升沿、下降沿之间的先后顺序和时间间隔。

一次数据的传输过程是,单片机先发送启动信号,然后发送寻址字节,收到应答信号后再传送若干字节的数据,每传送 1 个字节后,接收方都会在第 9 个时钟期发送一个应答信号或者非应答信号,作为接收字节数据的回复。数据传输结束后,单片机发送停止信号,并释放总线。1 个字节传送的顺序是高位在先,低位在后。I²C 总线规定,SCL＝0 时允许 SDA 线上的数据变化,SCL＝1 时禁止 SDA 线上的数据变化。所以,单片机向 I²C 接口芯片写数时,需要在时钟的低电平期将数据写在 SDA 线上,从 I²C 接口芯片读数时,需要在时钟的高电平期从 SDA 线上读数。在实际编程时,除了要注意上述规定外,还要注意时钟的频率,即注意时钟的高、低电平持续的时间不能超过规定的时间。

AT24C02 是带有 I²C 接口的 EEPROM 存储器,片内 256 个字节的存储器按 8 字节 1 页的方式组织,读写 AT24C02 后,AT24C02 内部的地址寄存器会自动加 1。写数时其加 1 方式是高 5 位地址不变,低 3 位地址参与加 1。读数时其加 1 方式是 8 位地址都参与加 1。向 AT24C02 写数时要注意写入的首地址以及写数的个数,防止出现"翻卷"的现象。

访问 AT24C02 的方法与 I²C 总线的访问方法基本相同。但要注意 AT24C02 的存储单元存在子地址问题,访问 AT24C02 时,启动 I²C 总线后,需要发送寻址字节做器件寻址,接着发送子地址,作为 AT24C02 内部的存储单元的寻址,如果是写数,则直接传送数据;如果是读数,需要重新启动 I²C 总线,再次发送读寻址字节,用以告诉 AT24C02 数据的传送方向。对 AT24C02 的访问方法有多种,但实际应用中主要是使用多字节写(页写)和多字节读(顺序读),向 AT24C02 写数时还要注意两次写操作的时间间隔要大于 AT24C02 的写周期 5 ms。

习　题

1.I²C 总线中,SDA 线的作用是＿＿＿＿＿＿＿,SCL 线的作用是＿＿＿＿＿＿＿。

2.I²C 总线中,SDA 线和 SCL 线上都需要接上拉电阻,在传输速度为 400 kHz 时,上拉电阻为＿＿＿。

3.试画出 STC89C51 用 P1.0、P1.2 口线扩展两片 I²C 接口芯片的电路图。

4.简述单片机对 I²C 接口芯片的寻址方法,并举例说明。

5. I^2C 总线空闲时,SCL 为_____电平,SDA 为_____电平。

6. 画出启动信号的时序图,并编写单片机模拟产生启动信号的程序。

7. 画出停止信号的时序图,并编写单片机模拟产生停止信号的程序。

8. 画出应答信号的时序图,并编写单片机模拟产生应答信号、读应答信号的程序。

9. 画出非应答信号的时序图,并编写单片机模拟产生非应答信号的程序。

10. 用 I^2C 总线传输数据时,当 SCL 线为_____时,允许 SDA 线上变换数据。

11. 单片机通过 I^2C 总线与 I^2C 接口芯片传送数据,单片机写数时,应在_____将数据发送到 SDA 线上;单片机读数时,应在_____从 SDA 线上读数。

12. I^2C 总线传输数据时,每传输一个字节数据需要_____个时钟,最后一个时钟对应_____,数据传送的顺序是_____位在先,_____位在后。因此,每传送 1 位数据后,单片机应将保存数据的变量_____移 1 位。

13. AT24C02 片内集成有_____字节的 EEPROM,其写周期最长时间为_____。

14. 单片机的 P1.0、P1.2 口线接 AT24C02,AT24C02 的引脚地址为 110B,单片机需对 AT24C02 进行读写操作,请画出 AT24C02 与单片机的接口电路。单片机向 AT24C02 写数时的寻址字节为_____,读数的寻址字节为_____。

15. 向 AT24C02 连续写 2 个字节数据时,若第 1 个字节写入 AT24C02 的 0x07 单元中,则第 2 个字节写入_____单元中。从 AT24C02 的 0x07 单元开始连续读 2 个单元数据,则所读的第二个数据是 AT24C02 _____单元中的数。

16. 向 AT24C02 写数时,要注意连续两次写操作的时间间隔必须_____。采用页写时要注意_____问题。

17. 画出单片机向 AT24C02 连续写 n 个字节数据的流程图,并编写程序。

18. 画出单片机从 AT24C02 的 subadd 单元开始连续读 n 个字节数据的流程图,并编写程序。

❋ 扩展实践

单片机的 f_{osc} =11.0592 MHz,P1.0 充当 SCL 线,P1.1 充当 SDA 线,外接 AT24C02,AT24C02 的引脚地址为 001B,分别采用下列方式将无符号字符型数组中的 10 个数保存到 AT24C02 从 0x00 单元开始的单元中,然后从 AT24C02 的 0x00 开始读数,并送往串口调试软件中显示,其中单片机与计算机通信时采用方式 1,BR=1 200 bps。

①10 个数一次写入,紧接着采用随机地址读方式读 AT24C02 的 0x00~0x09 单元中的数。

②10 个数一次写入,过 10 ms 后采用随机地址读方式读 AT24C02 的 0x00~0x09 单元中的数。

③10 个数一次写入,过 10 ms 后采用顺序地址读方式将 AT24C02 的 0x00~0x09 单元中的数一次性读至数组中,然后将数组中的数从串口输出。

④10 个数分页写入,写入第 1 页后,过 10 ms 再写入第 2 页,过 10 ms 采用顺序地址读方式将 AT24C02 的 0x00~0x09 单元中的数一次性读至数组中,然后将数组中的数从串口输出。

任务 18　制作数字温度计

任务要求

单片机的 $f_{osc} = 11.0592\ \mathrm{MHz}$，用 P3.7 口线做单总线，控制单总线接口芯片 DS18B20，用 P1、P2 两个并行口控制 3 位数码管的显示，P1 口做段选口，P2 口做位选口，定时/计数器 T1 做扫描定时器，使 3 位数码管扫描显示不超过 99℃ 的环境温度，其中 0 号数码管显示温度值的个位，1 号数码管显示温度值的十位，2 号数码管显示温度的符号。温度为正时，符号位不显示；温度为负时，显示负号"—"。

相关知识

任务 18 涉及的新知识主要是单总线接口芯片 DS18B20 的应用特性。包括 DS18B20 的引脚功能、单片机与 DS18B20 的接口电路、DS18B20 的内部结构、DS18B20 的操作时序、DS18B20 的访问命令和单片机访问 DS18B20 的方法等。

1. DS18B20 的引脚功能

DS18B20 是 Dallas 公司生产的具有单总线接口的数字化温度传感器，其测温范围为 $-55 \sim +125\ ℃$，具有 0.5、0.25、0.125 和 0.0625 共 4 种温度转换精度，可以编程选择其测温转换精度，最长温度转换时间为 750 ms，温度读数为 16 位的补码数据，具有非易失性的上、下限报警温度设定功能，可以编程设定报警温度的上、下限值，广泛地应用于空调、恒温控制器等家用电器以及其他温度报警系统中。

DS18B20 具有 3 引脚的 TO-92 和 8 引脚的 SOP8 两种封装形式，两种封装形式的引脚分布如图 7-70 所示，各引脚的功能见表 7-15。

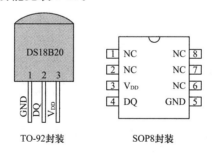

图 7-70　DS18B20 引脚分布图

表 7-15　　　　　　　　　　　　　　DS18B20 引脚功能

引　脚	功　能
NC	空引脚，不与任何电路相接
GND	接地脚，接电源地
DQ	数据输入/输出脚，接单总线
V_{DD}	可选的供电电源引脚，接正电源或悬空

2. 单片机与 DS18B20 的接口电路

单片机与 DS18B20 的接口电路如图 7-71 所示。

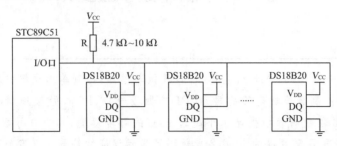

图 7-71　DS18B20 与单片机的接口电路图

图中,单片机用一根 I/O 口线做单总线,DS18B20 的 V_{DD} 引脚接 $+3\sim+5$ V 的外部电源,GND 引脚接地,DQ 引脚接单总线。在接口电路中,单总线上必须接有一个 4.7 kΩ～10 kΩ 的上拉电阻,以保证总线空闲时,总线呈高电平状态。

【说明】

①由于单片机的 I/O 口驱动能力有限,单总线上挂接的 DS18B20 不能超过 8 个,否则需要对总线进行驱动。

②总线上的分布电容也会使信号发生畸变,使用普通电缆时,传输长度不能超过 50 m,如果使用双绞线传输,传输长度可达到 150 m。

3. DS18B20 的内部结构

DS18B20 的内部主要由 64 位光刻 ROM、高速缓存 RAM、EEPROM 存储器、温度传感器、单总线接口、存储与控制逻辑、寄生电源等部分组成。从编程的角度来说,用户所需要掌握的是其内部存储组织结构和各类访问命令。DS18B20 的存储组织包括 64 位光刻 ROM、高速缓存 RAM、EEPROM 存储器,其中高速缓存 RAM 与 EEPROM 存储器的结构如图 7-72 所示。

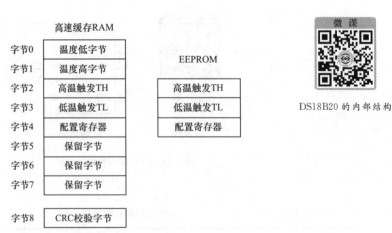

图 7-72　RAM 与 EEPROM 结构

①64 位激光 ROM:共 8 个字节,只读不能写,用来保存芯片的 ROM 序列号,即 ID 标志码。各器件的 ID 标志码全球唯一,用作器件寻址。

②高速缓存 RAM:共 9 个字节,用来存放各类数据。各字节的作用如下:

字节 0、字节 1:存放当前 16 位的温度转换结果,字节 1 为高字节,字节 0 为低字节。其数据为 16 位补码形式,格式见表 7-16。

表 7-16　　　　　　　　　　　16 位补码形式

D15	D14	D13	D12	D11	D10	D9	D8	D7	D6	D5	D4	D3	D2	D1	D0
S	S	S	S	S	2^6	2^5	2^4	2^3	2^2	2^1	2^0	2^{-1}	2^{-2}	2^{-3}	2^{-4}

字节 1 的内容　　　　　　　　　　　　　字节 0 的内容

各位的含义如下:

D15～D11:共 5 位,符号位 S,用来表示温度值的正负。S＝0:温度值为正,S＝1:温度值为负。

D10～D4:共 7 位,温度值的整数位。

D3～D0:共 4 位,温度值的小数位。这 4 位并非在所有分辨率下均有效。分辨率为 9 位时,D3(2^{-1})位有效,D2～D0 位无效;分辨率为 10 位时,D3、D2 位有效,D1、D0 位无效;分辨率为 11 位时,D3～D1 位有效,D0 位无效;分辨率为 12 位时,D3～D0 位均有效。无效位的值为 0,有效位的值为实际温度值。

字节 2、字节 3:依次为高温触发器 TH 和低温触发器 TL,用来临时存放用户设定的报警温度的上限值和下限值。

DS18B20 完成温度转换后,就会将温度测量值与这 2 个字节中的温度上、下限值相比较,如果测量值高于 TH 中的值或者低于 TL 中的值,就会自动地将内部报警标志位置位,该 DS18B20 就能够响应随后单片机发出的第一个报警搜索命令,否则就不响应报警搜索命令。

字节 4:配置寄存器,用来临时存放用户设定的配置数据。配置寄存器的结构见表 7-17。

表 7-17　　　　　　　　　　配置寄存器的结构

D7	D6	D5	D4	D3	D2	D1	D0
0	R1	R0	1	1	1	1	1

其中,R1、R0 为温度转换精度的选择控制位,它们的取值组合与分辨率的关系见表 7-18。

表 7-18　　　　　　　　R1、R0 的取值组合与分辨率的关系

R1	R0	分辨率	转换精度	最大转换时间
0	0	9 位	0.5℃	93.75 ms
0	1	10 位	0.25℃	187.5 ms
1	0	11 位	0.125℃	375 ms
1	1	12 位	0.0625℃	750 ms

从表 7-18 中可以看出,选用不同的分辨率时,DS18B20 的温度转换时间不同。在实际应用中,应根据需要合理地选择分辨率,以便提高 DS18B20 的温度转换速度。

字节 5～字节 7:保留字节。

字节 8:CRC 校验字节,其内容为高速缓存 RAM 的前 8 个字节内容的冗余循环校验值。

③EEPROM 存储器:共 3 个字节,分别与高速缓存 RAM 的字节 2(TH)、字节 3(TL)、字节 4(配置寄存器)相对应,用来保存用户对 DS18B20 的设定值。

【说明】

①单片机读写温度触发数据或配置数据时,是对高速缓存 RAM 中的对应字节进行读写。

②复制高速缓存 RAM 命令 0x48 是将 RAM 中这 3 个字节的内容保存到 EEPROM 中。复制这 3 个字节数据时,必须在 DS18B20 复位之前一次性地复制完毕,否则本次复制数据全部无效。

③每次上电复位时 DS18B20 都会自动地用 EEPROM 中的内容分别对这 3 个字节进行刷新。

4. DS18B20 的操作时序

DS18B20 的访问操作包括初始化操作、读数操作和写数操作,这 3 种操作时序是编写 DS18B20 访问程序的基础。

(1)初始化时序

初始化的作用是确定系统中是否存在 DS18B20,如果存在,则初始化成功,可以进行后续的读写操作。否则,初始化失败,不可进行后续的读写访问。在单总线通信中,这一过程也叫启动单总线通信阶段。初始化的时序图如图 7-73 所示。

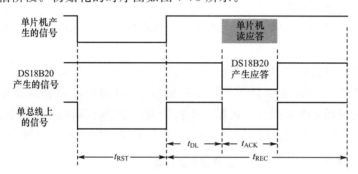

DS18B20 的操作时序

图 7-73 启动通信时序图

初始化的时序参数见表 7-19。

表 7-19 初始化的时序参数

参数	含 义	参数值			单位
		最小	典型	最大	
t_{RST}	单片机产生的启动脉冲的宽度	480		960	μs
t_{REC}	单片机接收数据阶段的持续时间	480		960	μs
t_{DL}	DS18B20 发送应答信号的延迟时间	15		60	μs
t_{ACK}	DS18B20 产生应答信号的脉冲宽度	60		240	μs

从图 7-73 中可以看出,初始化的过程如下:

①单片机先在单总线上产生宽度为 t_{RST} 的低电平,用来启动设备联络,然后产生由低到高的上升沿,单片机释放总线,并进入接收模式阶段。接收模式阶段的持续时间 t_{REC} 为 480～960 μs。

②DS18B20 在单片机产生由低到高的上升沿后,再过 t_{DL} 时间就向总线上发出宽度为 t_{ACK} 的低电平,此低电平为 DS18B20 的应答信号。

③单片机在 t_{ACK} 时间段内读总线上的信号电平,如果读到总线上有低电平的应答脉冲,则

表示系统中有 DS18B20 在线,启动单总线通信成功,再过 $t_{REC} - t_{DL} - t_{ACK}$ 时间后就可以对 DS18B20 进行后续的读写操作,否则启动单总线通信失败,不可进行后续的读写操作。

设单片机用 P1.0 口线充当单总线,单总线的定义如下:

```
sbit dq= P1∧0; //定义单总线
```

从初始化过程中可以看出,初始化单总线的方法是,单片机先拉低总线(dq=0),延时 500 μs 后释放总线(dq=1),过 60 μs 后读总线上的应答信号,再过 500 μs 后结束初始化过程。在读总线上的应答信号时,若读得总线为低电平,则表示系统中有 DS18B20 在线,初始化成功,否则初始化失败。初始化流程图如图 7-74 所示。

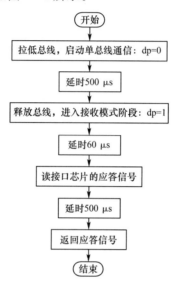

图 7-74　初始化流程图

初始化程序如下:

```
bit init_ow(void)
{   bit flag;                   //定义位变量
    dq= 0;                      //拉低总线,启动单总线通信
    delay500us();               //延时 500 μs(低电平宽 500 μs)
    dq= 1;                      //产生上升沿,释放总线
    delay60us();                //延时 60 μs
    flag= dq;                   //读总线上的应答信号
    delay500us();               //延时 500 μs,保证高电平持续时间为 480~960 μs
    return flag;                //返回应答,便于后续程序判断
}
```

【说明】

DS18B20 是典型的单总线接口芯片,其操作时序也是单总线的操作时序,初始化程序以及后续介绍的读写程序也适合其他单总线接口芯片。

(2)读数操作时序

单片机从 DS18B20 中读数时,DS18B20 是以字节为单位向单总线发送数据的,先发送低位,后发送高位。单片机从 DS18B20 中读取 1 位数据的时序图如图 7-75 所示。

读 1 位数据的时序参数见表 7-20。

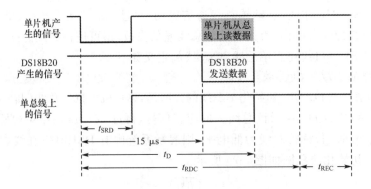

图 7-75　读 1 位数据时序图

表 7-20 读 1 位数据的时序参数

参数	含　义	参数值			单位
		最小	典型	最大	
t_{SRD}	单片机产生的启动读脉冲的宽度	$1 < t_{SRD} < 15$			μs
t_D	DS18B20 发送数据的时间	15	30	60	μs
t_{RDC}	单片机读 1 位数据时,读数期持续时间	60			μs
t_{REC}	读恢复期持续时间	1			μs

图 7-75 和表 7-20 传达了以下信息:

①单片机从 DS18B20 中读取 1 位数据分为读数期和读恢复期 2 个阶段。读数期内完成 1 位数据的读取,读数期从单片机产生由高到低的下降沿开始,持续的时间 $t_{RDC} \geqslant 60\ \mu s$。

②单片机从 DS18B20 中读取 1 位数据时,首先通过单总线向 DS18B20 发送一个启动脉冲,启动脉冲为低电平有效,宽度 t_{SRD} 为:$1\ \mu s < t_{SRD} < 15\ \mu s$。

③DS18B20 在单片机发送由高到低的下降沿后,过 t_D 时间就将内部数据移送到总线上,$15\ \mu s \leqslant t_D \leqslant 60\ \mu s$。单片机必须在产生下降沿后 15 μs 内释放总线,并在 t_D 时间内从总线上读取 DS18B20 移送来的数据。

④读数期结束后进入读恢复期,读恢复期内单片机释放总线,DS18B20 准备发送下 1 位数据,读恢复期的持续时间 $t_{REC} \geqslant 1\ \mu s$。

根据读数时序,单片机从 DS18B20 中读取 1 个字节数据的流程图如图 7-76 所示。

字节读程序如下:

```
uchar rdbyte(void)
{   uchar i,m;
    for(i=0;i<8;i++)
    {   dq=0;
        _nop_();_nop_();        //延时 2 μs
        dq=1;
        delay20us();            //延时 20 μs
        m=m>>1;
        if(dq)m=m|0x80;
        delay40us();            //延时 40 μs
    }
    return m;
}
```

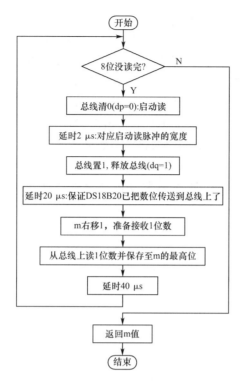

图 7-76 字节读流程图

(3)写数操作时序

单片机向 DS18B20 写数时,DS18B20 是以字节为单位从单总线上接收数据的,先接收低位,后接收高位。单片机向 DS18B20 写 1 位数据的时序如图 7-77 所示。

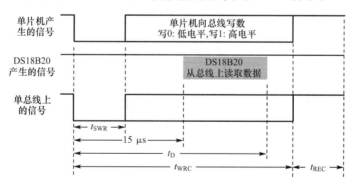

图 7-77 写 1 位数据时序图

写 1 位数据的时序参数见表 7-21。

表 7-21 **写 1 位数据的时序参数**

参数	含 义	参数值			单位
		最小	典型	最大	
t_{SWR}	单片机产生的启动写脉冲的宽度	$1 < t_{SWR} < 15$			μs
t_D	DS18B20 接收数据的时间	15	30	60	μs
t_{WRC}	单片机写 1 位数据时,写数期持续时间	60			μs
t_{REC}	写恢复期持续时间	1			μs

图 7-77 和表 7-21 传达了以下信息：

①单片机向 DS18B20 写 1 位数分为写数期和写恢复期 2 个阶段。写数期内完成 1 位数据写操作,写数期从单片机产生由高到低的下降沿开始,持续的时间 $t_{WRC} \geqslant 60\ \mu s$。

②单片机向 DS18B20 写 1 位数据时,首先通过单总线向 DS18B20 发送一个启动写脉冲,启动写脉冲为低电平有效,宽度 t_{SWR} 为:$1\ \mu s < t_{SWR} < 15\ \mu s$。

③DS18B20 在单片机发送由高到低的下降沿后,过 t_D 时间就从总线上读取数据,$15\ \mu s \leqslant t_D \leqslant 60\ \mu s$。单片机必须在 t_D 时间之前将待写数据传送到总线上,以保证 DS18B20 接收数据时,总线上的数据存在。

④写数期结束后进入写恢复期,写恢复期内单片机释放总线,DS18B20 准备接收下 1 位数据,写恢复期的持续时间 $t_{REC} \geqslant 1\ \mu s$。

根据写数时序,单片机向 DS18B20 写 1 个字节数据的流程图如图 7-78 所示。

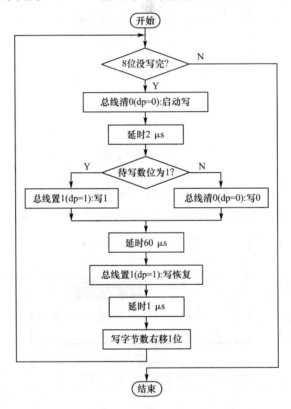

图 7-78　字节写流程图

设单片机的 $f_{osc} = 12\ MHz$,字节写程序如下:

```
void wrbyte(uchar m)              //1 字节写函数
{   uchar i;                      //2 定义局部变量 i:循环次数计数器
    for(i=0;i<8;i++)              //3 循环 8 次,循环体为第 4～11 行语句
    {   dq=0;                     //4 拉低总线,产生下降沿
        _nop_();_nop_();          //5 延时 2 μs。启动写脉冲宽度为 2 μs
        if(m&0x01)dq=1;           //6 先写低位。若低位为 1,则向总线写 1
        else dq=0;                //7 若低位为 0,则向总线写 0
        delay60us();              //8 延时 60 μs,保证写周期的时间为 60 μs 以上
```

```
        dq=1;               //9 释放总线,进入写恢复期
        _nop_();            //10 延时 1 μs,写恢复期延时
        m=m>>1;             //11 待写数据右移 1 位,准备写下 1 位数
    }                       //12 循环结束
}                           //13 函数体结束
```

【说明】

程序中,语句 6、语句 7 可以用以下语句代替:

dq=(bit)(m&0x01);//将待写数位传送至总线上

5. DS18B20 的访问命令

DS18B20 的访问命令包括 ROM 命令和存储控制命令两类。其中 ROM 命令主要用于后续访问操作的定位。各 ROM 命令的代码及其说明见表 7-22,各存储控制命令的代码及其用法见表 7-23。

表 7-22　　　　　　　　　　　　DS18B20 的 ROM 命令

命　令	代　码	用法说明
读 ROM	0x33	读取 64 位光刻 ROM 的内容。用于单总线上只挂接了一个 DS18B20 的场合
匹配 ROM	0x55	该命令发布后,要紧随发送 64 位光刻 ROM 序列号,之后只有与该序列号相匹配的 DS18B20 才对后续的存储控制命令做出响应。用于单总线上挂接有多个 DS18B20 时,对某个 DS18B20 进行寻址
跳过 ROM	0xcc	忽略 64 位的 ROM 序列号的匹配而直接访问单总线上的 DS18B20。适用于单总线系统中只有一个 DS18B20 的场合
搜索 ROM	0xf0	获取单总线上各 DS18B20 的 64 位光刻 ROM 序列号
报警搜索	0xec	搜索处于温度报警状态的 DS18B20 的 ROM 代码。该命令发布后,只有在最后一次温度测量时,测量值超过报警温度的上、下限值的 DS18B20 才对此命令做响应

表 7-23　　　　　　　　　　　　DS18B20 的存储控制命令

命　令	代　码	用法说明
温度转换	0x44	启动 DS18B20 进行温度转换。DS18B20 温度转换结束后会自动地将结果存入内部高速缓存 RAM 的字节 0、字节 1 中。在该命令之后接着发布读 1 位时序可以检测温度转换工作是否完成,若温度转换尚未结束,则所读数位值为 0,否则所读数位值为 1
写高速缓存 RAM	0x4e	命令后要紧随 1~3 个字节的待写入的数据。用于将数据依次写入高速缓存 RAM 中的高温触发器 TH 中、低温触发器 TL 中、配置寄存器中。在 DS18B20 复位之前,这 3 个字节数据必须全部写完
读高速缓存 RAM	0xbe	命令执行后,DS18B20 会依次将高速缓存 RAM 中的字节 0 至字节 8 的内容发送到单总线上。如果不必读取这 9 个字节中的数据,可以通过发布复位命令(即初始化 DS18B20)来终止后续数据的传输工作
复制高速缓存 RAM	0x48	将高速缓存 RAM 中字节 2~字节 4 的内容复制到片内 EEPROM 中。在该命令之后接着发布读 1 位时序可以检测复制工作是否完成,若复制工作尚未完成,则所读数位值为 0,否则所读数位值为 1
读 EEPROM	0xb8	将片内 EEPROM 的内容对应地复制到高速缓存 RAM 的字节 2~字节 4 中。上电时,DS18B20 会自动用 EEPROM 的内容刷新高速缓存 RAM 的字节 2~字节 4
读电源供电方式	0xb4	该命令发布后,接着发布读 1 位时序,则所读得的数据位为 DS18B20 的供电方式值。0:寄生供电方式,1:外部供电电源

6. DS18B20 的访问方法

通过单总线访问 DS18B20 的步骤如下：

①初始化 DS18B20。其作用是,确定系统中是否存在 DS18B20。其方法是,直接调用前面介绍的初始化函数 init_ow()。如果初始化成功,则进行下面的操作。

②发送表 7-22 中的某个 ROM 命令。其作用是,对系统中的器件寻址。其方法是,调用前面介绍的字节写函数 wrbyte(),向 DS18B20 写入表 7-22 中的某个 ROM 命令。

③发送表 7-23 中的某个存储命令。其作用是,通知 DS18B20 进行某种处理或者与单片机交换数据。其方法是,调用字节写函数 wrbyte(),向 DS18B20 写入表 7-23 中的某个存储命令。

④根据第 3 步所发送存储命令的类型,从总线上读取数据或者向总线写数据。例如,发送的存储命令是写高速缓存 RAM 时,单片机写完命令 0x4e 后,紧接着要向总线上写入 3 个字节的数据;发送的存储命令是读高速缓存 RAM 时,单片机写完命令 0xbe 后,紧接着要从总线上读取数据;发送的存储命令是启动温度转换命令时,单片机发送完命令 0x44 后,不必进行其他操作。

单片机访问 DS18B20 的流程如图 7-79 所示。

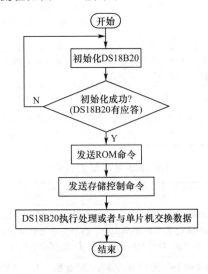

图 7-79 单片机访问 DS18B20 的流程图

【说明】

①系统中只有 1 片 DS18B20 时,ROM 命令常选用跳过 ROM 命令(0xcc),即不必进行器件寻址,这样可以提高访问速度。

②用 DS18B20 测量环境温度时,需要先让 DS18B20 执行启动温度转换命令(0x44),然后再读高速缓存中的温度转换值(字节 0、字节 1),否则所读得的数据并不是当前的环境温度。这一过程需要 DS18B20 执行两次存储控制命令(一次是启动温度转换,一次是读缓存),每一次执行存储控制命令都必须按图 7-79 所示的流程进行操作。

③DS18B20 进行温度转换时需要一定时间,启动温度转换后需要延时一段时间后才能读温度转换值,否则,所读数据错误。延时时间与 DS18B20 所选用的分辨率有关,其具体值详见表 7-18。

任务实施

1. 搭建硬件电路

任务 18 的硬件电路如图 7-80 所示。

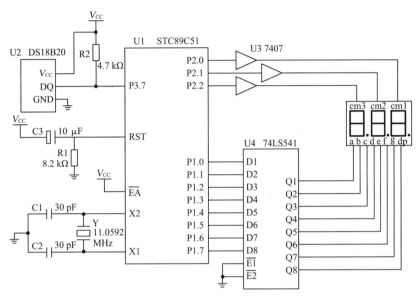

图 7-80 数据温度计电路图

图中,DS18B20(U2)的 DQ 线挂接在单片机的 P3.7 口线上,P3.7 口线充当单总线,总线上接有 4.7 kΩ 的上拉电阻 R2。

在 MFSC-2 实验平台上,用 8 芯扁平线将 J4 与 J8 相接(其中 J4 的 P3.0 脚对应 J8 的 1 脚),将 J6 与 J12 相接(其中 J6 的 P2.0 脚对应 J12 的 C1 脚),将 J3 与 J15 相接(其中 J3 的 P1.0 脚对应 J15 的 D0),就构成了上述电路。

微课

制作数字温度计实践

2. 编写软件程序

(1)流程图

任务 18 中,我们用定时/计数器 T1 做 3 个数码管的扫描定时器,将显示程序放在 T1 的定时中断服务函数中,其他程序放在主函数 main 中。数码管点亮的时间 $t \leqslant \dfrac{1}{48n} = \dfrac{1}{48 \times 3} =$ 6.94 ms,故 T1 的定时时长应为 6 ms。系统的 $f_{osc} = 11.0592$ MHz 时,定时器 T1 的计数次数为 5528。按照任务要求,main 函数需要完成以下工作:

①从 DS18B20 中获取 16 位的温度转换值。

②从温度转换值中截取 8 位带符号的整数温度值。

③对带符号的 8 位整数温度值进行处理,得出符号位和数值位的个位、十位的显示代码并保存至显示数组 disdat[]中。

定时中断服务程序主要完成显示数组中各元素的扫描显示。

系统程序的流程图如图 7-81 所示。

(2)程序代码

任务 18 的程序代码如下:

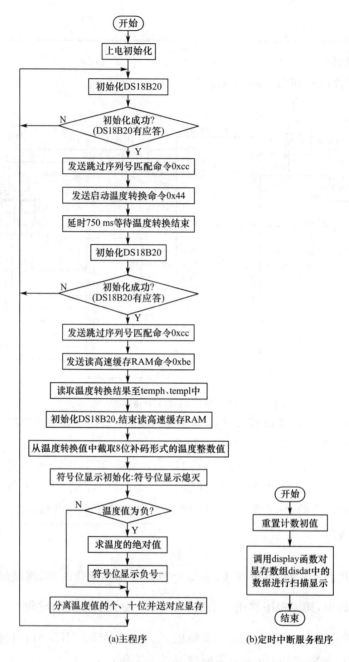

(a)主程序   (b)定时中断服务程序

图 7-81　任务 18 流程图

```
/*任务 18    制作数字温度计 */
#include <reg51.h>              //1 包含 reg51.h 文件
#include <math.h>               //2 包含数学库文件 math.h
#include <intrins.h>            //3 包含 intrins.h 文件
#define DCOUNT 3                //4 定义常数 DCOUNT (数码管的个数)
#define portled1 P1             //5 宏定义,portled1 代表 P1
#define portled2 P2             //6 宏定义,portled2 代表 P2
#define uchar unsigned char     //7 宏定义,uchar 代表 unsigned char
```

```
sbit dq= P3∧7;                        //8 定义特殊位:单总线定义
uchar idata disdat[3];                 //9 在 idata 区中定义无符号字符型数组 disdat
uchar data wcnt;                       //10 在 data 区中定义 uchar 型变量 wcnt
uchar code led[]={0x3f,0x06,0x5b,0x4f,0x66,0x6d,0x7d,0x07,0x7f,0x6f,0x00,0x40};//11 段显码
uchar code ledctrl[]={0x0fe,0x0fd,0x0fb};   //12 位显码
void display(void);                    //13 display 函数说明
bit init_ow(void);                     //14 init_ow 函数说明
void wrbyte(uchar);                    //15 wrbyte 函数说明
uchar rdbyte(void);                    //16 rdbyte 函数说明
void delay(uchar);                     //17 delay 函数说明
void delay750ms(void);                 //18 delay750ms 函数说明
void main(void)                        //19 主函数 main
{   uchar templ,temph;                 //20 定义变量 temph、templ(温度转换值的高、低字节)
    bit flag;                          //21 定义位变量
    SP= 0x5f;                          //22 将堆栈区定义在 0x5f 之后
    wcnt=0;                            //23 扫描位计数器初始化:0 号管
    TMOD= 0x10;                        //24 设置 T1 的工作模式:定时,16 位工作方式
    TL1= (65536- 5528)% 256;           //25 T1 计数器赋初值(6 ms)
    TH1= (65536- 5528)/256;            //26
    ET1=1; EA=1;                       //27 打开 T1 中断、全局中断
    TR1=1;                             //28 启动 T1
    while(1)                           //29 死循环
    {   if(init_ow())continue;         //30 初始化 DS18B20,若失败,则重新开始
        wrbyte(0xcc);                  //31 发送跳过序列号匹配命令(0xcc)
        wrbyte(0x44);                  //32 发送启动温度转换命令(0x44)
        delay750ms();                  //33 延时 750 ms,等待 DS18B20 的温度转换结束
        if(init_ow())continue;         //34 初始化 DS18B20,若失败,则重新开始
        wrbyte(0xcc);                  //35 发送跳过序列号匹配命令(0xcc)
        wrbyte(0xbe);                  //36 发送读高速缓存 RAM 命令(0xbe)
        templ= rdbyte();               //37 读 DS18B20 的高速缓存字节 0(温度转换的低字
节)
        temph= rdbyte();               //38 读 DS18B20 的高速缓存字节 1(温度转换的高字
节)
        flag= init_ow();               //39 初始化 DS18B20,结束读高速缓存 RAM
        templ= (temph<<4)|(templ>> 4); //40 从温度转换结果中取 7 位整数温度值和 1 位符
号位
        disdat[2]=10;                  //41 符号位显存赋初值 10(熄灭显示)
        if(templ&0x80)                 //42 判断温度值是否为负(最高位是否为 1)
        {                              //43 温度为负值的处理
            templ= cabs(templ);        //44 对温度值取绝对值
            disdat[2]=11;              //45 符号位显示负号
        }                              //46 if 分支结构中复合语句结束处
```

```
    }                               //49 while 循环体结束处
}                                   //50 main 函数结束
//————————定时中断 T1 服务程序————————
void tim1()interrupt 3 using 1      //51 T1 中断服务程序:中断号为 3,寄存器组用第 1 组
{   TL1= (65536- 5528)% 256;        //52 重置计数初值:6 ms
    TH1= (65536- 5528)/256;         //53
    display();                      //54 调用 display 函数进行扫描显示
}                                   //55 中断函数结束处
//————————初始化单总线————————
bit init_ow(void)                   //56 初始化单总线函数:返回值为 bit 型
{   bit flag;                       //57 定义位变量
    dq= 0;                          //58 拉低总线,启动单总线通信
    delay(83);                      //59 延时 500 μs(低电平宽 500 μs)
    dq= 1;                          //60 产生上升沿,释放总线
    delay(9);                       //61 延时 60 μs
    flag= dq;                       //62 读总线上的应答信号
    delay(83);                      //63 延时 500 μs,保证高电平持续时间为 480～960 μs
    return flag;                    //64 返回应答,便于后续程序判断
}                                   //65
//————————字节写子程序————————
void wrbyte(uchar m)                //66 字节写函数,形参为 m
{   uchar i;                        //67 定义局部变量 i
    for(i= 0;i< 8;i++)              //68 for 循环,循环 8 次
    {   dq= 0;                      //69 总线清 0,启动写
        _nop_();_nop_();            //70 延时 2 μs
        if(m&0x01)dq=1;             //71 若 m 的最低位(当前待写位)为 1,则总线置 1(写 1)
        else dq= 0;                 //72 否则,总线清 0(写 0)
        delay(9);                   //73 延时 60 μs
        dq= 1;                      //74 总线置 1,恢复写
        _nop_();                    //75 延时 1 μs
        m=m>> 1;                    //76 m 右移 1 位,为写下 1 位做准备
    }                               //77 for 循环结束处
}                                   //78 wrbyte 函数结束处
//————————字节读子程序————————
uchar rdbyte(void)                  //79 字节读函数,返回值类型为 uchar
{   uchar i,m;                      //80 定义局部变量 i,m
    for(i= 0;i< 8;i++)              //81 for 循环,循环 8 次
    {   dq= 0;                      //82 总线清 0,启动读
        _nop_();_nop_();            //83 延时 2 μs
        dq= 1;                      //84 总线置 1,释放总线
        delay(1);                   //85 延时 16 μs,保证 DS18B20 已将数据传送至总线上了
```

```
        m=m>>1;                          //86 m 右移 1 位,假定当前接收数位为 0
        if(dq)m=m|0x80;                  //87 DS18B20 发送数位为 1,则当前接收数位置 1
        delay(9);                        //88 延时 60 μs (读周期的剩余时间及恢复读时间)
    }                                    //89 for 循环结束处
    return m;                            //90 返回所读的数据 m
}                                        //91 rdbyte 函数结束处
//————————延时子程序————————
void delay(uchar n)                      //92 延时函数,形参为 n
{   uchar i;                             //93
    for(i=n;i! =0;i- - );                //94
}                                        //95
//————————延时 750 ms 程序————————
void delay750ms(void)                    //96 延时函数,形参为 n
{   uchar i,j,k;                         //97
    for(i=0;i<4;i++)                     //98
    for(j=0;j<250;j++)                   //99
    for(k=0;k<250;k++);                  //100
}                                        //101
//————————显示子程序————————
void display(void)                       //102 显示函数
{   portled1=0;                          //103
    portled2=ledctrl[wcnt];              //104
    portled1=led[disdat[wcnt]];          //105
    wcnt++;                              //106
    wcnt=wcnt% DCOUNT;                   //107
}                                        //108
```

(3)代码说明

第 40 行代码的功能是,从 16 位的温度转换值($D_{15} \sim D_0$)中截取 8 位带符号的整数温度值($D_{11} \sim D_4$)。其中,temph<<4 是将温度转换值的高字节左移 4 位,结果为 $D_{11} D_{10} D_9 D_8 0000$;templ>>4 是将温度转换值的低字节右移 4 位,结果为 $0000 D_7 D_6 D_5 D_4$。两值按位相或,结果为 $D_{11} D_{10} D_9 D_8 \ D_7 D_6 \ D_5 D_4$。

第 41 行代码的功能是,熄灭符号位显示,即预设温度为正值。数组 disdat[] 是 3 位数码管的显示存储器,其中 disdat[2] 是符号位数码管的显存,disdat[1]、disdat[0] 是温度十位值和个位值显示数码管的显存。在显示笔型码数组 led[] 中(第 11 行代码),第 10 个元素的值为 0x00,它是熄灭数码管的显示笔型码。因此,"disdat[2]=10;"实现的是将熄灭数码管的显示笔型码的代码(数组元素的下标)赋给符号位显存,即熄灭符号位显示。

第 42 行代码的功能是,判断温度值是否为负。templ 中为 8 位带符号数,其最高位 D_7 为符号位,$D_7=1$ 表示 templ 为负,否则为正。if(templ&0x80)中,templ&0x80 是一个表达式,若 templ&0x80 计算的结果不为 0,则表达式的值为真,否则为假,而 templ&0x80 实现的是将 templ 的低 7 位清 0,最高位 D_7 保持不变(在中间变量中实现,并不改变 templ 的值)。templ

为负时,templ 的最高位为 1,表达式 templ&0x80 的值为真。

在变量定义中,templ 为无符号字符型(第 20 行),表达式 templ<0 的值永远为假,所以第 42 行不能写成 if(templ<0)。负数的最高位为 1,当作无符号数处理,其值一定大于 0x7f,因而第 42 也可以写成 if(templ>0x7f)。

第 44 行代码的功能是,对 templ 求绝对值后再赋给 templ。其中,cabs()是 C51 中的外部函数,功能是求字符变量的绝对值,math.h 文件中对该函数进行了说明。程序中如果使用了类似于 cabs 这类数学运算函数,需要在程序的开头处用"#include <math.h>"将 math.h 文件包含进来(见第 2 行代码)。

求一个带符号数的相反数的方法是,将该数的各位(含符号位)按位取反,再将其末位加 1。所以第 44 行代码也可以用"templ = ~templ+1;"代替,也可以直接使用"templ = -templ;"。

应用总结与拓展

单总线(One-Wire Bus)是美国 Dallas 公司推出的外围串行扩展总线。单片机应用系统扩展单总线接口芯片时,一般是用一根 I/O 线充当单总线,将单总线接口芯片的数据输入/输出线与单总线相接,总线上还要接一个 4.7 kΩ~10 kΩ 的上拉电阻。

单总线接口芯片一般只有一个数据线引脚、一个电源引脚和一个接地引脚。每一个单总线接口芯片都有一个全球唯一的 ID 标志码,用于单片机对单总线接口器件的寻址。

单总线上可以挂接多个单总线接口器件,其接线方法是,将各个单总线接口芯片的数据引脚直接接在单总线上,总线上接一个 4.7 kΩ~10 kΩ 的上拉电阻。

单片机与单总线接口芯片进行数据通信时,必须严格按照单总线通信协议所规定的时序要求进行操作,其中最基本的操作为复位操作(初始化操作)、读操作、写操作 3 种,这 3 种操作分别是按图 7-73、图 7-75、图 7-77 所示的时序图进行操作的。这 3 种时序操作中需要特别注意的是单片机何时将总线清 0,总线低电平持续的时间长短,何时将总线置 1,单片机释放总线的时间为多长,何时该从总线上读数(接口芯片将数位传送至总线上之后),何时该将数位传送至总线上(在接口芯片接收数据之前)。此外,还要注意一个字节数据传送的过程中,先传送低位,后传送高位,这一点决定了软件程序中读、写字节的移位方向。

DS18B20 是一种带有单总线接口的集成温度传感器,其内部存储组织包括光刻 ROM、高速缓存 RAM、EEPROM。光刻 ROM 用来保存芯片的 ID 号,EEPROM 用来保存用户的设定值,单片机读写 DS18B20 时,访问的是高速缓存 RAM。

访问 DS18B20 的命令包括 ROM 命令和存储控制命令,每次访问 DS18B20 时都必须先初始化芯片,在初始化成功后向芯片发布 ROM 命令,用于器件的寻址。然后发布存储控制命令,让 DS18B20 执行某种操作或者与单片机交换数据。

习 题

1. 单片机用 P1.0 口线做单总线,总线上接 1 片 DS18B20,试画出其硬件电路图。

2. 画出初始化 DS18B20 的流程图,并写出初始化程序(单片机的 $f_{osc}=6$ MHz)。

3. 设单片机的 $f_{osc}=6$ MHz，请画出从 DS18B20 中读取 1 个字节数据的流程图，并写出字节读程序。

4. 设单片机的 $f_{osc}=12$ MHz，请画出单片机向 DS18B20 写 1 个字节数据的流程图，并写出字节写程序。

5. 画出用 DS18B20 测量环境温度的流程图。

6. 设变量 th、tl 中分别是存放的是用户设定的高温报警值和低温报警值，编程实现将 th、tl 中的数据写入 DS18B20 的 EEPROM 高低温触发器中的程序，要求画出流程序图并编写程序代码。

扩展实践

1. 用 2 个定时中断实现任务 18 中的系统程序，其中一个定时器定时周期为 3 ms，用于数码管扫描显示控制，另一个定时器定时周期为 10 ms，系统的其他各功能模块均放在 10 ms 定时中断服务中。

2. 单片机的 $f_{osc}=12$ MHz，用 P1.0 口线做单总线，外接单总线接口芯片 DS18B20，用 P0、P2 两个并行口控制 5 个数码管显示，P0 口做段选口，P2 口做位选口，定时/计数器 T1 做扫描定时器，使 5 个数码管扫描显示当前的环境温度，各数码管的显示数据是，0 号数码管做小数位的显示，1 号管做个位显示，2 号管做十位显示，3 号管做百位显示，4 号管做符号位显示。温度为正时，符号位不显示，温度为负时，显示负号"—"。试设计硬件电路，编写软件程序。

任务 19　制作电动机控制器

任务要求

单片机的 $f_{osc}=11.0592$ MHz，P2.0、P2.1 引脚上外接直流电动机的控制电路，P1.0、P1.1、P1.2、P1.3 引脚上外接 4 只独立式键 S0、S1、S2、S3，用键控制电动机的运行。其中，S0 键是启动/停止复用键，奇数次按 S0 键时启动电动机运转，偶数次按 S0 键时停止电动机运行。S1 键是左转/右转复用键，奇数次按 S1 键时电动机左转，偶数次按 S1 键时电动机右转。S2 键是加速键，每按一次 S2 键，电动机的转速就增加一个级别，直至全速，到达全速后再按 S2 键，电动机的转速不变。S3 键是减速键，每按一次 S3，电动机的转速就减小一个级别，直至最低速，到达最低速度后再按 S3 键，电动机的转速不变。

相关知识

任务 19 涉及的新知识主要有复用键的处理方法、直流电动机的正、反转控制和直流电动机的调速控制等。

1. 复用键的处理方法

所谓复用键，是指键按下的次数不同，具有不同功能的键。例如，键第 1 次按下时的功能是启动，第 2 次按下的功能是暂停，第 3 次按下的功能是清 0，如此反复，这种键就是三功能的复用键。一个键可以定义成多种功能的复用键，但在实际应用中一般是 2 种功能的复用键。

含有二功能复用键的键处理流程如图 7-82 所示。

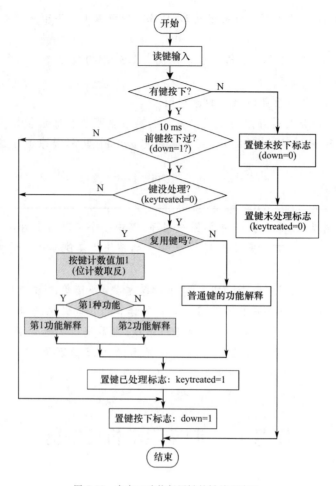

图 7-82 含有二功能复用键的键处理流程

由图可以看出,含有二功能复用键的键处理流程与一般键的处理流程(参考任务 11 中的图 5-17)的差别在于带有底纹的流程框上。含有复用键的键处理方法是,先为每个复用键定义一个全局变量 kcnt,用来保存每个复用键的按下次数。对于二功能复用键而言,由于复用键的功能只有 2 种,一般是选用可以记录 2 种状态的位变量作为键按下计数器。有键按下并且键未处理时,再判断键值,若为非复用键,则按前面介绍的方法进行普通键的功能解释。若为复用键,则将键的计数值加 1,然后依据计数值进行功能解释。对于 1 位二进制数而言,加 1 与取反是等价的,但位变量只能对其取反,所以在二功能复用键处理流程中采用对位变量计数器取反来代替按键计数值加 1。

含有二功能复用键的键盘处理程序中所需使用的全局变量见表 7-24。

表 7-24 二功能复用键的键盘处理程序中的全局变量

变量	类型	功能	初值	取值含义
down	bit	标志键是否按下过	0	0:未按下过
keytreated	bit	标志键是否解释处理过	0	0:未处理过
kcnt	bit	记录键按下的次数	0	0:第二种功能

含有二功能复用键的键盘处理程序的框架结构如下:

```
bit down,keytreated,kcnt;              //定义全局变量
……
void key(void)                         //按键处理程序
{  uchar keyval;                       //1 定义局部变量,keyval:键值
   keyport= 0xff;                      //2 按键端口置1,准备读键端口
   keyval= keyport;                    //3 读键输入
   keyval= ~keyval;                    //4 键值取反,方便判断
   if(keyval)                          //5 判断键值,0:无键按下,非0:有键按下
   {                                   // 有键按下时处理6~18
       if(down && ! keytreated)        //6 若10 ms前键按下且键未处理,则处理7~16
       {  switch(keyval)               //7 判断键值
          {  case 复用键的键值:          //8 为复用键时处理9~12
             kcnt= ~kcnt;              //9 按键计数值加1(1位取反等价于1位加1)
             if(kcnt)第 1 种功能解释      //10 计数值为1,解释成第1功能
             else 第 2 种功能解释         //11 计数值为0,解释成第2功能
             break;                    //12 复用键处理结束
             case 非复用键的键值:         //13 为非复用键,则进行非复用键功能解释
             非复用键的功能解释            //14
          }                            //15
          keytreated=1;                //16 置键已处理标志
       }                               //17
       down=1;                         //18 置键按下过标志
   }                                   //19
   else                                //20 无键按下时,处理语句21~22
   {  down=0;                          //21 置键未按下标志
      keytreated= 0;                   //22 置键未处理标志
   }                                   //23
}                                      //24
```

2. 直流电动机的正、反转控制

直流电动机是一种常用的动力部件,电动机的转向与其两端所加电压的极性相关,给直流电动机的两端加上正向电压,直流电动机就会正转,加上反向电压,直流电动机就会反转。用单片机控制直流电动机时常用"H"桥电路控制,如图 7-83 所示。

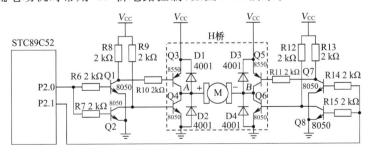

图 7-83 直流电动机的正、反转控制电路

图中,三极管 Q3、Q4、Q5、Q6 构成了"H"桥的 4 个臂,电动机的两端接在桥臂的中点,单片机通过控制桥臂上的三极管导通与截止来改变加在电动机两端电压的极性,从而实现电动机的正、反转控制。

P2.0＝0、P2.1＝0 时，Q1、Q2、Q3 截止，Q4 导通，A 点为低电平；Q7、Q8、Q5 截止，Q6 导通，B 点也为低电平，$U_{AB}＝0$，电动机停止。

P2.0＝0、P2.1＝1 时，Q1、Q2、Q3 截止，Q4 导通，A 点为低电平；Q7、Q8、Q5 导通，Q6 截止，B 点高电平，$U_{AB}＝-V_{CC}$，电动机反转。

P2.0＝1、P2.1＝0 时，Q1、Q2、Q3 导通，Q4 截止，A 点为高电平；Q7、Q8、Q5 截止，Q6 导通，B 点为低电平，$U_{AB}＝V_{CC}$，电动机正转。

P2.0＝1、P2.1＝1 时，Q1、Q2、Q3 导通，Q4 截止，A 点为高电平；Q7、Q8、Q5 导通，Q6 截止，B 点也为高电平，$U_{AB}＝0$，电动机停止。

图中，D1、D2、D3、D4 为续流二极管，用来保护所并接的三极管。电动机是感性负载，通过的电流发生变化时，电动机的绕阻上会产生感生电动势，电动机正转停止时，电动机产生的感生电动势为 A 正 B 负，此时 D1、D4 导通，为感生电动势提供了泄放通路，防止过高的反向电压击穿 Q3、Q6。同样地，D2、D3 为电动机反转停止时所产生的感生电动势提供了泄放通路，防止 Q5、Q6 被击穿。

3. 直流电动机的调速控制

设直流电动机的转速为 n，加在电动机绕阻上的端电压为 U，转速 n 与端电压 U 的关系为：

$$n = \frac{U - IR}{K\varphi}$$

式中，I 为电动机绕阻中的电流，R 为电枢电路的总电阻，φ 为每极的磁通量，K 为电动机的结构常数。

由此可见，转速 n 与端电压 U 成线性关系，调整端电压 U 就可以调节电动机的转速。

在实际应用中，端电压的调整一般是采用脉冲宽度调制(Pulse Width Modulation, PWM)控制。其方法是，给电动机的两端加上如图 7-84 所示的周期固定、脉冲宽度可调的脉冲信号。此时电动机的端电压 U 为：

$$U = \frac{T_H}{T}U_0$$

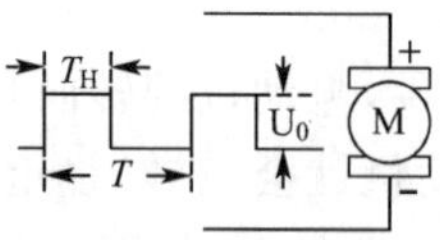

图 7-84   PWM 控制

式中，T_H 为脉冲高电平持续的时间，T 为脉冲信号的周期，U_0 为高电平对应的电压。

现代增强性 51 单片机中，许多单片机都集成有 PWM 口，例如 STC12 系列的单片机、STC15 系列的单片机，用户仅需设置 PWM 对应的几个特殊功能寄存器就可以实现 PWM 控制。对于类似 STC89 系列单片机，单片机中无 PWM 口，一般是用一个定时/计数器模拟产生 PWM 信号，其实现方法如下：

设 PWM 信号的周期 $T = Nt_0$，脉冲宽度 $T_H = nt_0$，用一个定时/计数器做时长为 t_0 的定时器，用一个全局变量 timcnt 记录 t_0 时间中断的次数。然后对 timcnt 值进行判断，timcnt$< n$ 时，表示当前处在产生高电平期，则输出高电平。$N >$ timcnt $\geqslant n$ 时，表示当前处在产生低电平期，则输出低电平。timcnt$= N$ 时，表示已计满了一个脉冲周期，此时将 timcnt 调整为 0，并开始下一周期的输出。用定时器模拟产生 PWM 信号的流程图如图 7-85 所示。

用定时/计数器模拟产生 PWM 信号时，脉冲周期系数 N 越大，则输出电压的分辨率越

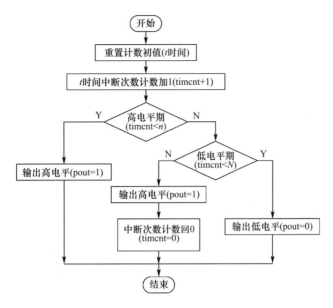

图 7-85　用定时器模拟产生 PWM 信号

高。在图 7-83 所示电路中,若单片机的 $f_{osc} = 11.059$ MHz,定时/计数器的定时时长为
0.1 ms,脉冲周期为 10 ms,用定时/计数器 T0 模拟产生 PWM 信号时可选择方式 2 定时模
式,产生 PWM 信号的程序如下:

```
#include <reg51.h>
#define uchar unsigned char
#define CPWM 100            //1 CPWM:PWM 周期系数 10 ms/0.1 ms=100
uchar timcnt;              //2 timcnt:0.1 ms 中断次数计数器
uchar hwide;               //3 hwide:脉冲宽度系数,程序中改变其值,就可调整脉冲宽度
bit pout;                  //4 PWM 输出变量,用不同口线输出此变量值即可实现多个 PWM 口
void main(void)            //5 main 函数
{   timcnt=0;              //6 中断次数计数器赋初值 0
    hwide=1;               //7 脉冲宽度系数赋初值 1
    TMOD=0x02;             //8 设置 T0 的工作方式和模式:方式 2,定时
    TH0=256- 92;           //9 装入计数初值 0.1 ms,方式为自动重装初值的工作方式
    TL0=256- 92;           //10
    ET0=1;                 //11 打开定时中断
    EA=1;                  //12 打开全局中断
    TR0=1;                 //13 启动 T0
    while(1)               //14 死循环
    {   /* 其他事务处理 */ }  //15 死循环的循环体
}                          //16 main 函数结束
void tim0(void)interrupt 1 using 1        //17 T0 中断服务函数,产生 PWM 信号
{   timcnt++;              //18 中断计数次数加 1
    if(timcnt< hwide)      //19 若计数次数小于脉冲宽度系数(产生高电平期)
    pout=1;                //20 输出高电平
    else                   //21 若计数次数大于等于脉冲宽度系数
```

```
    {   if(timcnt< CPWM)          //22 判断计时是否超过一个周期
        pout= 0;                  //23 未计满一个周期,则输出低电平
        else                      //24 计满一个脉冲周期
        {   timcnt= 0;            //25 计数值回 0,开始下一周期处理
            pout= 1;              //26 输出高电平
        }                         //27 计满一个脉冲周期处理结束
    }                             //28 计数次数大于脉冲宽度系数处理结束
    /* 其他事务处理 */            //29
}                                 //30 中断服务结束
```

【说明】

①程序中我们是用变量 pout 保存 PWM 输出的。这样安排的目的是,便于在程序中动态地选择不同的引脚输出 PWM 信号。例如,用下列语句代替第 15 句,就可以依据变量 a 的值分别从 P2.0、P2.1 引脚输出 PWM 信号:

```
if(a){ P21= 0; P20= pout; }
else { P20= 0; P21= pout; }
```

②如果要固定地用 P2.0 引脚输出 PWM 信号,将第 4 句改为"sbit pout＝P2∧0"。

③程序中,改变变量 hwide 的值就可以输出不同脉宽的脉冲信号。

任务实施

1.搭建硬件电路

任务 19 的硬件电路如图 7-86 所示。

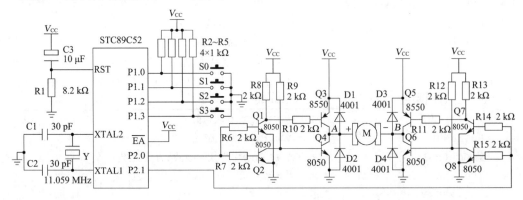

图 7-86　任务 19 硬件电路图

2.编写软件程序

(1)流程图

在任务 19 中,我们用定时/计数器 T0 做 0.1 ms 的 PWM 基准时间定时器,定时/计数器可选用自动重装初值的方式 2。PWM 的周期选用 10 ms,PWM 的周期系数为 100,用全局变量 hwide 保存脉冲宽度系数,用全局变量 pout 保存 PWM 输出。在键盘处理程序中,停止电动机时,则将 P2.0、P2.1 都置为 0,启动电动机或者切换电动机左转时,将 P2.1 置 0,从 P2.0 引脚输出变量 pout 的值,切换电动机右转时,将 P2.0 置 0,从 P2.1 引脚输出变量 pout 的值,加速电动机时,增大全局变量 hwide 的值,减速电动机时,减小 hwide 的值。

为了节省硬件资源,我们将按键处理程序也放在 T0 定时(0.1 ms)中断服务函数中。在程序中引入了另一个软件计数器 ktim,对 0.1 ms 定时中断的次数进行计数,当 ktim 计满

10 ms(100 次)时,就进行一次键处理。任务 19 的流程图如图 7-87 所示,其中键处理程序的流程图如图 7-88 所示。

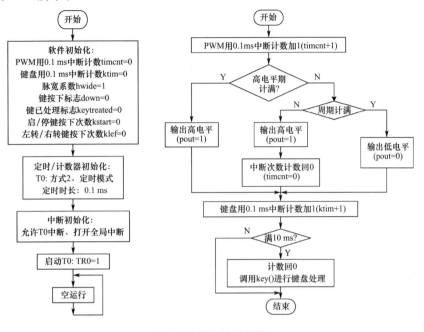

图 7-87　任务 19 流程图

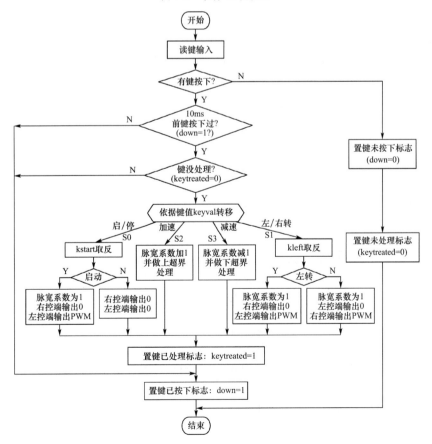

图 7-88　任务 19 键处理流程图

(2)程序代码

任务 19 的程序代码如下:

```
#include <reg51.h>              //包含定义特殊功能寄存器的头文件 reg51.h
#define uchar unsigned char     //宏定义:用 uchar 代表 unsigned char
#define CPWM 100                //宏定义:CPWM(PWM 周期系数)代表 100
#define keyport P1              //宏定义:keyport 代表 P1(键盘口为 P1 口)
uchar timcnt;                   //全局变量定义:timcnt 为 0.1 ms 中断次数计数器(PWM 用)
uchar ktim;                     //全局变量定义:ktim 为 0.1 ms 中断次数计数器(键盘处理用)
uchar hwide;                    //全局变量定义:hwide 为 PWM 脉冲宽度系数
bit down,keytreated;            //down:10 ms 前键按下过,keytreated:键已处理
bit pout;                       //定义 PWM 输出变量
bit kstart;                     //定义启/停键按下次数计数器
bit kleft;                      //定义左转/右转按下次数计数器
sbit PLEF=P2^0;                 //定义左转输出控制口
sbit PRIG=P2^1;                 //定义右转输出控制口
void key(void);                 //函数说明,key():按键处理函数
void main(void)                 //main 函数
{   timcnt=0;                   //0.1 ms 中断次数计数器赋初值 0
    ktim=0;                     //0.1 ms 中断次数计数器赋初值 0
    hwide=1;                    //脉冲宽度系数为 1
    down=0;                     //10 ms 前键未按下
    keytreated=0;               //键按下未处理
    kstart=0;                   //启/停键按下 0 次
    kleft=0;                    //左转/右转键按下 0 次
    TMOD=0x02;                  //设置 T0 的模式工作方式:方式 2、定时
    TL0=256-92;                 //T0 赋初值 0.1 ms
    TH0=256-92;                 //
    ET0=1;                      //打开 T0 中断
    EA=1;                       //打开全局中断
    TR0=1;                      //启动 T0
    while(1)                    //死循环
    {  ;  }                     //空运行
}                               //main 函数结束
//————————————————————————————
void tim0(void)interrupt 1 using 1     //T0 中断服务函数
{   timcnt++;                   //PWM 用 0.1 ms 中断次数计数值加 1
    if(timcnt<hwide)            //计满脉宽时间吗?
        pout=1;                 //脉宽计时未满,输出高电平
    else                        //计时到
    {   if(timcnt<CPWM)         //计满一个 PWM 周期吗?
        { pout=0; }             //未计满一个 PWM 周期,则输出低电平
        else                    //计满一个 PWM 周期
        {   timcnt=0;           //计时回 0
            pout=1;             //输出高电平
        }                       //
```

```
        }                                   //PWM 处理结束
    ktim++;                                 //按键用 0.1 ms 中断计数值加 1
    if(ktim> 99)                            //判断是否计满 10 ms
    {   ktim= 0;                            //计满 10 ms 则计数值回 0
        key();                              //调用 key 函数进行键盘处理
    }                                       //计满 10 ms 处理结束
}                                           //T0 中断服务结束
//————————————————————————————
void key(void)                              //按键处理函数
{   uchar keyval;                           //定义局部变量 keyval(键值)
    keyport= 0xff;                          //键盘端口写 1,准备读键盘口
    keyval= keyport;                        //读键盘口并保存至 keyval 中
    keyval= ~keyval;                        //键值取反,方便程序处理
    if(keyval)                              //判断是否有键按下
    {//有键按下
        if(down && ! keytreated)            //若 10 ms 前键按下,并且键未处理,则进行以下处理
        {   switch(keyval)                  //判断键值
            {   case 0x01:                  //启/停键按下(复用键)
                kstart= ~kstart;            //按键次数加 1
                if(kstart)                  //判断按键的次数
                {   hwide=1;                //奇数次按键,解释为启动:脉冲宽度系数设为 1
                    PRIG= 0;                //右转控制输出低电平
                    PLEF= pout;             //左转控制输出 PWM 信号
                }                           //启动功能解释结束
                else                        //停止功能解释
                {   PRIG= 0;                //右转控制输出低电平
                    PLEF= 0;                //左转控制输出低电平
                }                           //停止功能解释结束
                break;                      //启/停键解释结束
                case 0x02:                  //左转/右转按下(复用键)
                kleft= ~kleft;              //按键次数加 1
                if(kleft)                   //判断按键的次数
                {   PRIG= 0;                //奇数次按键,解释为左转:右转控制输出低电平
                    PLEF= pout;             //左转控制输出 PWM 信号
                }                           //左转解释结束
                else                        //右转解释
                {   PLEF= 0;                //左转控制输出低电平
                    PRIG= pout;             //右转控制输出 PWM 信号
                }                           //右转解释结束
                break;                      //左转/右转键解释结束
                case 0x04:                  //加速键按下
                hwide++;                    //脉冲宽度系数加 1
                if(hwide> = CPWM)           //超界处理
                    hwide= CPWM- 1;         //若脉冲系数达到周期系数,则赋值周期系数- 1
                break;                      //加速键处理结束
```

```
                case 0x08:              //减速键按下
                hwide--;                //脉冲宽度系数减 1
                if(hwide<=1)            //超界处理
                    hwide=1;            //若脉冲系数达到最小值 1,则赋值 1
            }                           //
            keytreated=1;               //置键按下已处理标志
        }                               //按键解释结束
        down=1;                         //置键已按下标志
    }                                   //键按下处理结束
else                                    //无键按下
{   down=0;                             //置键未按下标志
    keytreated=0;                       //置键未处理标志
    }                                   //按键处理结束
}                                       //key 函数结束
```

应用总结与拓展

直流电动机的控制包括正、反转控制和调速控制。正、反转控制的方法是改变电动机两端电压的极性,其实现方法是用"H"桥控制电动机,用单片机控制"H"桥四臂上三极管或者场效应管的导通与截止,从而切换电动机两端电压的极性。调速控制的方法是改变电动机两端的电压大小,其实现方法是给电动机加上周期固定、脉冲宽度可调的 PWM 信号,通过改变脉冲宽度来实现电压的调整。

在单片机应用系统中,为了节省按键数,常将某些键定义成复用键,复用键的处理方法是,用一个变量记录键按下的次数,然后结合按键的次数对键进行不同功能的解释,如果复用键只有 2 种功能,常将键按下计数器定义成一个位变量,以节约软件资源、方便程序处理。

习 题

1. 简述复用键的处理方法。
2. 画出复用键处理程序的流程图,并编写出程序代码。
3. 画出直流电动机控制电路。
4. 简述直流电动机正、反转控制、调速控制的思路。
5. 画出用定时/计数器模拟产生 PWM 信号的流程图。
6. 单片机应用系统的 $f_{osc}=12$ MHz,需用定时/计数器模拟产生周期为 20 ms、周期系数为 200 的 PWM 信号,请编写程序并用 P1.0 引脚输出 PWM 信号。

扩展实践

在任务 19 的基础上给电动机控制器增加运行状态提示功能,其要求是,电动机的运行状态用 1602 液晶显示器显示,电动机处于停止、左转、右转时分别用 stop、left、right 提示,电动机的转速用 PWM 的脉冲宽度系数指示,其中电动机停止时,转速显示 0。

参 考 文 献

[1] 丁向荣.单片机微机原理与接口技术[M].北京:电子工业出版社,2012.

[2] 李文华.单片机应用技术(C语言版)[M].北京:人民邮电出版社,2011.

[3] 陈桂友.增强型8051单片机实用开发技术[M].北京:北京航空航天大学出版社,2010.

[4] 李文华.单片机技术应用与系统开发[M].大连:大连理工大学出版社,2008.

[5] 周兴华.手把手教你学单片机C程序设计[M].北京:北京航空航天大学出版社,2007.

[6] 马忠梅,籍顺心,张凯,马岩.单片机的C语言应用程序设计[M].4版.北京:北京航空航天大学出版社,2007.

附　录

附录 1　C51 中的运算符与结合性

优先级	运算符	含义	运算对象的个数	结合方向
1	（　） ［　］ -> .	括号 下标运算符 指向结构体成员 结构体成员运算符		从左向右
2	! ~ ++ —— — （类型） * & sizeof	逻辑非 按位取反 自加 1 自减 1 负号 强制类型转换 指针运算符 取地址运算符 长度运算符	1 个	**从右向左**
3	* / %	乘法 除法 求余数	2 个	从左向右
4	+ —	加法 减法	2 个	从左向右
5	<< >>	左移位 右移位	2 个	从左向右
6	< <= > >=	小于 小于等于 大于 大于等于	2 个	从左向右
7	== ! =	等于 不等于	2 个	从左向右
8	&	按位与	2 个	从左向右
9	∧	按位异或	2 个	从左向右
10	|	按位或	2 个	从左向右

（续表）

优先级	运算符	含义	运算对象的个数	结合方向
11	&&	逻辑与	2个	从左向右
12	||	逻辑或	2个	从左向右
13	?:	条件运算符	3个	**从右向左**
14	=、+=、-=、*=、/=、%=、>>=、<<=、&=、|=、∧=	赋值运算符	2个	**从右向左**
15	,	逗号运算符		从左向右

说明：

①表中依优先级从高到低排列，第1级的优先级最高，第15级的优先级最低。

②不同级别的运算符一起运算时，先进行级别高的运算，同级别的运算符一起运算，按结合方向决定运算次序，若是从左向右结合，则运算顺序为从左向右，否则从右向左。

附录2　MFSC-2实验平台简介

与本书配套的 MFSC-2 实验平台是一个学生版的实验平台，它是 MFSC-3 实验平台（供实验室用）的简化版，能完成本书中的全部实训任务，而且方便携带。该平台由十部分组成：

①电源模块：具有短路保护功能。出现短路时，短路指示灯 D1（红色指示灯）亮，模块中将发出"嘀"的报警指示，同时切断电源，直至排除短路故障为止。平台中具有较宽的电源输入选择，可以使用5 V 直流稳压电源供电，也可以采用6～7.5 V 交/直流电源供电。采用5 V 直流稳压电源供电时，需将电源选择开关拨至"直流"挡上，其他情况下需要将电源选择开关拨至"交流"挡上。

②数据下载/串口模块：既可以做 ISP 程序下载通信口，也可以做单片机与单片机以及计算机之间通信的串口。

③最小系统：本书中介绍的单片机最小系统。由 STC89C51RC 单片机、振荡电路、复位电路以及 ROM 选择电路组成。其复位电路采用组合复位电路。

④指示灯模块：做数据输出显示之用。

⑤外部时钟：实训中的时钟信号源，产生独立的多种频率的时钟信号。

⑥按键单脉冲：产生手动脉冲信号。

⑦开关量输出：模拟产生各种开关信号。

⑧显示模块：数据显示。

⑨I/O 接口模块：包含了现代单片机应用中常用的几种总线扩展，包括单总线扩展、SPI 总线扩展、I²C 总线扩展。涉及 A/D、实时钟、存储器以及温度传感器等器件。

⑩键盘模块：输入各种数据。

MFSC-2 实验平台的实物图如图附 1 所示：

图附 1　MFSC-2 实验平台